फार फार वर्षांपूर्वी

निरंजन घाटे

मेहता पब्लिशिंग हाऊस

◆ *या पुस्तकातील लेखकाची मते, घटना, वर्णने ही त्या लेखकाची असून त्याच्याशी प्रकाशक सहमत असतीलच असे नाही.*

FAR FAR VARSHAPURVI by NIRANJAN GHATE

फार फार वर्षापूर्वी / विज्ञानविषयक

© निरंजन सिंहेंद्र घाटे

१०२५ ब, सदाशिव पेठ, श्री चिंतामणी हौसिंग सोसायटी, नागनाथ पाराजवळ, पुणे – ३०.

प्रकाशक : सुनील अनिल मेहता, मेहता पब्लिशिंग हाऊस, १९४१, सदाशिव पेठ, पुणे ३०.

अक्षरजुळणी : एच. एम. टाईपसेटर्स, ११२०, सदाशिव पेठ, पुणे – ३०.

मुखपृष्ठ : शैलेश मांडरे

प्रकाशनकाल : जानेवारी, २००४ / डिसेंबर, २००६ /

पुनर्मुद्रण : जून, २०१५

ISBN for Printed Book 8177664158

ISBN for E-Book 9788184987638

आपल्या बऱ्याच कहाण्या आणि लोककथांची सुरुवात 'फार फार वर्षांपूर्वीची गोष्ट आहे ही-' अशी होत असेल. फार फार वर्षांपूर्वीचं जग कसं असेल, ह्याची थोडीफार कल्पना ह्या गोष्टींवरून आली तरी ती पूर्ण नसते. आपले पूर्वज कसे रहात असत, ते कसे वागत असत, निरनिराळ्या परंपरा आपल्या जीवनाचा भाग बनून राहतात, त्या मागच्या घटना खरंच घडल्या असतील का, असे अनेक प्रश्न वेगवेगळ्या शास्त्रज्ञांच्या मनात येतात. पुरातत्त्व, (आर्किऑलॉजी) मानव शास्त्र (अँथ्रॉपॉलॉजी) अशी शास्त्रं आपल्या पूर्वजांच्या अस्तित्वाचा अभ्यास करतात. त्याच बरोबर आपल्या पूर्वजांचा अभ्यास करण्यासाठी निर्माण झालेली तंत्रे, आजच्या आपल्या जीवनातील रहस्ये सोडविण्यासाठीही मदत करतात.

भारतासारख्या फार पूर्वीपासून मानवी संस्कृती नांदत असलेल्या देशात पुरातत्त्व आणि मानव शास्त्रांकडे आपलं खरं तर दुर्लक्षच होतं. दुसरं म्हणजे बरेचदा आख्यायिकांवर आपण जास्त विश्वास ठेवतो आणि ऐतिहासिक सत्य नाकारतो. ऐतिहासिक व्यक्तिंना देवत्व बहाल करताना ती ही माणसंच असतात हेही आपण विसरतो. प्राचीन मानवाची प्रगती माहीत करून घेण्याच्या ह्या शास्त्रांची तोंडओळखसुद्धा शालेय अभ्यासक्रमात करून दिली जात नाही; ही एक दुर्दैवी घटना आहे.

अशा परिस्थितीत दै. पुढारीनं ह्या पुस्तकांतील बरेच लेख आधी छापले आणि ते पुस्तकात घेण्याची परवानगी दिली, ह्याबद्दल पुढारीचे आभार मानावे तेवढे थोडेच आहेत. आजकाल डिस्कव्हरी, नॅशनल जिऑग्राफीक सारख्या दूरचित्रवाणी वाहिन्या पाहून बऱ्याच प्रेक्षकांमधे ह्या विषयांचं कुतूहल जागृत झालेलं अनुभवास येतं. पत्रातून, किंवा व्याख्यानांच्या नंतरही त्याबद्दल प्रश्न विचारले जातात. अशा जिज्ञासू व्यक्तींचं हे पुस्तक वाचून अंशत: तरी समाधान होईल अशी आशा बाळगतो. माझ्या आधीच्या पुस्तकांचं जसं वाचकांनी स्वागत केलं तसंच हेही पुस्तक ते आवडीनं वाचतील अशी आशा बाळगतो.

निरंजन घाटे

मानव-शिकारी की प्रेताहारी

माणूस स्वत:बद्दल अनेक फाजील कल्पना बाळगून असतो. उत्क्रांतीच्या शिडीची अखेरची पायरी असंही माणूस स्वत:ला म्हणवून घेत असतो. जेव्हा मानवी उत्क्रांतीचा अभ्यास केला जातो त्यावेळी मानवाचे पूर्वज शिकारी होते, असंच बहुतेक सर्व शास्त्रज्ञ-विशेषत: मानववंश शास्त्रज्ञ म्हणतात. आदिमानव हा मानवच तो त्याच्याही आधीच्या शिकारी जीवनचर्या आचरणाच्या पूर्वजांपासून वेगळा झाला. शिकार, फळं व कीटक गोळा करून हंटर गॅदरर म्हणजे शिकारी आणि सापडव्या बनला असंही म्हणण्यात येतं.

'मॅन द हंटर' असं म्हटलं की, आपल्या नजरेसमोर एका शूर आदिमानवाची साहसी प्रतिमा उभी राहते. माणूस निसर्गात आपली आदिम हत्यारे घेऊन शिकार करतोय, हे चित्र बघून आपण मनात थरारतो. कपिकुलापासून (अेप फॅमिली) मानवी कुल वेगळं व्हायचं कारण म्हणजे मांसभक्षण असं म्हणतात आणि मानव मांस भक्षण करणारा होता म्हणजे तो शिकारीच असणार हेही आपण गृहितच धरत असतो. आता मात्र काही शास्त्रज्ञांनी एक वेगळाच प्रश्न उपस्थित केलाय तो म्हणजे मानव खरोखरच शिकारी (प्रिडेटर) होता की मांस-चोर म्हणजे दुसऱ्याच्या शिकारीवर जगणारा (स्कॅवेंजर) होता. स्कॅवेंजर या शब्दात 'अपमार्जक' असा एक पारिभाषिक शब्द आहे. त्याचा अर्थ दुसऱ्याने टाकून दिलेल्या अन्नावर जगणारा, उष्टे खाणारा असा आहे, त्यामुळे आपण स्कॅवेंजरला 'उच्छिष्ट भक्षी' असा शब्द वापरूया, किंवा यांना प्रेताहारीही म्हणता येईल.

या उच्छिष्ट भक्षी प्राण्यात तरस, गिधाड असे प्राणी येतात. हे आपण घृणास्पद समजतो आणि त्यामुळेच आपले पूर्वज 'उच्छिष्ट भक्षी' असावेत असं म्हणायचं धाडस कुठलेही मानवी मानववंश शास्त्रज्ञ करीत नाहीत निदान आजपर्यंत तरी करत

नव्हते; पण अनेक उत्खननातून जे पुरावे पुढे येतात ते नाकारणं, त्यांच्याकडे दुर्लक्ष फार काळ शक्य नसतं. आजपर्यंत म्हणजे १९७० च्या आसपासच्या काळापर्यंत माणूस हा शिकारी मानण्यात येत होता. मात्र त्याला पुरावे दिले जायचे ते केवळ सैद्धांतिक पुरावे होते. उच्छिष्ट भक्षी जीवनपद्धतीशी माणसाची फारकत करण्यात आली. याचं कारण भूशास्त्रातील 'प्रेझेंट इज् की टू द पास्ट' हे तत्त्व मानववंश शास्त्रातही वापरलं गेलं. याशिवाय त्याकाळचे मानवसदृश प्राणी हे काही झालं तरी आपले पूर्वज. ते इतर प्राण्यांपेक्षा नक्कीच वेगळे वागत असणार म्हणून त्यांच्या जीवन कलहाचं उदात्तीकरण करण्याकडेही या शास्त्रज्ञांचा कल असावा, शिवाय त्या काळात या मानवपूर्व प्राण्यांना भरपूर प्रमाणात, सहजपणे शिकार मिळत असावी, असंही या शास्त्रज्ञांनी गृहित धरल्याचं निदर्शनास येतं.

रॉबर्ट जे. ब्लूमेन्शाईन आणि जॉन ए. काव्हालो या रुटजर्स विद्यापीठाच्या शास्त्रज्ञांना जे पुरावे मिळाले त्यावरून मात्र माणूस हा बहुतांशी उच्छिष्ट भक्षी आणि क्वचित् प्रसंगी शिकारी असावा असे पुरावे मिळालेले आहेत. यातले ब्लूमेनशाईन हे मानवंशशास्त्रातील सहप्राध्यापक असून मानवी मूळ शोधण्याचा त्यांचा प्रयत्न संशोधनावाटे चालू आहे. विशेषत: प्राचीनतम मानवाची वर्तणूक, खाण्याच्या सवयी आदि विषयांचा ते अभ्यास करतात. टांझानियातील ओल्डुवाई खोऱ्यातील संशोधन प्रकल्पाचे ते सहसंचालक आहेत. त्यांनी भारत आणि इथिओपियातही संशोधन केलेलं आहे.

जॉन काव्हालो हे मानववंश शास्त्र संशोधन सामाजिक पुरातत्त्व-शास्त्रात संशोधन करीत असून त्याआधी त्यांनी सेरेंगेटी नॅशनल पार्क– मध्ये, बिबळ्यांच्या जीवनाचा अभ्यास केला. त्यानंतर त्यांनी अमेरिकन इंडियनांच्या शिकार पद्धतीवर संशोधन केलं आणि नंतर ते रुटजर्स विद्यापीठात ब्लूमेनशाईन यांच्याबरोबर संशोधन करू लागले. या दोन संशोधकांनी प्राचीनतम आदिमानव आणि आदिमानवपूर्व प्राण्यांच्या जीवनपद्धतीवर प्रकाश टाकणारं संशोधन केलं आणि ते चांगलंच गाजलं. त्यांच्यामते २० लक्ष वर्षापूर्वी माणूस नक्कीच उच्छिष्ट भक्षी होता. प्लायोसीन आणि प्लेओस्टोसीन या काळाची सीमारेषा मानली जाते तो हा काळ. त्या काळात दगडांच्या छिलक्या उडवून अवजारे आणि हत्यारे बनवणे, माणूस शिकला होता. मोठमोठ्या प्राण्यांना तो कापू शकत होता आणि याच काळात सर्वात मोठ्या मेंदूची 'होमो' शाखा म्हणजे आपले नजिकचे पूर्वज अस्तित्वात आल्याचा पुरावाही मिळतो.

या काळातल्या मानवी सवयींचा अभ्यास करायचा तर आधी एखादा प्राणी मेल्यावर शिकारी आणि उच्छिष्ट भक्षी त्या प्राण्याची कशी वाट लावतात आणि पुढे त्या प्राण्याच्या हाडांचं काय होतं आणि शेवटी जीवाश्म बनण्यासाठी किती हाडं

शिल्लक राहतात आणि ती कोणत्या स्वरूपात शिल्लक राहतात याचा अभ्यास करायचं या शास्त्रज्ञांनी ठरवलं. (प्राण्याच्या मरणोत्तर अभ्यासाला टॅफॉनॉमी असं इंग्रजीत म्हटलं जातं.)

या अभ्यासातून निघालेले निष्कर्ष आणि पुराजीवशास्त्र व पुरातत्त्वशास्त्रीय उत्खननातून पुढे आलेले पुरावे यांची सांगड घालून या दोन शास्त्रज्ञांनी आपल्या संशोधनातून आदिमानव आणि आदिमानवपूर्व मानवसदृशप्राणी यांच्या वर्तणुकीचा मेळ लावला. प्राणीशास्त्रात प्रत्यक्ष प्राणीवर्तणुकीचा अभ्यास करता येतो. तो फायदा मात्र मानववंश शास्त्रज्ञांना मिळत नाही. अगदी आदिमानव सदृश जीवन जगणाऱ्या आदिवासींच्या जीवनाचा अभ्यास करणाऱ्या मानववंश शास्त्रज्ञांना आदिमानव आणि आदिमानवपूर्वज तसेच वागत असतील असं खात्रीपूर्वक सांगता येत नाही.

प्राणीशास्त्रज्ञांनी शिकारी सिंह आणि उच्छिष्ट भक्षी तरस यांचा जेव्हा अभ्यास केला तेव्हा त्यांना बरीच आश्चर्यकारक माहिती मिळाली. सिंह हा तसा शिकारी म्हणून प्रसिद्ध आणि तरस हे उच्छिष्ट भक्षी प्राण्यांचा राजा अशी पारंपरिक समजूत होती. अगदी ३० वर्षापूर्वीपर्यंत या प्राण्यांच्या वर्तणुकीबद्दल प्रचंड गैरसमजुती होत्या. त्या काळात शिकारी प्राणी उच्छिष्ट भक्षी असतील आणि उच्छिष्ट भक्षी प्राणी शिकार करत असतील यावर कुणाचा विश्वासही बसला नसता. पण हे चित्र हळुहळू बदलू लागले. जर आज ज्या प्राण्यांचा आपण अभ्यास करू शकतो त्यांच्याबद्दल एवढे गैरसमज असू शकतात तर लाखो वर्षापूर्वी नाहीशा झालेल्या प्राण्यांच्या वर्तणुकीबद्दल किती गैरसमज असू शकतील याबद्दल कल्पनाच केलेली बरी.

माणूस हा शिकारी होता याबद्दल सज्जड पुरावा आजमितीस कुठल्याही उत्खननामधून पुढे आलेला नाही. चार्ल्स डार्विनने आपल्या 'डिसेंट ऑफ मॅन' (१८८७) या ग्रंथात प्रथम आदिमानव हा शिकार करून जगत असावा असा तर्क मांडला. यासाठी वाढीव मेंदू, हत्यारांचा वापर, सुळ्यांचा कमी झालेला आकार, द्विपाद शरीररचना यांचा आधार घेऊन हा तर्क पुढे आणला. या काळात फारसे आदिमानवी अवशेष सापडलेले नव्हते. जर्मनीत निअँडर नदीच्या खोऱ्यात काही अवशेष मिळाले होते. त्यांचं 'निअँडर्थल' मानव असं नामकरण करण्यात आलं होतं. पण त्या काळापेक्षा पूर्वीचे मानवी अवशेष मात्र सापडलेले नव्हते. त्याकाळात निअँडर्थल मानव पन्नास ते साठ हजार वर्षापूर्वी अस्तित्वात होता असं मानण्यात येत असे. पुढे जे संशोधन झालं त्यावरून हा मानवीवंश सुमारे दोन लाख वर्षापूर्वी अस्तित्वात आला आणि सुमारे पन्नास हजार वर्षापूर्वी– पर्यंत अस्तित्वात होता असं सिद्ध झालं.

दक्षिण आफ्रिकेत डॉक्टर रेमंड डार्ट यांनी आदिमानव निअँडर्थल मानवापेक्षा वेगळा आणि आधीच्या काळचा मानवीवंश शोधून काढला. या आपल्या मानवीवंशाला

त्यांनी ऑस्ट्रॅलोपिथेकस असं नाव दिलं. रेमंड डार्ट यांनीही ऑस्ट्रॅलोपिथेकस मानव हा शिकारी होता असं गृहीत धरलं. त्यांनी या मानवाची किंवा आदिमानवाची हाडं जिथं आढळतात. त्या हाडांबरोबरच सापडणाऱ्या इतर प्राण्यांचा हाडांचा त्यांनी पुरावा म्हणून उपयोग केला आणि हे आदिमानव प्राण्यांची हाडे, शिंगे व दात यांचाच हत्यार म्हणून वापर करीत होते असा एक दावा केला. हा त्यांचा दावा त्याकाळी म्हणजे दुसऱ्या महायुद्धपूर्व काळात मान्यही झाला आणि इतर पुरावे पुढे घेऊनही तो समज अजूनही बऱ्याच अंशी टिकून आहे.

द. आफ्रिकेतल्या ट्रान्सव्हाल संग्रहालयाच्या सी. के. ब्रेन यांनी जे संशोधन केलं ते खरं तर 'शिकारी आदिमानव' या संकल्पनेवर घाला घालणारं होतं. त्या ऑस्ट्रॅलोपिथेकसच्या जमान्यात ही हाडं ज्यांची होती ते खुरी प्राणी आणि आदिमानव हे दोघंही बिबळ्यांची आणि चित्त्यांची शिकार बनलेले होते. या दोन शिकारी प्राण्यांचे म्हणजे बिबळ्या आणि चित्ता या दोघांचंही एक वैशिष्ट्य असतं, ते म्हणजे या प्राण्यांचं प्रत्येकाचं आपापलं असं एखादं आवडतं झाड असतं. ते शिकार घेऊन या झाडावर येतात आणि एखाद्या बेचक्यात बसून निवांतपणे भूक भागवतात. यांच्या खाण्यानंतर जी हाडं खाली पडतात ती ते चित्ते, ते बिबळे आणि ती झाडं नाहीशी झाल्यावरही या झाडाखाली मातीत अवशेष रुपात सापडतात. यातसुद्धा गंमत अशी की ही हाडं खाली पडल्यावर तरस आणि इतर उच्छिष्ट भक्षी प्राण्यांच्या आवडीची– म्हणजे ज्यात मगज मिळण्याची शक्यता असते अशी हाडं– या ठिकाणी मिळत नाहीत. ब्रेन यांनी हे आपल्या अभ्यासानं सिद्ध करून दिल्यानंतरही माणूस हा प्रथमपासून शिकारी होता हे सिद्ध करण्याचा अट्टाहास संपलेला नाही. किंबहुना आदिमानव किंवा त्याही पूर्वी मानवसदृश प्राणी अस्तित्वात आलेले शिकारीच होते. या सिद्धांतानं १९६८ मध्ये कळस केला. रिचर्ड बी. ली. आणि आयर्व्हेन द व्होर या दोन शास्त्रज्ञांनी एक खास विद्वदसभा आयोजित केली आणि त्या ठिकाणी अनेक शास्त्रज्ञांनी या बाबतचं आपलं संशोधन वाचलं. ते 'मॅन द हंटर' या शीर्षकाने एकत्रित प्रसिद्धही झालं. या 'मॅन द हंटर' वरून मानवांच्या पूर्वजांचं एक भव्यदिव्य चित्र उभं राहतं आणि त्या पूर्वजांच्या अशा वागणुकीमुळंच मानवी उत्क्रांती शक्य झाली आणि आजचा प्रगत मानव अस्तित्वात आला असं दिसून येतं.

ते आदिमानव पूर्व काळातले मानवसदृश प्राणी झाड सोडून गवताळ प्रदेशात वावरू लागले. अन्नातील प्रथिनांची उणिव भरून काढण्यासाठी त्यांनी आधी कीटक खायला सुरुवात केली आणि मग ते पूरक अन्न मिळवण्यासाठी शिकार करू लागले. शिकार करायची म्हणजे विचारपूर्वक नियोजन करणं भाग पडतं. त्याचबरोबर वेगवेगळ्या प्रकारचे कौशल्य अंगी बाणवावे लागते. यामुळे मानवी मेंदूचा आकार वाढला आणि हातांची कार्यक्षमता वाढली. दोन पायावर उभं राहून दूरवरचे दिसते

म्हणून माणूस द्विपाद बनला. त्यामुळे वापरासाठी हात मोकळे झाले. हातही मोकळे झाल्यावर अणकुचीदार खडक फेकून मारण्याचे काम सुरू झाले आणि त्यातूनच प्राथमिक शस्त्र आणि अवजार निर्मिती सुरू झाली. यासाठी बुद्धिमत्ता वाढीव प्रमाणात वापरावी लागत असल्यानं मेंदूचीही वाढ झाली आणि याच चक्रातून हळुहळू अग्नी वापरणारा, शेती करणारा आजचा माणूस अस्तित्वात आला.

'मॅन द हंटर' या सिद्धांताला पहिला धक्का द्यायचं काम 'ग्लिन आयझ़ॉक' नं केलं. बर्कले इथल्या कॉलिफोर्निया विद्यापीठाच्या पुरातत्त्वशास्त्र विभागात आयझ़ॉक काम करीत होते. त्यांनी 'आदिमानवपूर्व काळात मांस गोळा करणारे आपले पूर्वज' या नावाचा एक शोध-निबंध १९७८ साली प्रसिद्ध केला. मानवाच्या आदिपूर्वजांनी वास्तव्याच्या जागा निश्चित केल्या होत्या आणि या वस्तीला केंद्र मानून ते आपले व्यवहार पार पाडत हे आयझ़ॉकनी सिद्ध केले. म्हणजेच ते आपले पूर्वज लिंगानुसार कर्तव्य निश्चिती करत असावेत, असाही निष्कर्ष आयझ़ॉकनी काढला. या टोळ्यांमधले नर अन्न शोधण्यासाठी दूरवर जात असत. जमलं तर शिकार करायची नाही तर दुसऱ्यानं केलेली किंवा टाकून दिलेली शिकार पळवायची हा या नरांचा उद्योग असे तर माद्या वस्तीजवळ कंदमुळे व फळे गोळा करायच्या आणि बालसंगोपन करायच्या. सगळे मिळून दिवसभरात गोळा झालेले मांस व इतर अन्न वाटून खायचे. यातूनच मानवी बुद्धिमत्ता वाढीस लागली, भाषेचा जन्म झाला आणि सामाजिक जाणिवा तयार झाल्या.

ग्लिन आयझ़ॉकच्या मृत्यूनंतर लुई बिनफोर्डनी ही विचारधारा पुढे चालवली. मेरी लीकी यांनी गोळा केलेल्या जीवाश्मांचं त्यांनी नव्या पद्धतीने पुनर्मूल्यांकन केलं. होमो हॅबिलीसच्या काळात म्हणजे आपल्या पूर्वजांच्या आधीच्या या मानवी शाखेला शिकार करणे ठाऊक नव्हते तर ते दुसऱ्यांनी केलेल्या शिकारीतला उरलेला भाग आणि हाडं फोडून आतला मगज खाणारे प्राणी होते असा निष्कर्ष काढला. यातून त्यांना फारसे अन्न मिळत नसणार यामुळे त्याकाळात अन्नाचे वाटप ही संकल्पना अस्तित्वात आलेली नसावी. हे मानव मूलत: शाकाहारी असावेत आणि वेळ प्रसंगी मांसाहार करत असावेत.

बिनफोर्डनी यानंतर जो अभ्यास केला त्यावरून आपले सख्खे पूर्वज म्हणजे होमो सेपियन्स आणि त्यांचे समकालीन असलेले निअँडरथलड मानव हे देखील प्रामुख्यानं शाकाहारी असावेत; पण मानव हा प्रथमपासून संधिसाधू असल्यानं ते उच्छिष्ट भक्षी बनले असावेत कारण त्यामुळे प्रथिनांची गरज भागत होती. हळुहळू त्यांनी लहान प्राण्यांची शिकार सुरू केली आणि सुमारे एक लाख वर्षापूर्वी त्यांनी मोठ्या प्राण्यांची शिकार सामूहिकरित्या करण्याचं तंत्र आत्मसात केलेलं असावं.

ब्लूमेनशाईन आणि कॅव्हालो यांनी आपलं संशोधन सुरू केलं तेव्हा

आदिमानवासंबंधीचे शास्त्रज्ञांचे विचार साधारणपणे वर सांगितल्याप्रमाणे होते. ब्लूमेनशाईन आणि केव्हालो यांनी विविध मानवी शाखांचे मानव कसे होते याचा आधी विचार केला आणि त्यांचे शिकार करण्याचे कौशल्य आजमावून पाह्यचे ठरवले. ऑस्ट्रॅलोपिथेकस आणि होमो (म्हणजे आपण ज्या शाखेचे आहोत ती शाखा.) या दोन्ही वंशाचे मानव लहानखुरे होते. नराची उंची जास्तीतजास्त ५ फूट (१५० सें. मी.) तर मादी ४ फुटाच्या (१२० सें. मी.) आसपास उंचीची असे. त्यांचे वजन अनुक्रमे १०० पौंड (४५ किलोग्रॅम) व ७० पौंड (३३ कि. ग्रॅम) इतपत असायचं. त्यावेळचे हे आपले आदिपूर्वज आजानुबाहू होते याचं कारण ते वृक्षांचा आश्रय घेत असत. सिंह, तरस आणि खड्गदंती वाघांपासून संरक्षण मिळवण्यासाठी त्यांना झाडावर वारंवार आश्रय घ्यावा लागत असणार. त्याकाळात ते हातात येतील ते धोंडे वापरत असतं. त्यांची हत्यारे फारच ओबडधोबड होती.

हे अशा तऱ्हेने अगदी प्राथमिक स्वरुपाची हत्यारं वापरणारे मानव अनेक हिंस्र मांसभक्षी प्राण्याच्या स्पर्धेत उतरले असं पुरातत्त्व शास्त्रीय पुरावे सांगतात. ओल्डुवाई आणि इतरत्रसुद्धा गॉझेलपासून हत्तीपर्यंतच्या आकार प्रकारच्या अश्मीभूत हाडांबरोबर मानवी हत्यारे सापडतात. यातल्या कितीतरी हाडांवर मांसभक्षी प्राण्यांच्या दातांचे व्रण दिसतात. याच हाडांवर ही हाड नंतर अवजारं वापरून फोडल्याच्या आणि दगडी खरवड साधनांनी मांस खरवडून काढल्याच्या खुणाही दिसतात. या हाडांचा मगज खरवडून काढल्याचे पुरावेही मिळतात. यावरून मानवाने इतर प्राण्यांनी केलेल्या शिकारीवर डल्ला मारला असावा असा तर्क करता येतो. माणूस अगदी सुरुवातीपासून पाण्याजवळपास वस्ती करत आला आहे. प्रवाही पाणी असो किंवा सरोवर काठ असो अशा पाण्याच्या तीरावरची झाडी ही आदि मानवाच्या दृष्टीने जास्त सोयीची ठरत असावी त्याचं कारण ही झाडी पाण्याजवळ असल्यानं इथं बरेच प्राणी येत असणार हे एक, दुसरं म्हणजे पाण्याकाठची झाडी नेहमीच निवारा देईल याची खात्री देता येणे, आणि या झाडीत उच्छिष्ट भक्षी सजीवांचे अग्रदूत म्हणजे गिधाडं, यांना कळणार नाही अशा तऱ्हेनं कुठलंही प्रेत दडवून ठेवता येतं. सिंह आपलं खाद्य उघड्यावर खातात आणि त्यामुळे त्यांनी मारलेल्या मोठ्या प्राण्यांच्या प्रेतांवरचं मांस– चुकून सिंहांनी शिल्लक ठेवलंच तर ते इतर उच्छिष्ट भक्षी प्रेताहारी प्राण्यांच्या तावडीतून सुटणे अवघड असते. या उलट मार्जार कुलातील इतर प्राणी, छोटे प्राणी वर्षभर मारतात आणि ते झाडावर चढून खातात. २० लाख वर्षापूर्वी आणखी एक संधी मानवास उपलब्ध होती ती म्हणजे खड्गदंती (सेबर टुथेड टायगर) वाघांनी मारलेली शिकार. या आता नामशेष झालेल्या शिकारी प्राण्यांच्या शिकारीतून मानव आपलं काम साधत असावा. विशेषत: कोरड्या ऋतूंमध्ये आणि दुष्काळात वनस्पतीजन्य खाद्य जवळजवळ मिळेनासेच होते. त्यावेळी उच्छिष्ट

भक्षणाची संधी वाढते.

ओल्या ऋतूमध्ये बिबळे सोडले तर बाकीचे बहुतेक सर्व मांसाहारी प्राणी हे उघड्यावर शिकार करतात आणि ती उघड्यावरच खातात आणि गिधाडं, तरस यासारखे प्राणी अशी संधी सर्वात आधी साधून बरेचदा मूळ शिकाऱ्याला पिडून त्या शिकारीचे वाटेकरी बनतात. यामुळे आदि मानव पावसाळ्यात शाकाहारी तर उन्हाळ्यात आणि दुष्काळात मांसाहारी बनत असावा.

मृताहार, प्रेताहार किंवा उच्छिष्ट भक्षण हा उद्योग दुष्काळात आणि उन्हाळ्यात फायदेशीर ठरणं स्वाभाविक होतं. कारण याकाळात बरेच प्राणी तहानेनं व्याकूळ होऊन, अखेरीस मरतात. त्यांची प्रेते जागोजागी पडतात. हे दृश्य अगदी आजच्या काळातसुद्धा पाहावयास मिळतं. अशा प्रेतांवर अर्धा तास दगड ठोकून जर भरपूर अन्न मिळत असेल तर ते मिळवण्याची हुशारी आदिमानवानं निश्चितच दाखवली होती. हाडातील मगज आणि मेंदू हे एका आदिमानवाला लागणाऱ्या दैनंदिन ऊर्जेपेक्षा किती तरी अधिक कॅलरी, उर्जा पुरवायला पुरेसे होते. विशेषत: कोरड्या ऋतुंमध्ये जेव्हा वनस्पतीजन्य आहार अपुरा आणि शिकार स्वत: करून अन्न मिळवणं अवघड होतं, तसंच धोक्याचंही होतं, त्या काळात आदिमानवानं दुसऱ्याची शिकार पळवण्याचा सोपा मार्ग अवलंबून आपली भूक भागवणं, साहजिकच होतं.

मानव शिकारीला निघाल्यावर एक तर तो दुसऱ्याची शिकार बनणं शक्य होतं आणि दुष्काळात शिकार मिळवण्याची स्थानं तशी ठराविक असतात, त्या ठिकाणी मोठी हिंस्र श्वापदंही शिकार मिळवण्यासाठी हजर असतात. या उलट सिंहानी केलेली शिकार झाडीत केलेली असेल तर ती २४ तासपर्यंत इतर प्रेताहारी प्राण्यांपासून सुरक्षित राहते तर बिबळ्यांनं किंवा चित्त्यानं झाडावर ठेवलेली शिकार मिळवणं जास्त सुरक्षित ठरतं आणि हे प्राणी शिकार केल्यावर बरेच तास शिकारीपासून दूर जातात असं सेरेनगेटीच्या जंगलापासून आढळून आलेलं आहे. विशेषत: चित्ते आणि बिबळे हे एकांडे शिलेदार असतात आणि त्यांना हुसकावून लावणंही सोपं असतं. अजूनही चिंपाझी किंवा बबून थोडीशी आक्रमकता दाखवून बिबळ्यांना आणि चित्त्यांना त्यांच्या शिकारीपासून पळवून लावताना, आढळून येतात. हे माणसांच्या टोळीलाही अवघड गेलेलं नसणार.

याशिवाय मानवाच्या शिकारीमध्ये पाठलाग, दगडधोंड्यांची फेकाफेक या गोष्टी असतील तर कोल्सुंदे, तरस हे प्राणी मानवाला हुसकावून त्या शिकारीचा ताबा घेण्याची शक्यता वाढते.

माणसानं शिकार करणं आधी सुरू केलं असावं की उच्छिष्ट भक्षण हा प्रश्न मात्र तसा सोडवायला अवघड आहे. आपल्या अनेक कल्पना या कल्पनाच असतात, असं या क्षेत्रात वारंवार सिद्ध झालेलं आहे. पूर्वी माणूस सोडून इतर

प्रायमेट्स शिकार करीत नाहीत असं मानलं जात असे. पुढे जेन गुडालनी चिंपाझी शिकार करतात, हे सिद्ध करून या कल्पनेतला फोलपणा सिद्ध केला. प्रेताहार, किंवा उच्छिष्ट भक्षण हे प्रायमेटांच्याबाबतीत संभवतच नाही असं प्रायमेटॉलॉजिस्ट म्हणत. पण पुढे बबून आणि चिंपाझी, चित्ते आणि बिबळ्यांची शिकार पळवतात हे शास्त्रज्ञांना प्रत्यक्षच बघायला मिळालं. याशिवाय आफ्रिकेत सहाराच्या कडेनं दक्षिण भागात राहणारे हाडझा आणि सान हे आदिवासीही दुसऱ्याचं अन्न पळवतात, हेही आता पहायला मिळालं आहे. या उच्छिष्ट भक्षी मानवांचा गेली २० वर्षे अभ्यास आणि चित्रिकरण करण्यात आलेलं आहे.

यामुळे आपले पूर्वज आणि त्यांचे पूर्वज हे बहुदा उच्छिष्ट भक्षण करत असावेत. जाताजाता साधलीच तर छोट्या प्राण्यांची शिकारही त्यांनी केली असावी आणि यातूनच पुढे मानवी प्रगतीचं पुढचं पाऊल पडलं ते म्हणजे आदिमानवांकडून शिकारीसाठी विविध हत्यारांचा आणि अवजारांचा वापर होऊ लागला. हे मात्र मानव सोडून इतर प्रायमेटांना शक्य झालेलं नाही. या हत्यारांचा वापरही मानवाला प्रेताहारात उपयोगी पडला असावा. किंबहुना प्रेताहारासाठीच प्रथम हाडांची आणि मग दगडांची हत्यारं निर्माण झाली असावीत आणि त्यानंतरच मग त्या हत्यारांचा शिकारीत उपयोग झालेला असावा, असा शास्त्रीय तर्क आहे.

आज चिंपाझी कठीण कवचाच्या शेंगा फोडण्यासाठी दगडांचा वापर करतात. दोन दगडांमध्ये ठेचली तर शेंग लवकर फुटते हे त्यांना कळते; पण म्हणून चिंपाझी आपल्याबरोबर दगड घेऊन फिरत नाहीत. याउलट मानवानं दगडादगडात फरक केला. वेगवेगळ्या आकाराचे दगड वेगवेगळ्या कारणासाठी कसे वापरावे, याचे त्याने पक्के आडाखे बांधले आणि त्यातूनच मानवी उत्क्रांती झाली असावी असं आता मानलं जाऊ लागलं आहे.

मानवी उत्क्रांतीच्या बाबतीत हा एक नवा अभ्यास असून यामुळे मानवी उत्क्रांतीचं कोडं सोडवायच्या प्रयत्नांना एक नवी दिशा मिळाली आहे. माणूस झाला म्हणून काय झालं. अखेरीस तो एक प्राणीच आहे. यामुळे माणसानं आपल्या पूर्वजांबद्दल पूर्वग्रह बाळगून संशोधन करायचं कारण नाही, हेच या संशोधनातून सिद्ध होतं.

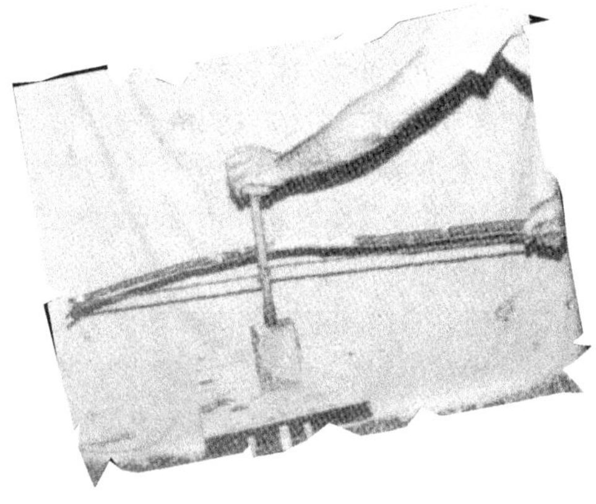

आदिमानवाचे दिवे

पूर्व आशियातल्या बहुतेक सर्व देशांमध्ये दिव्यांचा उत्सव साजरा केला जातो. दिवे हे भारतीय आणि चिनी संस्कृतीचे अविभाज्य अंग आहेत. असं असलं, तरी मानववंश शास्त्रज्ञ आणि पुरातत्त्व शास्त्रज्ञांना पूर्वेकडील उत्खननांमधून दिव्यांचे अवशेष फार कमी प्रमाणामध्ये मिळालेले आहेत आणि जे मिळाले आहेत ते दहा-पंधरा हजार वर्षांपूर्वींपासूनचे आहेत. हडप्पा संस्कृतीच्या अवशेषांमध्ये दिवे आढळतात. ताम्रपाषाणयुगात दिवे आढळतात; पण त्यापूर्वींच्या दिव्यांचे अवशेष आपल्याकडे मिळालेले नाहीत.

मानववंश शास्त्रज्ञांना याबाबत आश्चर्य वाटत नाही. याचे कारण दिवे अंधाऱ्या जागेत वापरले जातात. जिथं भरपूर उजेड, कमी थंडी आणि बारा महिने अन्न उपलब्ध होतं अशा भागात दिवे ही अत्यावश्यक गरज असण्याचं निदान आदिमानवाच्या काळात तरी कारण नव्हतं. या उलट युरोपात जिथं बर्फ पडतं, तिथं आदिमानवाला गुहांचा आश्रय घेणं भाग पडायचं. विषुववृत्ताजवळचा माणूस थंडीत शेकोटी पेटवून थंडीला दूर ठेवू शकत असे. तसं जिथं बर्फ पडतं, त्या भागातल्या आदिमानवाला शक्य नव्हतं. (भारतातही काश्मीरमध्ये सर्वांत जुने दिवे सापडतात.) यामुळेच युरोपात विशेषत: फ्रान्समध्ये अशा आदिमानवानं वापरलेल्या दिव्यांचे अवशेष मोठ्या प्रमाणावर आढळतात.

दुसरी महत्त्वाची गोष्ट म्हणजे पूर्वेकडच्या देशात जुन्या गोष्टी जपून ठेवण्यापेक्षा त्या वापरणं ही प्रवृत्ती आढळते.

लोकसंख्यावाढीच्या दबावामुळे जागेसह सर्व गोष्टींची सतत कमतरता भासत राहते. यामुळे उत्खनन अवघड होते; तसंच प्रत्येक गोष्टीकडे कुतूहलानं पाहणं आणि चिकित्सक वृत्तीनं पाहणं ही वृत्ती पाश्चात्य देशांत आढळते, ती पौर्वात्य

देशांमध्ये नाही. यामुळे बरेच महत्त्वाचे पुरातत्त्वीय पुरावे नष्ट होतात. तसं युरोपमध्ये झालेलं नाही. किंबहुना चर्चनं शास्त्रीय संशोधनास काही बाबतीत विरोध केला असला, तरी बऱ्याच शास्त्रीय अवलोकनास आणि नोंदींना ख्रिश्चन विशेषत: ज्यू धर्मगुरूंनी हातभार लावल्याचं दिसून येतं. यामुळे असेल, पण युरोपमध्ये त्यातही फ्रान्स आणि स्पेनमध्ये गुहांमधून खूप भित्तिचित्रे सापडली, तसंच पाषाणयुगीन दिवेही मोठ्या प्रमाणावर मिळालेले दिसतात.

साधारणपणे पाच लाख वर्षांपासून अग्नीचा वापर करण्याची कला मानवानं आत्मसात केली. आगीचा उपयोग जसा ऊब, अन्न शिजवणं आणि हिंस्र श्वापदांपासून संरक्षण या कारणांसाठी आदिमानवाला झाला त्याचप्रमाणे पेटत्या चुडींनी आदिमानवास प्रकाशही मिळवून दिला. त्यामुळेच यापूर्वी ज्या भागात मानव कधीही वावरला नव्हता. अशा भागात– अशा अंधाऱ्या भागात त्याचा वावर सुरू झाला. युरोपात हिमयुग चालू असताना सुमारे ४० हजार वर्षांपूर्वी या जास्तीच्या उपलब्ध झालेल्या जागा त्या काळातल्या मानवालादेखील वरदानच भासल्या असतील. सुमारे चाळीस हजार वर्षांपूर्वीच्या मानवी वसतिस्थानात युरोपमध्ये दगडी दिवे आढळून येतात. या दगडी दिव्यांत आदिमानव प्राणिज चरबी वापरत होता. असे दिवे साधारणपणे ४० हजार वर्षांपूर्वी प्रथम वापरात आले; त्यावेळी युरोपात हिमयुग चालू होते. त्यावेळी बाहेरची शून्य अंशांपेक्षा कमी तापमान असलेली थंडी, घोंघावते वारे यांच्याशी सामना करून टिकून राहतील, अशा झोपड्या बांधायची कला अजून आदिमानवाला अवघड झालेली नव्हती. यामुळे गुहा हे त्याचं एकमेव आश्रयस्थान होतं. त्या काळात जसे हे प्राथमिक दिवे आपलं अस्तित्व प्रकट करू लागले. त्याचबरोबर मानवी इतिहासात काही सांस्कृतिक बदल घडून आल्याचेही पुरावे शास्त्रज्ञांना मिळाले आहेत. गुहांच्या भिंतीवर चित्रे रेखाटणे, वैयक्तिक आभूषणांची निर्मिती आणि हत्यारांच्या निर्मितीतली प्रगल्भता व जटिल हत्यार निर्मितीची क्षमता, ही याच काळात दिव्यांबरोबरच अस्तित्वात आलेली मानवी संस्कृतीची वैशिष्ट्ये मानण्यात येतात. हिमयुगातले हे दिवे कशाप्रकारे तयार करण्यात येत होते, त्यात कोणतं इंधन वापरलं जातं, वाती कशाच्या होत्या, याबद्दल वेगवेगळ्या संशोधकांनी आपापली मते मांडली होती; पण अशा दिव्यांच्या वापरपद्धतीचा शास्त्रीयदृष्ट्या पद्धतशीर अभ्यास झालेला नव्हता.

युरोपात आदिमानव गुहातून वास्तव्यास असे आणि गुहा सोडून जाताना तो गुहा पुढील काळात वापरली जाणार आहे तेव्हा ती साफसूफ करून जावी, असा विचार नक्कीच करीत नव्हता. (आपणही आज काल हा विचार करताना दिसत नाही. नाहीतर पर्यटन स्थळं स्वच्छ ठेवणं अवघड गेलं नसतं.) यामुळेही युरोपमध्ये बरेच अभ्यास करण्याजोगे पुरावे व्यवस्थित सापडतात. विषुववृत्तीय प्रदेशात आदिमानवाची

वस्ती उघड्यावर, बरेचदा नदीच्या पूरमैदानामध्ये पाण्याजवळ असल्यानंही हे पुरावे टिकून राहिलेले नसावेत. युरोप– मुख्यत: फ्रान्स आणि स्पेनमधल्या गुहांमधून असे पुरावे सापल्यावरही त्यांचा पद्धतशीर अभ्यास करण्याचे प्रयत्न मात्र गेल्या काही वर्षांमध्येच सुरू झाले. हे प्रयत्न सोफी द बॉन आणि रॅडॉल व्हाईट यांनी प्रत्यक्ष असे दिवे करून पाहून सुरू केले.

सोफी द बॉन आणि रॅडॉल व्हाईट या दोघांनाही आदिमानवाच्या सांस्कृतिक आणि तांत्रिक प्रगतीबद्दल खूपच औत्सुक्य होतं. सोफी पॅरिसमधल्या नॅशनल सेंटर फॉर सायंटिफिक रिसर्चमधल्या प्राग् ऐतिहासिक मानवसंस्कृती विज्ञान (प्रीहिस्टॉरिक एथ्नॉलॉजी) केंद्रात संशोधन करतात. त्याचबरोबर जीववैज्ञानिक आणि सांस्कृतिक मानववंश शास्त्रही शिकवतात. त्यांनी फ्रान्समधल्या अनेक उत्खननांमध्ये आणि संशोधन मोहिमांत भाग घेतला असून, काही उत्खननांचं नेतृत्वही केलेलं आहे. सध्या पुरापाषणायुगीन फ्लिंट विरहित पाषाण हत्यारांचा त्या अधिक अभ्यास करीत आहेत.

रॅडॉल व्हाईट न्यूयॉर्क विद्यापीठात मानववंश शास्त्राचे सहप्राध्यापक आहेत. उत्तर पाषाणयुगीन काळातील कला आणि तंत्रज्ञान हा त्यांचा खास अभ्यासाचा विषय आहे. विशेषत: पाषाणयुगीन युरोपातल्या आदिमानवांची आभूषणे, हा त्यांचा खास अभ्यास विषय. अमेरिकन वस्तुसंग्रहालयांच्या कोठारात पडून असलेल्या अनेक महत्त्वाच्या पाषाणयुगीन युरोपातील आदिमानवांच्या कलावस्तू उजेडात आणण्याचे श्रेय रॅडॉल व्हाईट यांच्याकडेच जाते. युरोपातल्या हिमयुगीन मानवाचा दिवा पहिल्यांदा १९०२ मध्ये सापडला. याच वर्षी फ्रान्समधल्या ला मुथे इथल्या गुहातली चित्रेही उजेडात आली. त्याच वेळी तत्कालीन पुरातत्त्वशास्त्रज्ञांनी गुहेच्या इतक्या आतल्या भागात ज्या अर्थी आदिमानवानं चित्र काढली आहेत त्या अर्थी त्या चित्रकारांच्या काळात कृत्रिम प्रकाशाची नक्कीच काहीतरी सोय असावी, असा अन्वयार्थ लावला होता. या दृष्टिकोनातून ला मुथे इथं अधिक शोध केल्यावर त्या शास्त्रज्ञांना एक दिवा सापडला. हा दिवा वालुकाश्मा (सँडस्टोन) पासून बनविण्यात आला होता हे त्याच्या रचनेवरून खोदकामावरून, त्या दिव्यावरील (प्राथमिक स्वरूपाच्या) नक्षीकामावरून स्पष्ट होत होते. मुख्य म्हणजे हा दिवा वापरल्याच्या काजळखुणा स्पष्ट होत्या. दिव्याच्या तळावर खालच्या बाजूस आयबेक्स (एक प्रकारचा हरणासारखा प्राणी) ची प्रतिमा कोरून काढण्यात आली होती. या पहिल्या आदिमानवी दिव्याच्या शोधानंतर आदिमानवी वसाहतीत सापडलेल्या अनेक खोलगट पृष्ठभाग असलेल्या वस्तूंचा 'दिवा' या प्रकारात समावेश करण्यात येऊ लागला.

बॉन आणि व्हाईट यांनी जेव्हा आपलं संशोधन सुरू केलं तेव्हा आतापर्यंत दिवे ठरविण्यात आलेल्या वस्तूंपैकी खरोखरचे दिवे वेगळे करणं हे काम त्यांनी आधी हाती घेतलं. मग खात्रीशीररित्या दिवे ठरलेल्या वस्तूंचे वर्गीकरण करण्यात आलं.

यासाठी युरोपात वेळोवेळी झालेल्या आदिमानवी वसाहतींच्या उत्खननातले अवशेष कुठल्या कुठल्या संग्रहालयात आहेत त्यांची यादी करण्यात आली. जगभर विखुरलेले हे अवशेष पाहून त्यातले दिवे वेगळे करण्यात आले. अशा तऱ्हेचे एकूम ५४७ आदिदिवे मिळाले. यातून ज्या दिव्यांमध्ये चरबी किंवा तत्सम इंधन जाळून काजळी धरल्याच्या खुणा होत्या त्यांनाच दिवे म्हणून मान्यता देण्याचं ठरलं. आधुनिक तंत्रज्ञानाचा काजळी (कार्बनचे कण) शोधण्यासाठी उपयोग करण्यात आला. अशा तऱ्हेचे एकूण २४५ दिवे वेगळे करण्यात आले. उरलेल्या ३०२ दिव्यांसारख्या वस्तू या इतर कामासाठी वापरण्यात येत असाव्यात; पण त्या नक्कीच दिवे म्हणून वापरल्या गेल्या नव्हत्या. यातूनही ज्या दिव्यांचा पूर्वेतिहास खात्रीशीरपणे माहीत होता असे १६९ दिवे वेगळे केले गेले. हे दिवे नक्की कोणत्या उत्खननात सापडले, ते ते उत्खनन कोणी, कुठे आणि केव्हा केलं याची माहिती उपलब्ध होती; म्हणजेच शास्त्रीय पद्धतीनं झालेल्या उत्खननातून हे दिवे उपलब्ध झाले होते. यामुळे या दिव्यांसोबत सापडलेल्या वस्तू; हे दिवे उत्खननातदेखील कुठं सापडले ती जागा हे निश्चितपणे सांगता येणं शक्य होतं. हे सर्व ४० हजार ते ११ हजार वर्षांपूर्वीच्या काळातले होते.

या सर्व दिव्यांसाठी फरशीचा (चुनखडकाचा) आणि वालुकाश्माचा वापर करण्यात आला होता. फ्रान्समध्ये या दोन्ही प्रकारचे खडक मोठ्या प्रमाणात आढळतात. चुनखडक बहुधा फरशीच्या रूपात काढता येतो आणि अशा वेळी बरेचदा त्यात नैसर्गिक खळगेही असतात. दुसरं म्हणजे वात ठेवण्यासाठी त्यात घळ तयार करणं सोपं जातं. फरशीचे दिवे करण्यात आणखी दोन फायदे असतात. नैसर्गिकरीत्या त्याला पकड घेण्याजोगा आकारही असू शकतो; पण त्याहीपेक्षा मोठा फायदा म्हणजे फरशीचा दगड उष्णतारोधक असतो किंवा वाईट उष्णतावाहक असतो (बॅड कंटक्टर ऑफ हीट) यामुळे अशा दिव्याच्या मुठी आणि मुठी नसतील, तर तळ लवकर तापत नाहीत. यामुळे हे दिवे वापरणाऱ्यांची बोटं किंवा तळहात यांना लवकर चटका बसत नाही. या उलट वालुकाश्म हा चांगला उष्णतावाहक आहे. यामुळे वालुकाश्माचा दिवा झटकन तापतो. यामुळे सापडलेल्या दिव्यांपैकी वालुकाश्माच्या बहुतेक सर्व दिव्यांना कोरून काढलेल्या मुठी आढळतात. फरशीच्या दगडांमध्ये एकच एक रंग आढळतो, तर वालुकाश्मात वेगवेगळ्या रंगछटा आढळतात आणि त्यातही तांबड्या रंगाचा वालुकाश्म खूप आकर्षक दिसतो. एखाद्या वाडग्यासारखे बंद खोलगट दिवे युरोपीय उत्खननांमध्ये सर्वांत जास्त प्रमाणात आढळले. पाषाण युगाच्या तीनही टप्प्यांमध्ये याच प्रकारच्या दिव्यांचं प्राबल्य आढळतं. या दिव्यांचा आकार पाण्याच्या उथळ डोणीप्रमाणे असतो. अजूनही अशा डोणी कबुतरांना पाणी पाजण्यासाठी वापरल्या जातात. या दिव्यांचा

मधला खळगा गोल किंवा अंड्याच्या आकारासारखा लांबट असतो. या भागात वितळून द्रवरूप झालेलं इंधन साठतं. सुरुवातीच्या म्हणजे पूर्वपाषाण युगातले असे दिवे ओबडधोबड असले, तरी नंतरच्या काळात त्यांच्या घडणीत सुबकपणा आलेला दिसून येतो. यातही नैसर्गिकरीत्या खोलगट असलेले, हाच खड्डा व्यवस्थित करून बनवलेले आणि पूर्णपणे मानवनिर्मित असे तीन प्रकारचे दिवे आढळतात. साधारणपणे तळ्याच्या आकाराचे हे दिवे बहुतांशी फरशीच्या दगडापासून बनवल्याचं आढळून येतं. सपाट पृष्ठभागावर ठेवल्यावर यातलं तेल बाहेर ओघळणार नाही इतपतच या दिव्यांचा खळगा खोल असतो. साधारणपणे खळग्याची जास्तीत जास्त खोली १५ ते २० मिलिमीटर एवढीच असते. या दिव्यात १० घन सेंटिमीटर म्हणजे मोठा चमचाभर तेल मावू शकते.

आदिमानवी वसाहतीत सापडलेले सर्वांत कुशल कारागिरी असलेले दिवे म्हणजे मुठीचे दिवे. हे दिवे मुद्दामहून घासून, घडवून तयार केल्याचं स्पष्ट दिसतं. असे एकूण तीस दिवे द बॉन आणि व्हाईट यांना सापडले. या सर्व दिव्यांना पकडदांडी आहे. या मुठीच्या घडवण्यातही प्रकार आहेत. ११ मुठींवर सजावटीसाठी नक्षी कोरलेली दिसून येते. हे दिवे मध्य पाषाण युगाच्या अखेरच्या काळात उत्तर पाषाण युगात प्रामुख्यानं निर्माण केले गेले असावेत. अगदी सुरवातीचे ओबडधोबड पकडीचे दिवे २२ हजार ते १८ हजार वर्षांपूर्वीच्या काळात प्रथम निर्माण केले गेले असावेत. युरोपात याला सोल्युट्रियन संस्कृती असं म्हणतात. व्यवस्थित घडीव मुठींचे दिवे पूर्व मॅग्डेलेनियन संस्कृतीत म्हणजे १८ हजार ते १५ हजार वर्षांपूर्वीच्या काळातले असावेत, तर मध्य आणि उत्तर मॅग्डेलेनियन काळात या घडीव मुठींवर नक्षी आणि इतर कोरीव काम होऊ लागले. नक्षीदार मुठींचे बहुतेक सर्व दिवे फ्रान्सच्या दोर्दोन्य भागात आढळले. हे दिवे गुहांतून, खडकांच्या आडोशातून आणि उघड्यावरच्या ठिय्यांमध्येही आढळले.

या दिव्यांवरचे नक्षीकाम, त्यांचा कमी प्रमाणातला आढळ आणि सांस्कृतिक संदर्भ पाहता तसेच ते फार थोड्या काळविस्तारात सापडत असल्यामुळे हे दिवे धार्मिक कारणासाठी किंवा उत्सवाच्या प्रसंगी वापरले जात असावेत. याचं एक उदाहरण जगप्रसिद्ध लास्को गुहेत सापडलं. या गुहेत एक विहिरीसारखा खड्डा होता. या खड्ड्याच्या तळाशी नक्षीदार मूठ असलेला दिवा होता. त्या दिव्याच्या वातीच्या बाजूला भिंतीवर गव्याची यशस्वी शिकार केलेल्या आणि त्या गव्याच्या समोर अखेरचा घाव घालण्यासाठी सज्ज असलेल्या शिकाऱ्याचं चित्र होतं. हा दिवा ग्लोरी नावाच्या धर्मगुरूनं शोधून जगासमोर आणला. या दिव्यात चरबी जाळली जात नव्हती, तर सुगंधी वनस्पती जाळल्या जात असाव्यात असं दिसतं. आज कालच्या धूपदाणीसारख्या याचा उपयोग केला जात असावा, असा शास्त्रज्ञांचा अंदाज आहे.

चरबी जाळणारा दिवा, सातत्यानं ज्योत कमी-जास्त न होता जळणारा, सहज हाताळता येणारा आणि गुहेत जरा दूरवर काळोख्या भागापर्यंत उजेड पोचविणारा असावा. हा विचार आदिमानवानं इतक्या खोलवर जाऊन भले केला नसेलही पण चुकतमाकत (ट्रायल अँड एरर) पद्धतीनं अखेरीस आदिमानवानं असा दिवा तयार केला. हा दिवा आपल्याला हवा तसा झाला हे लक्षात आल्यानंतर त्यानं याच प्रकारचे दिवे भरपूर प्रमाणात निर्माण केले. असेच दिवे यामुळे उत्खननांतून भरपूर प्रमाणात आढळतात. द बॉन आणि व्हाईट यांनी स्वत: जे दिवे आपल्या प्रयोगशाळेत तयार केले त्यातही सुयोग्य दिवे हे आदिमानवानं भरपूर प्रमाणात निर्माण केलेल्या दिव्यांसारखेच होते. या दिव्यांचा खळगा गोल किंवा लंबगोल होता, बाजू (आपल्या पणतीप्रमाणेच) उतरत्या होत्या. वातीसाठी आणि इंधन ओतण्यासाठी यात वेगवेगळ्या प्रकारच्या खाचा होत्या. या दिव्यांच्या अभ्यासासाठी दिवे वापराच्या काही चिन्हांचा अभ्यास केला जातो. या खुणा तीन प्रकारच्या असतात. काजळी जमा होणे, कोळशाची पूड आणि जिथं वात जळली तिथला दगड सतत तापून त्याला तांबूस रंग येणं. याला 'रुबीफॅक्शन' असं म्हणतात.

साधे बिनमुठीचे किंवा पन्हाळीवाले दिवे वापरताना वात कुठंही ठेवून पेटवली जात असे. यामुळे त्या दिव्यांच्या पाळ्या चोहोबाजूंनी काळवंडलेल्या आणि काजळी खाली तांबूस झालेल्या आढळून येतात. या उलट मूठवाल्या बंद पाळीच्या दिव्यांमध्ये वात लावायची जागा आपोआपच ठरवली जात असे. यामुळे मुठीच्या विरुद्ध दिशेस किंवा बरोबर समोर काजळी आणि तांबूसपणा आढळून येतो.

या दिव्यात प्राणिज चरबी आणि स्नायूरज्जूच्या वाती वापरण्यात येत असाव्यात असं मानववंश शास्त्रज्ञ पूर्वापार मानत आले आहेत. यातही कमी तापमानास झटकन विरघळणारी आणि ॲडिपोझ उती (टिश्यू) नसलेली चरबी योग्य ठरते असं आधुनिक प्रयोगांमध्ये दिसून आलं. सील, घोडे आणि गोवंशातील प्राण्यांची चरबी या कामी आजही वापरली जाते. गी बुज्वाईझ या बुर्डा विद्यापीठाच्या रसायन शास्त्रज्ञानं अत्याधुनिक तंत्रज्ञान वापरून या दिव्यांमधल्या काजळीचा अभ्यास केला. त्यातून या कार्बनचे कोणते समस्थळी (आयसोटोप) या काजळीत किती प्रमाणात आहेत हे शोधून काढलं. त्यावरून हा कार्बन वनस्पती जाळून उरलेल्या काजळीतला नाही, तर प्राणिज कार्बनी पदार्थ जाळून उरलेला कार्बन आहे, ते त्यांना सिद्ध करता आलं.

गुहांमध्ये हे दिवे ठेवायच्या विशिष्ट जागा ठरलेल्या असत हेही या शास्त्रज्ञांनी शोधून काढलं; कारण तिथं वितळलेली चरबी ओघळून तिचे सूक्ष्म थर साठले होते. याच्याच बरोबर वरच्या बाजूस भिंतीवर काजळी धरली होती. गुहेचं प्रवेशद्वार, चढ-उतार असलेल्या जागा, सज्जे व त्याठिकाणी जायच्या पायऱ्या अशा महत्त्वाच्या

जागी हे दिवे ठेवण्यात येत असत. एवढंच नव्हे तर हे दिवे ठेवायच्या साठवणीच्या जागाही गुहेत वेगळ्या असत.

आज युरोपात दिव्यांचा उत्सव होत नाही. सर्वत्र विजेचे दिवे वापरले जातात आणि पॅरिससारख्या शहरांच्या बाजारपेठांमध्ये तर कायमच दिवाळीसारखी रोषणाई असते; पण याच फ्रान्समध्ये मानवानं पहिले 'दिवे लावले' हे विसरून चालणार नाही.

❖ ❖ ❖

मानवाची पहिली शेती

मानवी इतिहासातला सर्वांत क्रांतिकारक क्षण कुठला? या प्रश्नास निरनिराळी बरीच उत्तरं येतात. आगीचा वापर, चाक आणि शेतीची सुरुवात या तीन घटना फारच क्रांतिकारक मानण्यात येतात, शिकार आणि फळे गोळा करून जगणारा माणूस जेव्हा शेती करू लागला तेव्हा त्याला एका जागी बराच काळ वस्ती करून राहणं भाग पडू लागलं. यातूनच गावं वसली नि मानव हळुहळू सांस्कृतिक बनू लागला. अगदी कालपरवापर्यंत म्हणजे १९७०-७५ पर्यंत मानवशास्त्र शेतीची सुरुवात कुठे झाली हे ठामपणे सांगत असत. आग्नेय आशियात साधारणपणे दहा हजार वर्षांपूर्वी, साधारणपणे शेवटचं हिमयुग संपताना मानवानं शेतीस सुरुवात केली असं तोपर्यंत मानलं जात होतं.

त्या भागातील शिकार संपली, फळं संपली, कीटक सापडेनासे झाले, पण याच गवताळ भागात जे वेगवेगळे गवत वाढत होते, त्याच्या बिया खाऊन पोट भरणं शक्य होतं हे आदिमानवाचे लक्षात आलं. रानगहू आणि रानजवस याची मग लागवड सुरू झाली. एकदा हे हुकुमी अन्न हाती येतं याची खात्री झाल्यावर, वस्त्या कायमरूपी होऊ लागल्या, लोकसंख्या वाढली, कामाची वाटणी होऊ लागली, यामुळे शेतीचा बारदाना वाढत गेला, गावं वाढली. मग लोकांनी परस्परांशी कसं वागावं याचे नियम बनत गेले. यातून शासनव्यवस्था निर्माण झाली. आपली जनावरं, आपली धान्यकठोरं यांचं संरक्षण करणं आवश्यक आहे हे मानवाच्या लक्षात आलं, त्यातून सैन्य निर्माण झालं आणि हळुहळू मानवी संस्कृतीचा जन्म झाला, असं सर्वमान्य संशोधन काही नव्या संशोधनामुळं धोक्यात आलं आहे.

सदर्न मेथॉडिस्ट विद्यापीठ, इजिप्तचा भूसर्वेक्षण विभाग आणि पोलिश ॲकॅडमी ऑफ सायन्सेस यांनी इजिप्तच्या नाईल खोऱ्यात जे संशोधन केलंय त्यामुळे आग्नेय

आशियातून शेतीचं मूळ इजिप्तमध्ये पोहोचण्याची शक्यता निर्माण झाली आहे.

या तीन संस्थांच्या संशोधकांनी इजिप्तच्या पश्चिमी वाळवंटात वाडी कुबानिया इथं उत्खनन केलं. इथं त्यांना १८५०० ते १७००० वर्षापूर्वीचे शेतीचे अवशेष मिळाले. या काळात संपूर्ण युरोपखंड बर्फाच्छादित होता, पण आफ्रिकेत नाईलच्या खोऱ्यात गहू, बार्ली, तूर, वाटाणा, खजूर अशी पिकं घेतली जात होती. नाईलच्या कडेकडेनं पूररेषेच्या आत-बाहेर ही शेती चालू असे. ही शेती जवळ-जवळ १३ हजार वर्षे चालू होती. मग आज आपण जिला इजिप्शियन संस्कृती म्हणतो तिला बहर आल्यावर या शेतीची पद्धत बदलली, पण ती शेती आजपर्यंत त्या भागात या ना त्या स्वरूपात चालूच राहिली.

या इजिप्शियन संशोधनानं आणखी एका समजुतीस हादरा दिला. पूर्वी मानवशास्त्रज्ञ म्हणायचे की शेती सुरू झाल्यावर लगेचच वस्ती करणं सुरू झालं आणि ग्रामसंस्कृती अस्तित्वात आली. पण या संशोधकाना असे आढळून आलं की हे आद्य शेतकरी शेती सुरू केल्यावरही हजारो वर्षे फिरस्तेच होते. फिरता फिरता मधूनच विश्रांती घ्यायची नि तिथंच शेती करायची. यामुळे जीवनात जरा वेगळेपणा डोकवायचाच, शिवाय अन्नातही. या प्रकारच्या संशोधनामुळे मानवशास्त्र आणि पुरातत्त्वशास्त्रात त्या मूलभूत सिद्धांतांची फेरतपासणी करण्याची जाणीव आता पाश्चात्य देशात निर्माण होऊ लागली आहे.

वाडी कुबानियात जेव्हा प्रागौतिहास काळात शेती केली जात होती, तेव्हा तिथल्या परिस्थितीत फारसा फरक नव्हता. वाळूच्या टेकड्या आणि वर्षात बराच काळ कोरडी असणारी ओढ्यांची पात्रं ही एकमेकांना छेद देत तिथं अस्तित्वात होती. इथं आज आणि बहुधा तेव्हाही दर पंधरा वर्षांनी पाऊस पडत असे, पण त्या काळात नाईलमधील पाण्याची पातळी खूप जास्त होती. यामुळं नाईलला पूर आला की या वाळवंटात दूरवर पाणी पसरायचं. त्यात वाडी कुबानियाचा सखल भागाही पाण्याखाली जायचा. यामुळं नाईलच्या कडेनं बांध तयार व्हायचे, दरवर्षी नाईल ते फोडायची आणि या पुरांमध्ये खूप दूरवर सुपीक गाळाचा थर पसरायचा. आस्वानचं धरण झाल्यावर मग हे बंद झालं.

उत्तर अश्मयुगीन काळात यामुळे वाडी कुबानिया हे आदिमानवाचे दृष्टीनं फार आकर्षक ठिकाण ठरलं असणार. नदीत मासे होते, पाणपक्षी होते, आजूबाजूस गवताळ प्रदेश होता, झाडे होती. रानगाई, वेगवेगळी हरणं या भागात हिंडत होती. वा भागात बऱ्याच ठिकाणी मानवी फिरस्त्यांच्या वस्त्यांचे अवशेष आढळून आले आहेत. हे अवशेष नदीच्या पूरपातळी रेषेपासून तर वाळूच्या टेकड्यांपर्यंत सर्वत्र आहेत.

वाडी कुबानियाचे लोक कसे दिसत होते हे सांगणं अवघड असलं तरी ते कसे

जगत असावेत हे सांगणं मात्र शास्त्रज्ञांना शक्य झालं आहे. हे लोक ऋतुमानाप्रमाणे आपल्या वस्त्या बदलत जात असत. हे जिथे आपली वस्ती करत तिथं धान्यकण नि दगडी पाटे-वरवंटे किंवा खलबत्तेही आढळले आहेत. याशिवाय दगडी पात्रे, अणकुचीदार कोरीव कामाची हत्यारं आणि कातडी सोलायची हत्यारंही इथं आढळली आहेत.

वाळूच्या टेकड्यांवरती वर्षाकाठी ते दोनदा मुक्काम ठोकत असत. एकदा साधारणपणे ऑगस्ट अखेरीपासून ते ऑक्टोबरच्या सुरुवातीपर्यंत ते इथं राहत या काळात नाईलचा उन्हाळ्याचे उत्तरार्धातील पूर ओसरत असायचा. या काळात ते हरणांची व त्यांच्याबरोबरीनं हिंडणाऱ्या प्राण्यांची शिकार करायचे, याहीपेक्षा ते या काळात मासेमारी करायचे. पूर जसजसा ओसरत जात असे तसतशी जागोजाग छोटीमोठी तळी व पाणथळ भाग इथे तयार व्हायचा. या तळ्यातून मासे अडकायचे, विशेषत: कॅटफिश इथे भरपूर प्रमाणात आढळत असावेत. या वस्त्यांच्या जागी कोळशांचे खूप तुकडे आणि राख सापडली असून यामुळे मासे भाजून सुकवून दूरवर नेले जात असावेत, असा तर्क करायला वाव आहे.

ही तळीसुद्धा वाळली की मऊसूत मातीनं भरलेले त्यांचे तळ शेतीसाठी उपयोगात आणले जात असत, इथं कडधान्यं, बार्ली आणि गहू यांचं पीक घेण्यात येत असावं, याशिवाय तूर आणि वाटाणेही इथं आढळतात. पाणी जसजसं कमी कमी होत जात असे तसतशा मानवी वस्त्या पुढं पुढं सरकत असत. याकाळात त्यांनी लावलेल्या पिकांकडे ते फारसं लक्ष देत नसावेत, मात्र नदीच्या वाळलेल्या पात्रात त्यांनी पेरणी केली असावी असं दिसत नाही कारण तळ्यातली माती कशीही उकरता येत होती इथं नांगराची गरज होती. इथली मासेमारी संपली की हे लोक आपला इथला मुक्काम हलवत असत. मग ते डिसेंबर-जानेवारीत परत यायचे. यावेळी त्यांनी पेरलेलं पीक कापणी (?) साठी तयार असायचं. तेव्हा अर्थात कापणी नसून कणसं व शेंगा खुडणं असाच प्रकार असायचा.

हे लोक वाडी कुबानिया सोडून उत्तरेस दीडशे कि. मी. दूरवर असलेल्या एस्ना या ठिकाणी वर्षातला काही काळ व्यतीत करीत असावेत असेही पुरावे मिळाले आहेत. दोन्ही ठिकाणच्या पाषाण हत्यारांची निर्मिती अभ्यासून शास्त्रज्ञ ही हत्यारं एकाच कारागिरानं किंवा कारागिरांच्या टोळीनं बनवली की नाही हे सांगू शकतात.

हिवाळ्याच्या सुरुवातीस ही मंडळी एस्नाहून परत वाडी कुबानियाला वस्तीसाठी येत तोपर्यंत पीक तयार झालेलं असे. मग त्याचं पीठ करण्याचा उद्योग चालत असे. कडधान्य, धान्य, डाळी आणि पक्षी, हरणं असा त्यांचा आहार असे. इथल्या वस्त्यांमधून बदक, हंस व विविध प्रकारच्या हरणांची हाडंही मिळाली आहेत, यानंतर उन्हाळ्यापर्यंत हे लोक नाईलच्या आसपास राहत असत. नदीच्या पाण्याची

पातळी खूप खोल गेलेली असायची. वातावरण तापू लागायचं यामुळं बरेच प्राणी नदीच्या जवळपास वावरू लागायचे, मात्र पक्षी उत्तरेकडे स्थलांतर करून गेलेले असत. या काळात इथली माणसं पाणघोडेसुद्धा मारत असत.

मग हळूहळू पावसाळ्यात नदीचं पाणी वाढू लागायचं, आणि ही मंडळी आपला मुक्काम इथून हलवायची, ती ऑगस्ट-सप्टेंबरला परत यायची, या माणसांनी इथं पीक घेतलं याचे अनेक पुरावे उपलब्ध आहेत. या पुराव्यात तळ्याच्या मध्यभागी असलेली पिकांची मुळं व धान्याचे कण हा एक महत्त्वाचा पुरावा ठरतो. नैसर्गिकरित्या कोणत्याही वाळलेल्या जलसाठ्यामध्ये पाणवनस्पतीचे अवशेष जास्त करून आढळतात. तृणधान्य, डाळी वगैरे मोठ्या प्रमाणात आढळत नाहीत. दुसरी गोष्ट म्हणजे नुसत्या रानगवताच्या दाण्यावर जगण्यासाठी आदिमानव एकाच जागी वारंवार परतला नसता तर जिथं ते गवत मिळेल त्याचे दाणे खाऊन जगला असता. रानधान्य आणि मुद्दाम लावलेलं धान्य यांच्यातला फरक सूक्ष्मदर्शींखाली दिसून येतो. रानटी गवताचे दाणे हे पूर्ण पिकल्यावरच खाली पडतात. जेव्हा माणूस स्वत: धान्य वापरतो तेव्हा तो कणसं तोडून तो बडवून, तुडवून किंवा अशाच अन्य मार्गाने बलाचा वापर करून दाणे काढतो, त्यातला तूस वेगळं करतो. यामुळं जिथे धान्य कणसाला चिकटलेलं असतं, त्या भागात धान्य तोडून काढल्याची खूण राहते. तसंच नेहमी कणसात घट्ट बसलेले दाणे काढून घेतले जातात. जे सैल होते ते आधीच पडून गेलेले असतात. यामुळे या दाण्यांचं आपोआप 'घट्ट चिकटून बसणाऱ्या दाण्यांच्या' जातीत रूपांतर होतं, कारण दरवेळेस याच प्रकारचं बी पेरलं जातं. शिवाय बियाण्यासाठी निवडक मोठे दाणे वेचून काढले जात असतात, हे दाणे लावणं हिताचे ठरतं हे ज्ञान अनुभवानं प्राप्त होतं. यामुळे मोठ्या दाण्यांची जात वेगळी होऊ लागते. अशातऱ्हेनं बार्ली आणि गहू हे बदलत गेल्याचं इथं निदर्शनास आलेलं आहे. खजूर आणि वाटाणा तर निश्चितपणे मानवी लागवडीखाली होता, याचेही इथे पुरावे मिळाले आहेत. मात्र डाळी आणि इतर काही पदार्थ लागवडीखाली होते की जंगलातून वेचून आणले जात होते हे सांगणं अवघड आहे.

वनस्पतीचं पिकांमध्ये रुपांतर कसे केलं जातं? हे सांगण्याचा प्रयत्न काही शास्त्रज्ञ करतात तर वनस्पती आणि प्राणी यांचे परस्परावलंब कसे होते याचा इतर काही शास्त्रज्ञ विचार करत असतात. जेव्हा प्राणी एखाद्या विशिष्ट वनस्पतीचा सातत्यानं एकाच कामासाठी उपयोग करून घेतात तेव्हा वनस्पती लगेच आपल्यात आवश्यक ते बदल घडवून आणून त्या प्राण्यांचा पालन किंवा बीचं प्रसरण यासाठी उपयोग करून घेत असतात. अशा सहजीवनाची असंख्य उदाहरणं निसर्गात पाहायला मिळतात. फुलांचे वास, भडक रंग, फळांचे आकर्षक रूप अशा गोष्टींनी हे सिद्ध होतं. वटवाघळं बहुधा बारीक बियांची फळं खातात आणि या बिया मग

त्यांच्या विष्ठेतून दूरवर पसरतात. याहीपेक्षा काही खास उदाहरणंही निसर्गात आढळतात. काही प्रकारची बाभूळ कुटुंबीय झाडं आणि त्यांच्यावर आढळणाऱ्या मुंग्या हे अशा प्रकारचं एक उत्कृष्ट उदाहरण आहे, या मुंग्या या झाडांच्या डिंकावर, मधावर आणि कोवळ्या पानांवर उदरनिर्वाह करतात. ही पानं तर खास या मुंग्यासाठीच निर्माण केली जातात. ती प्रथिन-संपृक्त असतात. या मुंग्यांचे ही झाडं एवढे लाड करतात याचं कारण मुंग्या त्या झाडावर इतर कुठलेही कीटक येऊ देत नाहीतच; पण या झाडांची पानं खायला आलेल्या मोठ्या प्राण्यांनाही त्या चावून बेजार करतात. यामुळे बरेच प्राणी या झाडांच्या वाटेस जायचं टाळतात. हे सहजीवन इतकं पराकोटीला पोहोचलंय की हे झाड पाडल्यास आणि आजूबाजूस त्या जातीचे झाड नसेल तर मुंग्यांची ती वसाहत नष्ट होते आणि जर मुंग्या निवडून बाजूला केल्या किंवा त्यांची वसाहत नष्ट केली तर झाडं इतर कीटक आणि प्राण्यांच्या भक्ष्यस्थानी पडून मरतात.

इतर अनेक प्राणी ज्या झाडांची फळं खातात ती झाडं या प्राण्यांच्यामुळं दूरवर पोहोचतात. साधारणपणे ती झाडं जिथं पोहोचली नसती अशा ठिकाणी या प्राण्यांमुळं ती झाडं पोहोचतात. उदाहरण घ्यायचं तर खार आणि जर्दाळू किंवा ओक वृक्षाचं घेता येईल; किंवा मका, गहू आणि तांदूळ व माणूस यांचंही घेता येईल. माणूस नसता तर ही तृणधान्ये जगभर पसरलीच नसती.

वाडी कुबेनिया इथले अवशेष अभ्यास केल्यावर या काळात या ठिकाणी मर्यादित प्रमाणावर का होईना शेती सुरू झाली होती. आस्वान धरणाच्या बांधकामाचे वेळी इथं पंधरा हजार वर्षे पुरातन धान्य कुटण्याचे दगड सापडले होतेच पण कोयता करण्यासाठी वापरायची अश्महत्यारेही मिळाली होती. याचा अर्थ शास्त्रज्ञ नाईलच्या खोऱ्यात किमान पंधरा हजार वर्षापूर्वीपासून शेती चालू असावी असा लावतात आणि आदिमानव शेती केव्हा नि कसा करू लागला असावा, याचा पुनर्विचार करावा असं म्हणतात.

मानवी उत्क्रांती आणि पर्यावरण

आदिमानव आणि पर्यावरण यांचा परस्पर संबंध असल्याचे अनेक पुरावे वेळोवेळी शास्त्रज्ञांच्या हाती आले आहेत. मानवी पूर्वज झाडांवरून उतरून गवताळ प्रदेशात आले ही मानवी उत्क्रांतीच्या बाबतीत जशी महत्त्वाची घटना मानली जाते तशी ती पर्यावरणाच्या बाबतही एक महत्त्वाची घटना ठरते असं मानवशास्त्रज्ञ आणि पर्यावरण शास्त्रज्ञ या दोघांचंही मत आहे.

माणसाचे वृक्षवासी पूर्वज झाडावरून जमिनीवर का आले याचं एक महत्त्वाचं कारण म्हणजे हिमयुगानंतर बर्फाच्छादन ओसरलेल्या भूप्रदेशात गवताचं प्रमाण खूप वाढलं त्यामानानं वृक्षाच्छादित प्रदेश कमी झाले. वृक्षांची दाटी असलेल्या एका प्रदेशातून दुसऱ्या प्रदेशात जायचं तर या पूर्वजांना गवताळ प्रदेश ओलांडावा लागत होता. गवताळ प्रदेशात धोके फार मोठ्या प्रमाणावर होते. ज्याप्रमाणे माणूस गवताळ प्रदेशात उतरल्यावर किडे मकोडे पकडून खाऊ लागला. त्याचबरोबर त्यांनं फळांच्या ऐवजी गवताचं बी वेचून खाणंही सुरू केलं होतं. यामुळे झाडावर आश्रय आणि खायच्यावेळी गवताळ प्रदेश असा मानवाचा कार्यक्रम असे.

या काळात सस्तन प्राण्यांची संख्या वाढली. यातले बरेच गवतावर जगणारे होते. शाकाहारी प्राणी जसे वाढले तसे त्यांच्यावर शिकार करून जगणारे प्राणीही वाढीस लागले. शिकार करून जगणारे प्राणी हे आपली शिकार अगदी शेवटपर्यंत कधीच खात नाहीत. त्यांनी शिकार केलेली असते. त्यासाठी त्यांना बरीच दमछाक करावी लागलेली असते. त्यामुळे वाघ, सिंह हे प्राणी शिकारीचा मऊ आणि खायला सोपा भाग आधी खातात. ते हाडं फोडत बसत नाहीत. शिकारीच्या डोक्याच्या

वाटेला ते जात नाहीत. त्यांनी न खाल्लेला हा भाग संपवून जे उरते ते खाण्यासाठी तरस, गिधाडं, कोल्हे यासारखे निसर्गाचे सफाई रक्षक उपलब्ध असतात. ज्याला आपण जंगलचा राजा समजतो तो सिंह चोर असतो. बरेचदा चित्त्यानं किंवा बिबळ्यानं केलेली शिकार हा तथाकथित जंगलचा राजा आपल्या शक्तीच्या जोरावर किंवा संख्या बळावर पळवतो; हे थोडं विषयांतर झालं; पण आपल्या निसर्गाबद्दल ज्या अनेक भाबड्या समजुती असतात, त्या कशा खोट्या असतात, हे दर्शविणारा हा पुरावा चित्रफितींवर उपलब्ध आहे. आपली अशीच एक भाबडी समजूत म्हणजे माणूस आणि माणसाचे उत्क्रांतीतले भाऊबंद हे शाकाहारी होते; ही आहे. माणसाचे पूर्वज हे शाकाहारी नव्हते; माणूस शाकाहारी नव्हता आणि एप्सही शाकाहारी नाहीत. माणूस हा सर्वभक्षी (ऑम्नीव्होअर) होता. सर्व प्रकारचे कपी (एप्स) प्रथिनं मिळवण्यासाठी जंगलातला सर्वात प्रथिनयुक्त आहार म्हणजे कीटक खातात.

मानवाचे पूर्वज हे गवताळ प्रदेशात वावरू लागले तेव्हा इतर प्राण्यांनी केलेली शिकार आपल्याला पळवता येऊ शकते, हे त्यांच्या लक्षात आलं. यासाठी जे ज्या युक्त्या-प्रयुक्त्यांचा वापर करित होते; त्यांचा आजही अनेक आदिम जमाती वापर करताना आढळतात. सिहानं शिकार केली की मशाली आणि दगड धोंड्यांचा वापर करून सिंहाला पळवून लावणे. दलदलीच्या किंवा पाणथळ प्रदेशात पक्ष्यांची शिकार करणाऱ्या शिकाऱ्याने शिकार केली की खूप आरडाओरड आणि गोफणीनं दगड फेकून शिकाऱ्याला शिकार खाली टाकायला लावणे वगैरे प्रकार आफ्रिकेत, न्यू गिनीत पाहावयास मिळतात.

मानवाच्या पूर्वजाला मृत प्राण्याचं मांस खावंसं वाटलं की तो गिधाडं, तरस यांचा स्पर्धक बनून असं मांस मिळवत असे. त्याचबरोबर गवताळ प्रदेशातील पक्ष्यांची गवतातली घरटी शोधून काढून त्यांची अंडी पळवणं हा त्याचा आवडता उद्योग असायचा. मगाशी गवताळ प्रदेशात वावरणाऱ्या माणसाला धोका होता, हे आपण बघितलं. तो कशा प्रकारचा होता, हे आता आपण बघणार आहोत. गवताळ प्रदेशात सापाची भीती फार. ही भीती अजूनही आपल्या मनातून गेलेली नाही. किंबहुना पाण्याची भीती गेली तरी सर्वच सरपटणाऱ्या प्राण्यांबद्दल मानवाच्या मनात जी भीती आढळते ती या आपल्या पूर्वजांकडून वंशपरंपरा आपल्याकडं चालत आलेली भीती आहे. दुसरी भीती म्हणजे गवताळ प्रदेशात वावरणाऱ्या आणि झटकन लक्षात न येणाऱ्या हिंस्र प्राण्यांची. चित्ते, बिबळे, वाघ आणि सिंह यांचा रंग ठिपके, पट्टे आणि आयाळ यांच्यामुळे ते आपल्या झटकन लक्षात येत नाहीत. यामुळे गवतात वावरणाऱ्या प्राण्यांचा पत्ता लावायचा तर गवताच्या हालचालीवर लक्ष ठेवावं लागतं; म्हणजे गवताच्यावर मान काढावी लागते. अशा तऱ्हेनं गवतातल्या शत्रूवर लक्ष ठेवत ठेवत माणूस दोन पायावर उभं राहून चालायला

शिकला असा मानवी उत्क्रांतीच्या अभ्यासकांचा दावा आहे; माणूस दोन पायावर उभा राहीला म्हणून लांबवर दगड फेकणं त्याला शक्य झालं. लांबून दगड मारणे; खूप जोरजोरात ओरडत प्राण्यांचा कळप एखाद्या कड्याच्या दिशेनं हाकलणे; मग ते प्राणी कड्यावरून पडून जखमी झाले. अथवा मेले की त्यांना दगड मारून मारणं किंवा ते मेल्याची खात्री करून घेणं, यात माणूस हळुहळू पर्यावरणावर प्रभाव पाडू लागला. पहिल्यांदा तो जाणवण्याइतका नव्हता पण हळुहळू तो जाणवू लागला. मॅमथ नावाचे महाकाय हत्ती मानवी शिकारीमुळं नाहीसे झाले, असं म्हणतात.

आपल्याला आश्चर्य वाटेल पण महाराष्ट्रात आदिमानव काळानंतरही त्या काळात म्हणजे तेरा हजार वर्षांपूर्वीपर्यंत शहामृग अस्तित्वात होते, गेंडेही आस्तित्वात होते. पुढं ते नाहीसे झाले. चार हजार वर्षांपूर्वी महाराष्ट्रात शेती होत होती, असे पुरावे उपलब्ध आहेत, असं आढळून आलं आहे. रेडइंडियन संस्कृतीत रानरेडे– म्हणजे ज्याला अमेरिकन लोक बायझन्स म्हणतात ते फार महत्त्वाचे होते. बायझन्सचे कळप वाढावे म्हणून रेडइंडियनांनी झाडं तोडून गवताळ प्रदेश वाढवला. पुढं गोऱ्यांनी अमेरिकेतले लांडगे आणि बायझन्स नामशेष करत आणले. कारण त्यांना गव्हाची शेती करायची होती.

माणूस सुमारे १८ हजार वर्षांपूर्वी शेती करू लागला. पर्यावरणावर भक्कम परिणाम करण्याच्या दृष्टीनं मानवानं उचललेलं हे पहिलं पाऊल होतं. शेतीसाठी सपाट जमीन लागते. शेतीत येणारं पीक सोडलं तर इतर वनस्पती 'तण' ठरतात. शेती करायची तर शेताजवळच काही काळ तरी वस्ती करावी लागते. अशात जर थंडी पडली किंवा पाऊस आला तर निवारा असावा लागतो. निवारा पाण्याजवळ असला तर अधिक चांगलं. यामुळं मानवानं वस्ती करायचे ठोकताळे तयार झाले.

शेतीच्या कितीतरी आधी माणसाला अग्नीचा शोध लागला होता. यामुळे तो मांस भाजून गुहेत साठवू लागला. याचा परिणाम असा झाला की तो पूर्वी जर गरजेपुरते प्राणी मारत असेल तर थंडी-वाऱ्यात, पावसात गुहेबाहेर पडायला लागू नये या हिशोबानं तो जरुरीपेक्षा जास्त प्राणी मारू लागला होताच. आता या प्राण्यांबरोबर तो शेतीचं अन्न साठवू लागला. यामुळे मग त्याला स्वस्थता लाभली. ही स्वस्थता लाभल्यावर आपली मर्दानगी दाखवायला तो शिकार करू लागला. आपलं अन्न सुरक्षित राहावं, जमलं तर दुसऱ्याचं पळवावं यासाठी तो लढायाही करू लागला. लढाईपूर्वी युद्धोन्माद चढावा म्हणून आणि जिंकल्यावर आनंदाप्रीत्यर्थ तो उत्सव साजरे करू लागला. यातून देव आणि संस्कृती हळुहळू अस्तित्वात आल्या. याचं कारण धान्य, पाळीव पशुपक्षी, यांच्या संरक्षणात मानवाला ही अतिमानवी मदत आवश्यक वाटू लागली.

मानव हा मूलत: प्राणी आहे. अजूनही बरेचदा तो प्राण्यांसारखाच वागतो.

आदिमानवी काळात तर तो अधिकच प्राण्यासारखा वागत असणार; हे उघडच आहे. कुठल्याही प्राण्यात ज्या उपजत प्रवृत्ती असतात. त्यात स्वसंरक्षण आणि वंशवृद्धी या दोन प्रमुख प्रवृत्ती असतात. जो प्राणी स्वसंरक्षणासाठी लढतो आणि त्यात जिंकतो तो वंशवृद्धी करू शकतो. मानवसदृश इतर प्राण्यात जो नर जास्त शक्तिमान असतो, जो इतर नरांचा पराभव करतो त्याला टोळीतील सर्व माद्या मिळतात. आदिमानव काळात यामुळेच पराक्रमी नराला टोळीतल्या स्त्रिया वश झाल्या असतील पुढे दोन नराचं किंवा पुरुषाचं थेट युद्ध न होता राजकन्या 'पण' लावू लागल्या. त्यातही त्या वीराच्या पराक्रमाची परीक्षाच असे.

मानवी इतिहासात राजेरजवाडे फार पुढे अस्तित्वात आले. त्या आधी आदिमानव स्त्री कशी मिळवत असेल? बहुसंख्य प्राणी जातीमध्ये दोन नरातील थेट संघर्ष टाळला जातो. शक्ती परीक्षा ही वेगवेगळे आवाज काढून अंग फुगवून केली जाते. आफ्रिकन आदिम जमातींमध्ये नराला त्या जमातीनं ठरवलेला पशु किंवा पक्षी एकट्यानं एखादा ठराविक हत्यारानं मारावा लागतो. नुस्त्या भाल्यानं सिंह, सुसर, गेंडा, कुडू असा एखादा प्राणी मारणारा तरुण मग वधू मिळविण्यायोग्य झाला असं मानण्यात येतं. इतर काही जमातीत पुरुषाच्या डोक्यावरली टोपात खोवलेली पिसं, कवड्या अशा त्या भागात दुर्मिळ असलेल्या वस्तूंच्या देखाव्यावरून वधू मिळवता येते. यातूनच हौशी शिकाऱ्यांचा जन्म झाला. मी एवढे प्राणी मारले म्हणजे मी किती पराक्रमी आहे अशीही सुरुवात होती. पुढे मी माझ्या वाड्यात एवढी मुंडकी टांगली. तेव्हा मी पराक्रमी आहे. माझ्याकडं शिकारीस लागणारा लवाजमा आहे तेव्हा माझ्याकडं पैसा आहे; असंही या ट्रॉफ्यांमधून सिद्ध होऊ लागलं. शिकारीत जो वेळ जातो तेवढा गरीबाकडं फुकट घालवायला नसतो. तो मोठ्या प्राण्यांच्या शिकारीत पैशाच्या आशेनंच सहभागी होत असतो. श्रीमंताचं तसं नसतं. त्यांना आपलं शौर्य आणि श्रीमंतीचं प्रदर्शन करण्याचा एक मार्ग म्हणून शिकार करायची असते.

माणसानं पर्यावरणावर परिणाम केल्याचं आणखी एक उदाहरण राजेरजवाड्यांच्या काळात आपल्याला पाहावयास मिळतं. राजे बगिचे करायचे. राजांच्या आवडीच्या फळा-फुलांच्या बागा लावल्या जायच्या. बागायत हे याचं फळ. एकाच प्रकारची हजारो झाडं लावायची म्हणजे बाग. मग ते काश्मीरमधले गुलाबाचे बाग असोत, रेशमासाठी तुतीची लागवड असो; बादशहाला आवडतात म्हणून डाळिंबाचे बाग असोत. त्या बागातून एकाच प्रकारची असंख्य झाडं लावली जात होती.

प्रत्येक वनस्पतीशी संबंधित सजीव वेगळे असतात. मग ती कीड असो पराग वहन करणारे कीटक असोत, झाडांवर वास्तव्यास येणारे पक्षी असोत ते त्या त्या वनस्पतीशी निगडित असतात. शेती आणि बागायतीमुळे अशा तऱ्हेचे सजीव वाढीस लागतात. मोनोकल्चरचे सर्व तोटे फार पूर्वीपासून मानव भोगत आलाय. ते

पहिल्या शेतीपासूनच त्याच्या पदरी पडले असं आपण म्हणू शकतो.

मानवाच्या शेती व्यवसायामुळं पर्यावरणावर परिणाम करणारा आणखी एक घटक म्हणजे पशुपालन. शेती आणि पशुपालन हे दोन्ही हातात हात घालून वावरले. आदिमानवाच्या अवशेषाबरोबर जी हाडं मिळतात ती खाद्य पशूंची आहेत; पण अठरा हजार ते पंधरा हजार वर्षांपूर्वी पासून मानवी अवशेषाबरोबर कुत्रे, गाई, म्हशी यांचीही हाडं सापडू लागली. सुरुवातीस ह्यांची शिकार झाली असेलही; पण नंतर ज्या मोठ्या प्रमाणात ती हाडं सापडतात. त्यावरून हे पशू मानवी वस्तीतच राहत होते हे स्पष्ट होतं. माणसानं सुमारे ६० हजार ते ५० हजार वर्षांपूर्वी हे पशूपालन सुरू केलं असावं. गुरे चारणे आणि गुरांना मानवाकडून मिळणारं संरक्षण यामुळं या पाळीव प्राण्यांची संख्या झपाट्यानं वाढली. याचा परिणाम ज्या वन्य पशूंची जीवनपद्धती आणि खाद्यपदार्थ या पाळीव प्राण्यांना समांतर होते त्यांची निसर्गातली संख्या हळुहळू कमी कमी होत गेली. युरोपात अठराव्या शतकात अखेरचा रानबैल नाहीसा झाला. त्या प्राण्यांवर जगणारे इतर हिंस्रपशूही मग कमी कमी होत गेले. पाळीव पशूंना चारा मिळावा म्हणून गवताची कुरणं वाढीस लागली. ती वाढावीत म्हणून वृक्षतोड केली गेली.

शेतीला लागणारा सर्वांत महत्त्वाचा घटक म्हणजे पाणी. फार पूर्वीपासून माणसात शेतीला पाणी मिळावं म्हणून अनेक मार्ग अनुसरले आहेत. दक्षिण अमेरिकेतील पेरू देशात रेडइंडियनांच्या पूर्वजांनी कालवे काढून नद्यांचं पाणी मैलोगणती दूर नेलेलं होतं. पुढे भूकंप आणि ज्वालामुखींनी हे कालवे उद्ध्वस्त झाल्यावर ती संस्कृती नष्ट झाली. अशा तऱ्हेनं नद्यांचे प्रवाह वळवणे त्यांना बांध घालणे या प्रकारामुळं पुढं नदीच्या पात्रावर परिणाम व्हायचा. तिथलं पाणी कमी झाल्यामुळे मग तिथल्या पर्यावरणावर परिणाम होत असे.

माणसानं नद्यांवर जी धरणं बांधली त्याचे परिणाम किती मोठे असतात याची आपल्याला कल्पना नसते. गेल्या दोनशे वर्षांत माणसानं अनेक मोठमोठ्या नद्यांवर मोठी धरणं किंवा काही ठिकाणी धरणांची मालिका बांधली. याचा परिणाम सागरामध्ये ओतल्या जाणाऱ्या पाण्यावर झाला. परिणामत: नद्यांच्या मार्फत सागरात जाणारे क्षारही कमी झाले आणि सागरकिनारी असलेल्या कारखान्यांचे प्रदूषित आणि तापमान जास्त असलेले पाणी सागरात मिसळल्यामुळे सागरी जीवांवरही त्याचा परिणाम होऊ लागला.

याशिवाय मानवी कार्याचा पर्यावरणावर होणारा परिणाम म्हणजे मानवी निवाऱ्यासाठी जे बांधकाम करावं लागतं त्यात लागणाऱ्या वस्तूंसाठी केलं जाणारं खाणकाम. लोखंड आणि चुनखडक. सर्व जगभर फार मोठ्या प्रमाणावर खणून काढले जातात. ह्या खाणी बहुधा उघड्या असतात. चुनखडकाच्या खाणी तर भूमिगत नसतातच.

यामुळे होणारं प्रदूषण, भूमीची हानी यांचा आपण फार क्वचित विचार करतो. ऑस्ट्रेलियात सर्व उघड्या (ओपन कास्ट) खाणी तिथलं काम थांबल्यावर व्यवस्थित बुजवून त्यावर झाडी लावून द्यावी लागते. इतरत्र असे कायदे क्वचितच आढळतात. असलेच तर ते पाळले जातील याची खात्री नसते. यामुळे फार मोठा भूप्रदेश उजाड होतो.

याउलट कोळशाच्या खाणी खूप खोलवर जातात. खाण मालकांनी त्या वाळूनं भराव्या, त्या कोसळू नयेत म्हणून खाणीत मधूनमधून कोळशाचेच खांब ठेवावे असे नियमही असतात. ते कधीच पाळले जात नाहीत. या खाणी कोसळतात. काही वेळा भूमीगत कोळसाखाणीत आग लागते. यातल्या काही आगी वीस-पंचवीस वर्षे धुमस्त राहतात. त्या काळात वरची जमीन तापते. जमिनीतल्या भेगांमधून कार्बन मोनॉक्साईड वायू जमिनीवर येत राहतो. मधनंच अनेक हेक्टर जमीन एकाएकी कोसळते. अशा तऱ्हेने तो भूप्रदेश उजाड बनत जातो. मानवी कार्यामुळं अशा अनेक प्रकारे आदिमानव काळापासून पर्यावरणाची हानी होत आली आहे आणि ती अजूनही चालू आहेच. सामान्यपणे आपल्या लक्षात मोटारीचा धूर, कारखान्याचा धूर किंवा सी एफ्सी यासारखे शहरी पर्यावरण वाद्यांनी गाजवत ठेवलेले विषय चटकन येतात; कारण रोजच्या रोज वृत्तपत्रातून त्याविषयी चर्चा चालू असते पण शहरापासून दूर गेलं की पर्यावरणाची हानी होत नाही असं नाही; उलट तिचं प्रमाण वाढलं; पण त्याबद्दल शहरातल्या पर्यावरणाच्या किंवा प्रदूषणाच्या हानी एवढी बोंब होत नाही. एखाद्या मोठ्या शहराजवळच्या एखाद्या छोट्या टेकडीवरील झाडी तोडली गेली तर जेवढी हाकाटी होते त्याच्या एक शतांश हाकाटी एखाद्या दूरच्या जंगलातलं काही हेक्टर अरण्य तोडल्यानंतर होत नाही.

१९९२ च्या सुमारास महाराष्ट्र शासनानं व्याघ्रप्रकल्पाखालील संरक्षित अरण्यापैकी सुमारे ३५% अरण्य वृक्षतोडीसाठी मोकळं केलं. त्याबद्दल शहरीवृत्तपत्रांनी एखादा परिच्छेद मजकूर लिहिण्याचेही कष्ट घेतल्याचं दिसलं नाही. एक-दोन वृत्तपत्रांनी ही बातमी आतल्या पानावर छापली बाकीच्यांनी तिकडं दुर्लक्ष केलं.

मुळात शहरं वसतात ती पर्यावरणाची हानी करीतच वसतात. शहरात मोठ्या संख्येनं माणसं असतात. त्यामुळे ती एकत्र येऊन चळवळ करतात आणि त्यांच्या स्वार्थासाठीही पर्यावरणाचा बळी दिला जातो. खेड्यापाड्यात पर्यावरणाचं नाव घेऊन गरिबांना नाडलं गेल्यामुळं तिथं पर्यावरणाबद्दल अप्रीती निर्माण होते. पर्यावरण रक्षण कशासाठी हे या माणसांना कोणीच समजावून देत नाही. दूरचित्रवाणीवर उच्चभ्रूंच्या कार्यक्रमात दोन दंतमंजनांच्या जाहिरातीमध्ये इंग्रजी भाषेत 'सेव्ह अर्थ' असं म्हटलं की आपली जबाबदारी संपली असं समजणारी माणसं कपड्याच्या इस्त्रीची घडी मोडणार नाही अशा बेतानं पर्यावरण विषयक पुरस्कार मिळवताना दिसली की

पर्यावरणासंबंधीची काळजी अधिकच वाढीस लागते.

आधुनिक काळात पर्यावरणाची वाट लावणारं रासायनिक प्रदूषण आपणा सर्वांना माहिती आहेच; पण आपल्या ऊर्जानिर्मितीच्या विविध प्रयत्नांनीही पर्यावरणाची हानी होते. यातल्या घटनांची दखल आपण घेतली आहेच. अणुऊर्जा प्रकल्प आणि औष्णिक ऊर्जा निर्मिती केंद्रांनी ही पर्यावरणाची आणि या केंद्रांचीही हानी होते. एक- लहरे इथं दगडी कोळसा जाळून ऊर्जा निर्माण करणारी जनित्रं फिरवली जातात. हा दगडी कोळसा बिहार किंवा ओरिसातून मालगाड्यांनी इथं येतो. सरकारी खाणीतून काढलेला कोळसा सरकारी ऊर्जा प्रकल्पासाठी येत असल्यामुळे त्यात बरीच भेसळ असते ते सोडलं (महाराष्ट्र शासनाच्या अधिकाऱ्यांनीच अशी तक्रार केली होती.) तरी या प्रकल्पातून उडणाऱ्या राखेनं शेतीचं किती नुकसान झालं. याबद्दलही अनेक बातम्या येऊन गेल्या आहेत. आता या राखेच्या विटा करायचा प्रकल्प उभा होतोय असं म्हणतात.

अणु ऊर्जा केंद्रांना अपघात झाले की ते आपल्या नजरेसमोर येतात. या ऊर्जा केंद्रांना थंड करायला भरपूर पाणी लागतं. हे पाणी बऱ्यापैकी गरम होतं. जरी हे पाणी किरणोत्सर्गी नसलं तरीही ते जेव्हा परत नदीत किंवा सागरात सोडलं जातं तेव्हा तिथल्या पाण्याचं तापमान वाढतंच. यामुळे मूळच्या पर्यावरण प्रणालीमध्ये बदल होतो. सागरातले बरेच प्राणी आणि वनस्पती विशिष्ट तापमानाच्या पाण्याशी इमान राखून असतात. या तापमानात बदल झाला की त्यांचं अस्तित्व संपुष्टात येतं. उलट पाण्याचं तापमान वाढलं की त्या तापमानाशी निगडित प्राणी त्या भागात येतात आणि वेगळ्याच वनस्पतींचीही मूळ वनस्पतीऐवजी इथं वाढ होते.

अशा तऱ्हेने मानव अनेक प्रकारे पर्यावरण बदलास कारणीभूत होत असतो; हे लक्षात घेतले तर माणसाने आपल्या प्रगतीचं प्रत्येक नवं पाऊल उचलताना विचार करायला हवा, हा विचार आता रुजवायची गरज निर्माण झाली आहे.

एक प्राचीन आश्चर्य-
ईस्टर बेटांवरचे पुतळे

पॅसिफिक महासागरामध्ये जी अनेक बेटं आहेत त्यात ईस्टर बेट त्याच्यावरील भव्य आणि आश्चर्यकारक पुतळ्यांबद्दल प्रसिद्ध आहे. आग्नेय पॅसिफिकमध्ये हे बेट अगदी एकटं असं आहे. या बेटाइतके जमिनीपासून किंवा दुसऱ्या बेटांपासून म्हणू दूर असलेले दुसरे कुठलेही बेट पृथ्वीवर नाही. या बेटावर चिली या दक्षिण अमेरिकन देशानं इ.स. १८८८ मध्ये अधिकार प्रस्थापित केला. चिलीच्या पश्चिमेस हे बेट तीन हजार कि.मी. दूर आहे. या बेटाच्या पश्चिमेस १८०० कि.मी. दूरवर पिटकेर्न बेटं आहेत. दक्षिणेकडे अंटार्क्टिका आणि हे बेट यांच्यामधे जमीनच नाही. तर उत्तरेला विषुववृत्ताजवळ गॅलापागोस बेटं आहेत.

या बेटावर १८६४ मध्ये प्रथम ख्रिश्चन धर्मप्रसारक पोहोचले. त्या आधी दोनशे वर्षे या बेटावरच्या मूळ रहिवाशांची स्पॅनिश चांचे कत्तल करीत होते; किंवा तिथल्या स्त्री-पुरुषांना पकडून दक्षिण अमेरिकेत नेऊन गुलाम म्हणून विकत होते. त्यामुळे या बेटावर फार थोडे मूळ आदिवासी शिल्लक राहिले होते. या शिल्लक राहिलेल्या लोकांच्या वंशजांची आता या बेटावर वस्ती आहे. या बेटावरच्या दंतकथा, संस्कृती आणि परंपरा यांची नोंद इ.स. १८७४ मध्ये सर्वप्रथम करण्यात आली. जी थोडी म्हातारी मंडळी शिल्लक उरली होती त्यांच्या स्मरणावर आधारित ही माहिती होती. पण त्यातही बऱ्याच उणिवा आहेत, याचं कारण यात त्या मूळ आदिवासींच्या मांत्रिकांचा समावेश नव्हताच. बऱ्याच आदिवासीत मांत्रिक किंवा शामान हे परंपरेचं रक्षण करतात. यामुळे या बेटाचा इतिहास हे एक कोडंच आहे. हे कोडं आणखी गूढ बनवायचं कारण म्हणजे या बेटावरचे शेकडो भव्य आकाराचे दगडी पुतळे. 'कोन टिकी' या मोहिमेमुळं प्रसिद्धीस आलेल्या थॉर हैयरडाल या नॉर्वेजियन

शास्त्रज्ञानं १९५५ च्या आसपास ईस्टर द्वीपातील जे मूळ रहिवासी शिल्लक उरले होते त्यांच्या मुलाखती घेऊन त्यांच्या संस्कृतीची माहिती एकत्र करायचा प्रयत्न केला. यापूर्वी या लोकांच्या संस्कृतीचा इतका सखोल आणि विस्तृत अभ्यास कुणीच केला नव्हता. थॉरनी खूप धडपड आणि परिश्रम केले. पण तोपर्यंत फार थोडे मूळ रहिवासी त्यांच्या परंपरांशी प्रामाणिक राहिले होते. बऱ्याच लोकांवर पाश्चात्यांचा प्रभाव दिसू लागला होता. यामुळे या संशोधनातून थॉर हैयरडाल यांच्या हाती त्यांच्या धडपडीच्या मानानं फार विश्वसनीय माहिती हाती आलीच नाही. उलट त्यांच्या हाती आलेल्या माहितीमुळे या लोकांच्या पूर्वजांबद्दलच्या माहितीमधील गुंतागुंत आणि वाद वाढीसच लागले.

इ.स. १७२२ मध्ये एका ईस्टर संडेला रॉगेव्हीन या डच कप्तानाने हे बेट प्रथम बघितले आणि त्याला ईस्टर बेट असं नाव दिलं. जेम्स कुक आणि ला पारूझ यांनीही या बेटाला भेटी दिल्या. त्यांनी केलेल्या नोंदीवरूनच इथल्या जमातीची थोडीफार माहिती मिळू शकते. त्या काळात इथं येणारी जहाजं चोवीस तासांपेक्षा जास्त काळ थांबत नसत. किरकोळ दुरुस्ती आणि प्यायचं पाणी भरून ती मार्गास लागत. यामुळे या बेटाबद्दल जहाजाच्या कप्तानानं मिळविलेली माहिती अगदी त्रोटक आणि वरवरची असे. त्यांना पाहून बहुतेक आदिवासी बेटाच्या आतल्या भागात जाऊन दडून बसत. शिवाय ईस्टर बेट हे फारच दूर होतं. तीन मृत ज्वालामुखीने तयार झालेल्या या बेटावर सर्वात उंच भाग सागरसपाटीपासून ६०० मीटर उंच आहे. तर या बेटांची ओहोटीच्या वेळी होणारी एकी गृहीत धरूनही एकूण क्षेत्रफळ जेमतेम ९० चौरस कि.मी. आहे. त्यामुळं दर्यावर्दी या बेटावर एखादा दिवस घालवून पुढं प्रवासास निघत.

तरीही या २४ तासांच्या मुक्कामात थांबलेले सर्व दर्यावर्दी या बेटावरील 'मोआई' या 'राक्षसी पुतळ्यांबद्दल' आश्चर्योद्वार काढूनच पुढं सरकत असत. युरोपियनांना इथं पोहोचायला फार उशीर झाला असंच म्हणावं लागतं. कारण युरोपियन दर्यावर्दी इथं पोहोचण्याआधीच सुमारे दोनशे वर्षे या बेटावरच्या लोकांमध्ये यादवी युद्धास सुरुवात झालेली होती. त्यामुळे या बेटावरील बांधकामं उद्ध्वस्त झाली, परंपरा खंडित झाल्या, संस्कृतीची वाताहत झाली. ही यादवी युद्धं दोन जमातींमध्ये झाली. हनाऊ ई पे (लांब कानाचे लोक) आणि हनाऊ मोमोकू (छोट्या कानाचे लोक)असं त्या दोन जमातींना म्हटलं जात असे. या दोन जमाती दोन वेगवेगळ्या वेळी दोन वेगवेगळ्या दिशांनी ईस्टर द्वीपात आल्या. हे दोन्ही लोक दिसण्यात-वागण्यात निरनिराळे होते. त्यांची संस्कृती वेगळी होती. मूलस्थान वेगळं होतं. हैयरडालना मिळालेल्या तोंडी माहितीनुसार होतु मातुआ नावाच्या एका राजाचे हनाऊ मोमोकू हे वंशज होते. होतु मातुआनं त्याच्या अनुयायांना हिवा नावाच्या मूळ

भूमीहून इथपर्यंत आणलं होतं. अलिकडच्या संशोधनानुसार हिवा हे पॉलीनेशियन द्वीपसमूहाच्या मध्यभागी असलेल्या मार्केसाझ बेटांपैकी एखादं बेट असावं, असं म्हटलं जातं. होतुमातुआला या बेटावर आधीपासूनच वस्ती असल्याचं आढळून आलं. हे लोक होतुमातुआच्या वंशापेक्षा चणीनं मोठे होते; आणि ते पूर्वेकडून आले होते.

काही जणांच्या मते हनाऊ ईपेंनी या मोठमोठ्या पुतळ्यांची कल्पना मांडली तर हनाऊ मोमोकूंनी या पुतळ्यांच्या तळाशी चौथरे बांधायची कला आणली. या चौथऱ्यांना 'आहू' असं म्हणतात. याचा अर्थ 'वेदी' असाही होतो. पुरातत्त्व शास्त्रज्ञांनी केलेल्या उत्खननातसुद्धा अंतर्गत यादवीस सुरुवात होण्याच्या आधी या दोन संस्कृतीत सरमिसळ झाली होती आणि दोन्ही वंशाचे लोक गुण्यागोविंदाने नांदत होते, याचे पुरावे मिळतात. या शांततेच्या काळातच या लोकांनी हे भव्य पुतळे आणि चौथरे उभारले होते.

या दोन्ही संस्कृती बराच काळ एकत्र नांदल्या. हा काळ किती ते ठरवणं अवघड असलं तरी शेकडो वर्षे त्या एकत्र व्यवहार करत होत्या हे निश्चितपणे सांगता येतं. 'सुख डाचतं', अशी एक मराठी म्हण आहे. तसं पुढे या दोन संस्कृतींचं झालं असावं; नक्की कारण कळणं अवघड आहे पण कोणत्या तरी कारणानं त्यांच्यामध्ये युद्धं सुरू झाली. या युद्धात हनाऊ ईपेंचा पराभव झालाच; पण ते या बेटावरून समूळ नाहीसे झाले. त्यांचे वंशज हनाऊ मोमोकूत समावून गेले. कित्येक पिढ्या त्यांच्यात रोटीबेटी व्यवहार होतेच. त्यामुळे त्यांचे अनुवंशिक गुण डी. एन. एच्या अभ्यासातून हाती लागतात का ते पाहण्याचं काम आता सुरू आहे. आजही ईस्टर बेटावर पूर्ण युरोपियन चेहऱ्यामोहऱ्याची आणि पूर्णपणे पॉलीनेशियन छाप असलेली व्यक्ती आढळते. दोघंही याच बेटाचे रहिवासी असतात. याचं कारण या बेटावर अनेक अनुवंशिक गुणधर्मांची सरमिसळ सतत होत आली आहे. तरीही इथली संस्कृती आद्य संस्कृतीशी प्रामाणिक आहे. सार्वजनिक ठिकाणी आणि शासकीय कारभारात स्पॅनिश भाषा वापरली जाते.

अनेक शास्त्रज्ञ चिलीच्या शासनाची परवानगी घेऊन इथं येतात; पण मुळात इथं माणूस पहिल्यांदा कधी आला आणि कुटून आला? त्या आलेल्या संस्कृतीनं हे अवाढव्य पुतळे का उभारले, कसे उभारले हे कोडं सोडविण्याचा त्यांचा हेतू असतो. इ.स. ४५० ते १६०० दरम्यान इथं मूळ संस्कृती फोफावली असावी असं मानण्याकडं या शास्त्रज्ञांचा कल असतो. या काळात या बेटावर दहा ते पंधरा हजार लोकवस्ती असावी. या लोकांनी हे पुतळे उभारले पण मौखिक परंपरेमुळं या संस्कृतीनं जरी लिपी निर्माण केली तरी ती टिकून राहिली नाही. इथं रोंगो रोंगो नावाची चित्रलिपी अस्तित्वात होती. त्या वेळेस या बेटाला रापांनुई किंवा ते पितो

ओले हेनुआ म्हणजे 'पृथ्वीची बेंबी' म्हणण्यात येत असे. पॉलिनेशियात लिपी अस्तित्वात नव्हती त्यामुळे इथं आलेले लोक हे पॉलिनेशियातून आले तसेच इतर ठिकाणाहूनही आले असावेत असा अंदाज आहे. ही चित्रलिपी दक्षिण अमेरिकन भूप्रदेशातून आली असावी याला दुजोरा देणारा एक भक्कम पुरावा उपलब्ध आहे. तो म्हणजे या लोकांचं अन्न. या लोकांच्या अन्नात पॉलिनेशियन बेटांवरचे याम, ऊस (साखर), केळी, मासे, कोंबड्या आणि पॉलिनेशिअन घुशी यांचा समावेश होता. त्याचप्रमाणे रताळं, मिरच्या, टोमॅटो, आणि बटाटे हे फक्त दक्षिण अमेरिकेतले अन्नही समाविष्ट होते. पोर्तुगीजांनी हे द. अमेरिकन पदार्थ जगभर पसरवायच्या आधी दक्षिण अमेरिकेच्या बाहेर ते फक्त ईस्टर बेटावरच खाल्ले जात होते. त्याचप्रमाणे 'टोटोरा' नावाचं एक लव्हाळं दक्षिण अमेरिकेतच सापडत असे तेही या बेटावरच आढळतं. याच्या चटया आणि बोटी तयार करण्याच्या कामी उपयोग दोन्ही संस्कृतीचे लोक करीत होते.

वास्तुशास्त्रावरचा प्रभावही दक्षिण अमेरिकेतल्या इंकापूर्व पेरूतल्या वास्तुशास्त्राची आठवण करून देतो. दंतकथांनुसार विनापू बेटावरचे आहू तयार करण्याची कला जिथून आली ती भूमी उगवतीच्या दिशेला दोन महिने प्रवासाच्या अंतरावर होती.

आज या बेटावरचे सर्व मोआई आहूंवर उभे आहेत. आहू या पूर्वीच्या टोळी प्रमुखांच्या समाधी असून त्या प्रमुखाच्या हाडांमध्ये त्याची अध्यात्मिक शक्ती सामावलेली होती. मोआई हे त्या अध्यात्मिक शक्तीच्या सहाय्यानं गावाचं रक्षण करून गावकऱ्यांच्या आणि पूर्वजांच्या मधला दुवा म्हणून काम करीत. यामुळेच आपापसात भांडणं सुरू होताच हे अवाढव्य दगडी पुतळे पद्धतशीरपणे आडवे करण्यात आले.

आज ईस्टर बेटावर २३०० लोक हांगिरोआ गावात व आसपास रहातात आणि आपल्या पूर्वजांच्या वारशाचं रक्षण करतात.

❖ ❖ ❖

चंद्रावती

चंद्रावतीबद्दल मला तसे काहीच माहीत नव्हते. माऊंट अबूला जाऊन आम्ही दिलवाडा मंदिरे बघून आलो होतो. तिथले संगमरवराचे अप्रतिम कोरीव काम, मूर्ती, कमानी बघून थक्क झालो होतो. आमच्यापैकी प्रत्येकाने 'ताज' बघितला होता. तरीसुद्धा हे काही तरी अप्रतिम आहे, शेवटी ताजमहाल म्हणजे मोठमोठे संगमरवरी दगड एकावर एक रचून केलेली इमारत (तीसुद्धा मूळचे शंकराचे देऊळ होते म्हणे!) असे एक मत झाले होते.

'दिलवाडा इज दिलवाडा' असे आम्ही म्हणत होतो.

तेवढ्यात पेशवा सर म्हणाले, 'हे काहीच नाही. अजून तुम्हाला चंद्रावती बघायचीय!'

नंतरचे चार दिवस फील्डवर्कमध्ये गेले आणि निघायच्या आदल्या दिवशी पेशवा सर म्हणाले, 'चला रे चंद्रावतीचा गॅब्रो बघू. (गॅब्रो-अग्निजन्य खडकाचा एक प्रकार)

'सर! तिथे देऊळ आहे ना?'

'सगळं काही बघू या!'

असे म्हणून सरांनी सायकलवर टांग मारली. आम्हीही त्यांच्या मागोमाग पायटी मारायला सुरुवात केली.

पालनपूर रोडवर आम्ही तीनचार मैल गेलो असू. जाताजाता चंद्रावतीचा त्यांना माहीत असलेला इतिहास सर सांगत होते.

चंद्रावती हे एके काळी भरभराटीला आलेले शहर, सेवरण (सुवर्ण) नदीच्या काठावर वसले होते. बहुधा गझनीच्या महमुदाने त्याचा विध्वंस केला असावा. इथं सरांची माहिती संपली (आणि ह्यापेक्षा जास्त माहिती देणारे अजूनही मला कोणी

भेटले नाही.) आणि सरांनी त्यांची सायकल एका शेतात घुसविली.

आम्ही एका झाडाखाली सायकली लावल्या आणि सरांच्या मागोमाग शेताच्या कडेला आलो.,

सरांनी सांगितले, 'ही चंद्रावती.'

आम्हाला वाटले, सर चेष्टा करताहेत.

समोर चारपाच मैल माळरान पसरलेले, एका बाजूस टेकड्या, दुसऱ्या बाजूला पालनपूर रस्ता. डोंगरातून येणारी सेवरन नदी. इतके दिवस भग्न अवशेष म्हणजे शनिवार वाडा, तटबंदी असलेले उजाड किल्ले अशी कल्पना. इथे तसे काहीच नव्हते. मधूनमधून चौकोनी उंचवटे दिसत होते; पण त्यात प्रेक्षणीय काहीच वाटले नाही. सरांच्या सांगण्यावरून पलीकडचा वाळूचा पट्टा हा सेवरण नदीचा प्रवाह हेही आम्ही मान्य केले, पण चंद्रावती कुठे?

सर म्हणाले, 'चंद्रावती पहायला एक तास देतो, काय करायचे ते करा. हॅमर्स वापरायचे नाहीत. काही उचलायचे नाही! गो ऑन!'

तास म्हणजे फार झाला असे म्हणत बिड्या फुकत आम्ही निघालो.

पहिल्या ढिगाऱ्यापाशी आलो. नजर टाकून पुढे जायचा विचार होता, तेवढ्यात कुणी तरी ओरडले, 'हे बघ काय?'

'मला पण सापडलं!'

'फँटॅस्टिक!'

अलिबाबाने 'तिळा उघड' म्हटल्यावर त्यालाही दिसले नसेल असे विश्व डोळ्यांसमोर भग्न अवस्थेत पडले होते.

दहादहा फुटी संगमरवरी कमानी होत्या. त्याच्यावर अप्रतिम कोरीव काम होते. हत्तींच्या रांगा, यक्षकिन्नर, अप्सरा, पाने, फुले, देव सर्वत्र पसरले होते. अक्षरश: तेहेतीसच्या तेहेतीस कोटी देव असावेत तिथे. गणपतीच्याच चाळीसपन्नास निरनिराळ्या आकारप्रकारच्या मूर्ती बघितल्या.

आमच्या तोंडून 'अप्रतिम!' 'वंडरफुल!' 'काय कमाल आहे!' 'कुठल्या XXXने हे उद्ध्वस्त केले?' 'हे बघितलंस का?' 'ते काय बघतोस? हे तर बघ!' असे उद्गार वारंवार निघत होते.

आम्ही हळूहळू पुढे सरकत होतो. तेवढ्यात सरांची हाक आली. 'चला रे!' आम्ही घड्याळे बघितली. दोन तास होऊन गेले होते. आम्ही सायकलपासून फार तर फर्लांगभर दूर आलो असू! मनातून तिथेच थांबावे असे वाटत होते. परत केव्हा येऊ कोण जाणे. पण निघणे भाग होते.

नंतर शिक्षक म्हणून अबूरोडला जात होतो. कुठल्याही परिस्थितीत चंद्रावतीला जायलाच हवे होते. दिलवाडा मंदिरात मी विद्यार्थ्यांना चंद्रावतीची कल्पना दिली.

पुढील सर्व संवाद मागच्यासारखेच आहे.

ह्या स्थानाची माहिती सांगायला वाटाड्या, माहितगार माणूस कुणीच नव्हता. आजूबाजूच्या गावातून इतकी परस्परविरोधी माहिती मिळते की, त्यावर विश्वास ठेववत नाही. एक पहारेकरी आहे म्हणे. त्याला हे सगळे वैभव सांभाळायचे असते म्हणे. तो कुणाला दिसल्याचे ऐकिवात नव्हते. ह्या वेळेस तो आला होता. त्याच्याजवळ एक व्हिजिटर्स बुक होते. बहुधा चंद्रावती ज्या काळी भरभराटीला होती त्या काळातले असावे. आम्ही त्यात सह्या केल्या. येताना तो बिडी फुंकत आला होता. जाताना त्याने कुणाकडून तरी सिगरेट मिळविली होती. त्याला त्या अवशेषांचे काहीच सोयरसुतक नव्हते.

तिथेच साधारणपणे मध्यावर जरा बऱ्यापैकी शिल्लक राहिलेले संगमरवरी खांब, मूर्ती वगैरे ओळीने मांडून ठेवल्या आहेत. पुरातत्त्व संशोधनखात्याची एक पाटी आहे. इंग्रजी आणि हिंदीत. त्या पाटीप्रमाणे, चंद्रावती हे कुठल्या तरी अधिनियमाप्रमाणे सुरक्षित स्थान म्हणून जाहीर केले आहे. त्यातील कुठल्या तरी पोटकलमानुसार येथील कुठल्याही अवशेषाची मोडतोड केल्यास किंवा तो हलवून घरी नेण्याचा प्रयत्न केल्यास तीन वर्षेपर्यंत सक्तमजुरी आणि रु. ५००० दंड होण्याची भीती दाखविलेली आहे. ही पाटी जशी अगदी नवी आहे तसेच सर्वत्र दिसणारे जीप आणि ट्रक्सच्या टायरचे ठसेही मी पहिल्यांदाच पाहिले. गंमत म्हणजे, हे सर्व ठसे मुख्य रस्त्याकडे न जाता सेवरण नदीच्या पात्रातून गुजराथच्या हद्दीकडे वळले होते.

बरोबरीचे विद्यार्थी, मी जसा पहिल्यांदा झालो होतो, तितकेच थक्क झालेले होते. भोवताली पसरलेले अवशेष हे शहर कसे होते ते सांगत होते; पण त्याबरोबरच प्रत्येक चांगल्या गोष्टीला शेवट असतोच ह्याची जाणीव करून देत होते. लहानपणी वाचलेल्या जातककथा, चांदोबातील संस्कृत गोष्टींचे अनुवाद, 'अस्मिन कश्चित देशे' अशी सुरुवात असलेले संस्कृत धडे डोळ्यांसमोर येत होते. सारखे वाटत होते की, आता रथांचे आवाज येणार. तेवढ्यात कुणाच्या तरी लक्षात आले, दोन वाजले. आम्ही परत फिरलो.

परतताना पुन्हा अबूला यायचे तेव्हा चंद्रावतीला यायचेच असा निश्चय बहुतेक सगळ्यांनी व्यक्त केला. प्रत्येकाने वळून चंद्रावतीकडे बघितले.

एका विद्यार्थ्याने मला पुढे जायची विनंतीही केली.

मी विचारले, 'का?'

'सर! ज्याने हे शहर उद्ध्वस्त केले त्याला मी शिव्या देणार आहे!'

आम्ही सगळे सायकलींजवळ आलो आणि अबूरोडच्या रस्त्याला लागलो.

❖❖❖

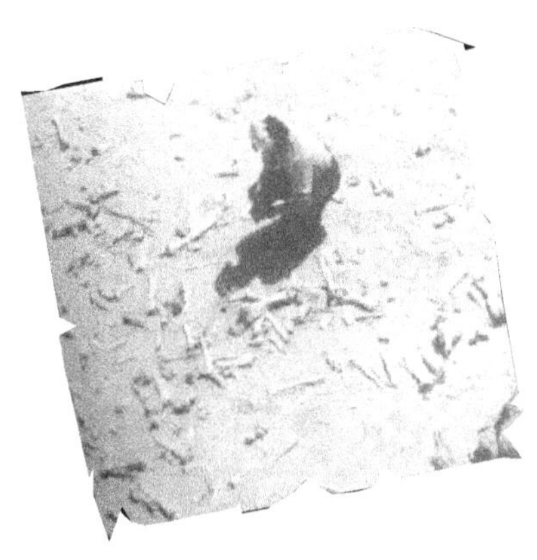

हरवलेल्या हाडांचं रहस्य!

या मथळ्यावरून आपल्याला ही रहस्यकथा वाटेल नि तशी ती आहेही; पण विज्ञान इतिहासात अशा बऱ्याच रहस्यकथा आहेत, ही रहस्यं अजूनही उघडकीस आलेली नाहीत हे विशेष. 'द केस ऑफ मिसिंग बोन्स' अशी या हरवलेल्या हाडांची पेरी मॅसनी कथा करता येईल. गंमतीची गोष्ट म्हणजे अगदी खराखुरा पेरी मॅसन म्हणजे अर्ल स्टॅन्टली गार्डनरचा मानसपुत्र जिवंत होऊन आला नि त्यानं हे रहस्य सोडवलं तरी शास्त्रज्ञांना आवडेल. कारण ही हरवलेली हाडं तितकीच महत्त्वाची आहेत. या रहस्यकथेची सुरुवात चीनमध्ये दुसऱ्या महायुद्धकाळात होते. पण अगदी अलिकडे इ. स. १९७२ मध्ये ही हाडं प्रसिद्धीच्या झोतात आली.

९ जून १९७२, सकाळचे ९.३० वाजले होते. ख्रिस्तोफर जानूस न्यूयॉर्कच्या हार्वर्ड क्लबमध्ये आपल्या खोलीत बसला होता. हा ६२ वर्षांचा लक्षाधीश नुकताच पेकिंगहून परतला होता. त्या आपल्या चिनी दौऱ्याबद्दल तो विचार करीत असावा, तेवढ्यात फोन वाजला. ख्रिस्तोफर जानूसनं तो फोन उचलला. कुणीतरी स्त्री खाजगीत बोलताना चोरट्या आवाजात बोलावे तशी बोलत होती.

'मिस्टर जानूस, विश्वास ठेवा! मी काही वेडी नाही! दुसरं महायुद्ध सुरु झालं तेव्हा चीनमध्ये असलेल्या एका अमेरिकन मरीनची मी विधवा पत्नी आहे. माझ्याजवळ ती हाडं आहेत.'

जानूस नुकताच पेकिंगहून पतरला होता. तिथं चीनच्या 'पेकिंग मॅन' म्युझियमच्या निदेशकांनी जानूसला एक विनंती केली होती. चीनमध्ये ५ लाख वर्षांपूर्वी अस्तित्वात असलेल्या आदि मानवाला पेकिंगमॅन म्हणतात. त्याचे जीवाशेष अर्थातच खूप महत्त्वाचे मानले जातात. चीनमध्ये असलेला असे काही दुर्मिळ अवशेष ८ डिसेंबर १९४१ या दिवशी नाहीसे झाले. त्याचं पुढे काय झालं? हे कोडंच होतं.

पेकिंगमधल्या 'पेकिंग मॅन' म्युझियमच्या निदेशकांनी हे अवशेष मिळवायला जानूसनं मदत करावी अशी विनंती केली होती याबद्दल पेपरमध्ये बातम्याही आल्या होत्या. त्या फोन करणाऱ्या अज्ञात व्यक्तीला जानूसनी ती हाडं दिल्यास कसलीही पूर्वपीठिका न विचारता तत्काळ पाच हजार डॉलर बक्षीस द्यायची तयारी दाखविली होती.

जानूसचं त्याच्या खोलीवर बोलणी करायला यायचं आमंत्रण त्या व्यक्तीनं फेटाळून लावलं. उलट जानूसलाच एंपायर स्टेट बिल्डींगच्या पाहणी सज्जात १२-३० वाजता हजर रहायला तिनं सांगितलं.

'पण मी तुला कसा ओळखणार?'

'त्याची काहीच गरज नाही. मी तुम्हाला ओळखते' फोनवर बोलणाऱ्या स्त्रीनं सांगितलं.

ठरल्याप्रमाणं जानूस स्टेट एंपायरवर हजर झाला. त्यानं त्या पाहणी सज्जात दहा मिनिटं कुणी येतंय का? याची वाट बघितली. कुणीतरी आपल्याला फसविलं असावं, असं त्याला वाटू लागलं. परत जावं की काय असे विचार त्याच्या मनात येत असतानाच एक उंच सडपातळ काळ्या केसांची नि काळा कोट घातलेली स्त्री त्याच्याजवळ आली. तिच्या हातात एक काळी बॅग होती.

'मीच तुला सकाळी फोन केला होता' ती स्त्री म्हणाली. बोलत असताना तिनं एक ३' X ५'' चा फोटो जानूसच्या हातात दिला. 'ही पेकिंग मॅनची हाडं, मला त्याबद्दल ५ लाख डॉलर्स हवेत.' आत्मविश्वासपूर्वक स्वरात ती म्हणाली. तिला त्या हाडांचं महत्त्व ठाऊक होतं. ते उघडच होतं.

त्याच क्षणी एका प्रवाशानं अनाहूतपणे या दोघांकडे कॅमेरा वळविला. एंपायर स्टेटच्या अखेरच्या मजल्यावर असलेला हा पाहणी सज्जा हे हौशी प्रवाशांचं आकर्षण आहे. तिथं अनेक माणसं वावरतात. त्यातल्या एका व्यक्तीच्या आगाऊपणामुळे पुरातत्त्वशास्त्राचं अमाप नुकसान झालं एवढं खरं. कारण तो कॅमेरावाला खरोखरच एक अनोळखी हौशी परदेशी प्रवासी होता. त्याचा कॅमेरा आपल्यावर रोखला गेलाय हे लक्षात येताच जानूसच्या हातून तो फोटो खेचून ती स्त्री पळत सुटली. काय झालंय हे जानूसच्या लक्षात येऊन तिचा पाठलाग करण्यापूर्वींच ती नाहीशी झाली होती.

या प्रकरणात जानूस गुंतले गेले ते तसे अपघातानेच. शिकागोमध्ये एक 'ग्रीक हेरिटेज फौंडेशन' नावाची संस्था आहे. ही संस्था सांस्कृतिक मेळावे भरवणं, शिष्यवृत्त्या देणं, विद्यार्थ्यांच्या देवघेवीसाठी परदेशांशी संपर्क ठेवणं या स्वरूपाचं काम करीत असते. जानूस या संस्थेचे अध्यक्ष होते.

एप्रिल १९७२ मध्ये त्यांच्या एका चिनी-अमेरिकन मित्रानं त्यांनी चीनला जावं असं सुचवलं. त्या काळात चीनला जाणं तितकं सोपं नव्हतं. तेव्हा अजून चीनी-

अमेरिकन यांचं राजकीय संबंध प्रस्थापित व्हायचे होते. ओटावातल्या चिनी लोकतांत्रिक गणराज्याच्या कॅनडातल्या राजप्रतिनिधीकडे व्हिसासाठी ४ लक्ष अर्ज पडून होते.

तरीही हा अमेरिकन नागरिक असलेला चिनी वंशाचा इसम जानूसना सांगत होता की, जानूसना ताबडतोब परवानगी मिळण्याची शक्यता आहे. यामुळं जानूस बुचकळ्यात पडले. पण त्या मित्राच्या आग्रहाखातर त्यांनी प्रवेश परवान्यासाठी अर्जही केला. त्यांना दोन आठवड्यात चिनी लोकतांत्रिक गणराज्यात प्रवेश करावयाचा परवाना हाती पडला.

जानूस लगेच वॉशिंग्टनकडे धावले. त्यांची नि हेन्री किसिंजरची जुनी ओळख होती. त्यांनी किसिंजरचा सल्ला विचारला, ''तुला सल्ल्याची गरज काय? आपले संबंध अधिक दृढ करायचेत एवढे लक्षात ठेव!'' किसिंजरने जानूसला सांगितले.

चीनमध्ये अनेक कारखाने, सहकारी शेतीचे आदर्श नमुने त्यांना दाखविण्यात आले. एक दिवस एकाएकी त्यांना पेकिंगपासून ३० मैलांवर असलेल्या एका संग्रहालयाकडे नेण्यात आलं. इ.स. १९२६ मध्ये डॉ. डेव्हिडसन ब्लॅक यांनी या जागी उत्खनन केलं होतं. इथं त्यांना आदिमानवाचे अवशेष सापडले होते. या जागेचे विशेष म्हणजे आजमितीस इतके आदिमानव अवशेष एकत्रित असे दुसरीकडे कुठेच मिळालेले नाहीत. चाळीस आदिमानवांचे अवशेष इथे मिळाले. त्यात कवटीचे तुकडे, मांड्यांची हाडं, एक कॉलर बोन, अनेक दात आणि इतर छोटी-मोठी हाडं यांचा समावेश आहे. नेमक्या याच उत्खननाच्या जागेवर हे म्युझियम बांधण्यात आलेलं असून त्याला पेकिंग मॅन म्युझियम असंच म्हटलं जातं. हे अवशेष ज्या आदिमानवाचे आहेत त्या आदिमानवांचे शास्त्रीय भाषेतील नाव आहे सायनांथ्रॉपस पेकिनेन्सिस.

सायनांथ्रॉपस पेकिनेन्सिस म्हणजे पेकिंगजवळचा चिनी माणूस. आपण चीनमथल्या वस्तूला चीनी म्हणतो इंग्लिशमध्ये त्याचं रूप सायनो असं होतं. अँथ्रॉपस म्हणजे मानव किंवा मानव सदृश पेकिनेन्सीस म्हणजे पेकिंगचा. हा पेकिंगचा आदिमानव ५ फूट १ इंच उंचीचा म्हणजे तसा बुटकाच होता. पण मानवी उत्क्रांती शृंखलेतला तो महत्त्वाचा दुवा मानला जातो. सुमारे साडेसहा लक्ष ते पाच लक्ष वर्षांपर्यंत तो अस्तित्वात होता. आगीचा उपयोग करणाऱ्या आद्यमानवापैकी एक. तो गुहेत रहायचा. मांस भाजून खायचा आणि बहुधा प्राण्यांची कातडी नेसायचा. चीनमध्ये सापडलेले हे पहिले आदिमानवी अवशेष इतके वैज्ञानिक महत्त्वाचे ठरल्याने त्यांना आंतरराष्ट्रीय महत्त्व प्राप्त झाले होते. त्यामुळे हे अवशेष 'राष्ट्रीय सांस्कृतिक खजिना' असं चीनमध्ये मानण्यात येत होतं.

जानूसनं जेव्हा हे अवशेष बघायची इच्छा प्रकट केली तेव्हा चिनी अधिकाऱ्यांच्या उत्तरानं त्यांना धक्काच बसला. ते अवशेष, या वस्तू संग्रहालयात नव्हतेच. तर त्या

अधिकाऱ्यांच्या अंदाजानुसार ते अवशेष बहुधा अमेरिकेत असावेत. तो अधिकारी पुढे म्हणाला,

"तुमच्या माणसांना हे अवशेष दिल्याची आमच्याकडे पावतीही आहे. नि आता आम्हाला परत हवेत." किसिंजरनी आपले संबंध दृढ करायचा प्रयत्न कर असं सांगितलेलं जानूसला आठवलं. त्यामुळे जानूसनी या बाबतीत सर्व प्रयत्न करायचं आश्वासन दिलं.

यानंतर काही दिवसांनी जानूसनी हाँगकाँगमध्ये एक पत्रकार परिषद बोलाविली. इथंच सर्वप्रथम ही हाडं मिळवून देणाऱ्यास पाच हजार डॉलरचं बक्षीस जाहीर करण्यात आलं. चिनी लोकांनी 'पेकिंग मॅन'चा शोध घेण्यासाठी आपलीच निवड का करावी हे कोडं मात्र जानूसला सुटलं नव्हतं.

हे बक्षीस जाहीर झाल्यावर अक्षरश: शेकडो लोकांनी जानूसना पत्रं लिहून, फोन करून या हाडांची माहिती आम्हाला नि फक्त आम्हालाच आहे असं सांगायचा प्रयत्न केला. पण ज्या रहस्यमय स्त्रीनंच प्रथम जानूसना आशेचा किरण दाखविला होता. तिचा शोध घ्यायचा जानूसनी प्रयत्न केला. त्यासाठी ४ ऑगस्ट १९७२ च्या न्यूयॉर्क टाईम्सच्या पहिल्या पानावर त्यांनी एक जाहिरात दिली. कारण त्या स्त्रीच्या बोलण्यावरून ती न्यूयॉर्कमधली असावी असा त्यांना संशय होताच.

Peking Man EMP. ST. OMS. MTG. Funds Avail No Qst Phone C GJ Advt.

या जाहिरातीचा अर्थ फक्त त्या स्त्रीलाच कळणार होता. एका आठवड्यातच या जाहिरातीस यश आलं. त्या स्त्रीनं परत जानूसशी संपर्क साधला. तिनं जानूसला परत भेटायचं टाळलं. आपला फोटो काढायचा प्रयत्न होतो असं तिचं म्हणणं होतं. पण तिनं जानूसना दाखविलेल्या फोटोची प्रत पाठवायचं मान्य केलं. दोन दिवसांनी तो फोटो मिळताच जानूसनं ती प्रत अमेरिकन म्युझियम ऑफ नॅचरल हिस्टरीच्या हॅरी शापिरो या तज्ज्ञाकडं पाठविली.

शापिरो नि डेव्हिडसन ब्लॅक यांची मैत्री होती. १९३१ मध्ये काही काळ ते चीनमध्ये एकत्रही होते. सध्या हयात असलेल्या या पेकिंग मॅन अवशेषांची माहिती असलेल्या अगदी मोजक्या तज्ज्ञात शापिरोंचा समावेश होता. त्यांनी १९४२ पूर्वी ही हाडं स्वत: बघितलेली होती.

या फोटोची कसून तपासणी झाल्यावर शापिरोंनी काही निष्कर्ष काढले. यातील हाडं प्राचीन असली तरी ती पेकिंग मॅनची नसावीत. मात्र त्या फोटोतल्या कवटीत नि पेकिंग मॅनच्या मूळ कवटीत जवळजवळ शंभर टक्के साम्य होतं. इतर तज्ज्ञांनीही या निष्कर्षांना दुजोरा दिला होता.

या रहस्याची मूळ सुरुवात दुसऱ्या महायुद्धापूर्वीची. तेव्हा अजून अमेरिका

दुसऱ्या महायुद्धात उतरायची होती. जपानने मांचुरिया व उत्तर चीनचा घास घेतला होता. चीन जिंकल्यावर इथल्या कुठल्या मौल्यवान वस्तू मायदेशी न्यायच्या याची यादी जपानी मंडळी करीत होती. या यादीत 'पेकिंग मॅन'चं नाव अगदी सुरुवातीलाच होतं. चिनी सरकारच्या परवानगीनं ही हाडं रॉकफेलर देणगीतून निर्माण झालेल्या पेकिंग युनियन मेडिकल कॉलेजमध्ये ठेवण्यात आली होती. इथं डॉ. फ्रॉझ वायडेनरीश यांच्यावर या हाडांची जबाबदारी होती. डेव्हिडसन ब्लॅक १९३४ साली वारले. त्यांच्यानंतर त्यांची जागा डॉ. वायडेनरीश यांनी घेतली होती.

१९४१ च्या सुरुवातीलाच जपान अमेरिका युद्ध सुरू होतील अशी चिन्हे दिसू लागली होती. यामुळे चीनमधल्या अमेरिकन नागरिकांनी अमेरिकेत परतावं असा प्रचार सुरू झाला होता. यामुळं वायडेनरीशसमोर एक नवाच प्रश्न उभा राहिला. जर हे जीवावशेष त्यांनी अमेरिकेला न्यायचा प्रयत्न केला तर ते नक्कीच जपानच्या हाती पडणार होते. कारण सर्व चिनी बंदरं जपान्यांच्या ताब्यात होती. डॉ. वायडेनरीशांनी अमेरिकन वकीलाला ही हाडं 'राजकीय थैल्यातून पाठवा' अशी विनंती केली. पण अमेरिकन वकीलानं याला नकार दिला. ''ही चिनी मालमत्ता आहे आणि अधिकृत परवानगी असल्याशिवाय ही हाडं अमेरिकन वकीलातीतसुद्धा आणू नकोस'' असं त्यांनी डॉ. वायडेनरीशना सांगितलं. अखेरीस पेकिंग युनियन मेडिकल कॉलेजच्या लॅबोरेटरीतल्या तिजोरीत ही हाडं बंद करून एप्रिलमध्ये डॉ. वायडेनरीश अमेरिकेस परतले.

नोव्हेंबरच्या सुरुवातीस अमेरिकेने चीनमध्ये उरलेल्या सर्व अमेरिकन नागरिकांना, वकिलातीच्या सर्व कर्मचाऱ्यांना आणि २४० नौसैनिकांना अमेरिकेत परतण्यास फर्माविले. त्यांनी फिलिपिन्सला जायचं होतं. याच वेळेस चुंगकिंगस्थित चीनी सरकारने ही हाडं सुरक्षित रहावीत म्हणून युद्ध संपेपर्यंत अमेरिकेस न्यावीत अशी विनंती अमेरिकन वकीलास केली. क्लेर तारदियान या वायडेनरीश यांच्या विश्वासू सहायिकेने हे अवशेष दोन २४'' X १८'' मापाच्या लाकडी पेट्यात काळजीपूर्वक भरले होते. खास रेडवूड लाकडाच्या या पेट्या कॉलेजच्या सुताराकडून करवून घेण्यात आल्या. मग यांना साखळ्या बांधून कुलूप लावून सील करून त्या कर्नल विल्यम ॲशर्स्ट यांच्याकडे देण्यात आल्या. जपानी सैन्याची फळी फोडून या पेट्या सुरक्षित न्याव्या अशी विनंती ॲशर्स्टना करण्यात आली. कारण ॲशर्स्ट चीनबाहेर निघणार त्या आधीच जपाननं पर्ल हर्बरवर हल्ला केला आणि अमेरिका युद्धात ओढली गेली.

या सगळ्या गोंधळात पेकिंग मानवाचे अवशेष नाहीसे झाले. ते कसे अदृश्य झाले? कुणी नाहीसे केले याबद्दल खूप जाबजबाब झाले. जपानी पोलीस गुप्तहेर यंत्रणेनं त्या अमेरिकन सैनिकांचा खूप छळ केला. पण त्याचा काहीच उपयोग झाला नाही. क्लेर तारदीयान ही जर्मन नागरिक असल्याने तिचा जाबजबाब घेऊन तिला

जपान्यांनी सोडून दिलं. युद्ध संपेपर्यंत या नंतर पेकिंग मानवाच्या अवशेषाकडं लक्ष द्यायला कुणालाच फुरसत नव्हती. युद्धानंतर मात्र डॉ. वायडेनरीश यांनी या अवशेषांचा शोध लावायचा असं ठरवलं. हा शोध वायडेनरीश यांचे मित्र आणि सहकारी शापिरो यांनी हाती घेतला. याच सुमारास परिस्थितीनं वेगळं वळण घेतलं. चीन लाल बनला. अमेरिका-चीन संबंध 'दोन ध्रुवावर दोघे आपण' असे बनले. आरोप-प्रत्यारोपांची फैर झडू लागली.

पूर्वी पेकिंग युनियन मेडिकल कॉलेजमध्ये असलेले नि आता कम्युनिस्ट बनलेले डॉ. वांग चूंग पेयी यांनी १९५१ मध्ये या विषयावर एक विस्तृत लेख लिहिला. त्यात हे अवशेष अमेरिकेत पोचले असून आपला हा सांस्कृतिक ठेवा भांडवलशाहांनी हडप केलाय असा आरोप करण्यात आला. याला उत्तर म्हणून कर्नल ऑशर्स्टनी न्यूयॉर्क टाईम्सला दिलेल्या उत्तरात म्हटलं "ही हाडं जपानी सैनिकांच्या हाती पडली असावीत आणि त्याचं मूल्य न कळल्यानं बहुदा ती त्यांनी फेकून दिली असतील.'' यानंतर लगेच १९५२ मध्ये ऑशर्स्टचं निधन झालं. यानंतर १९७१ पर्यंत हे सर्व प्रकरण थंड्या बासनात पडलं होतं. पण यावर्षी त्यानं परत डोकं वर काढलं. एका माजी अमेरिकन मरीन सैनिकानं (अमेरिकन मरीन हा आपल्या नौसैनिकांप्रमाणे नौसैनिक नसतो. पायदळाचे हे सैनिक जहाजातून शत्रूच्या भूमीवर जातात. त्यांना मरीन म्हणणंच योग्य.) शापिरोंना एक माहिती सांगितली.

डॉ. विल्यम टी. फोली हे त्या वेळेस न्यूयॉर्कमधल्या कॉर्नेल विद्यापीठात होते. त्यांना या हाडाचं काय झालं याची माहिती होती. ही माहिती मिळताच शापिरो डॉ. फोलींकडे वळले. फोलींनी सांगितलेली हकीकत खरोखरीच रोमहर्षक होती.

डिसेंबर १९४१ मध्ये कर्नल ऑशर्स्टनी ते अवशेष असलेल्या दोन पेट्या दोन लष्करी ट्रंकांमधून फोलिकडे सोपवल्या होत्या. फोली त्या वेळेस अमेरिकेस परतण्याच्या तयारीत होते. न्यूयॉर्कमध्ये पोहोचल्यावर फॉलींनी या पेट्या वायडेनरीश यांच्या ताब्यात द्यायच्या होत्या.

फॉलींचं सामान प्रचंड होतं. या दोन ट्रंका धरून एकूण २७ डाग बोटी भरण्यासाठी अखेरीस सज्ज झाले. मरिन्सनी शरणागती पत्करल्यावर हे सर्व डाग तिएनत्सिन बरॅकमध्ये परत नेण्यात आल्या. नंतर या सैनिकांना जेव्हा युद्ध कैद्यांच्या छावण्यात पाठवण्यात आलं तेव्हा ऑशर्स्टचं नाव चितारलेली एक ट्रंकही त्यांच्याबरोबर गेली. कर्नल ऑशर्स्ट या ट्रंकेला खूप जपत असत. मात्र यात काय भरलंय याची फॉलींना कल्पना नव्हती.

यानंतर तीन वर्षें हे कैदी एकीकडून दुसरीकडे हलवले जात असताना फॉली व ऑशर्स्ट यांनी ती ट्रंक जपली. पण युद्धाच्या अगदी शेवटी फॉली नि ऑशर्स्टना वेगवेगळ्या छावण्यात हलवण्यात आलं. त्या नंतर त्या ट्रंकांचं काय झालं? हे

कुणालाच कळलं नाही.

हे कळल्यावर FBI नं तिएन्तसीन छावणीत परतलेल्या नि हयात असलेल्या सर्व मरिन्सना याबद्दल विचारलं. पण कुणीच त्यावर प्रकाश पाडू शकत नाही. यानंतर जानूसनने पेकिंग मानवाच्या शोधासाठी लावलेलं बक्षिस दीड लाख डॉलरपर्यंत वाढवलं. पण त्याचा काही उपयोग झाला नाही. जानूस आणि आता इतरही अनेक जण या नव्या संशोधनात गुंतले आहेत. काय होतं ते काळच सांगेल.

ती स्त्री कोण? चीनी सरकारनं जानूसलाच का हाताशी धरलं? लक्षावधी वर्ष जमिनीत गाडलेली हाडं वीस वर्ष पुन्हा वर येऊन अशी रहस्यमयरीत्या नाहीशी झाली ती कोठे असावी? या प्रश्नांनी शास्त्रीय जगत ढवळून निघालं आहे. आज ना उद्या हे रहस्य सुटेल असं सर्वांना वाटलंय. पण तरीसुद्धा एखाद्या व्यक्तीस त्या हाडांचं महत्त्व कळलं नाही तर ही हाडं कचरापेटीत फेकली जाण्याची शक्यताही आहे. या मुळेच तर पेकिंग माणसाच्या अवशेषांच्या भवितव्याची सर्वांनाच काळजी आहे.

❖❖❖

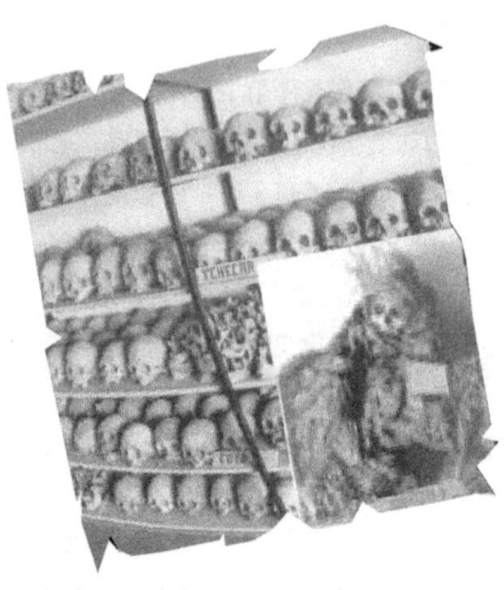

चिलीतील प्राचीन आश्रय

आपल्याला म्हणजे भारतीयांना रेड इंडियन लोकांची फार कमी माहिती असते. कोलंबस अमेरिकेत गेला आणि तिथल्या मूळ रहिवाशांना इंडियन समजला म्हणून त्यांना रेड इंडियन म्हणतात, इथं सर्वसामान्य माणसाची रेड इंडियनांबद्दलची माहिती संपते. यापुढं जाऊन ज्यांनी एरिख फॉन डॅनिकेनची सत्याचा अपलाप करणारी 'चॅरियटस ऑफ गॉड'सारखी पुस्तकं वाचली आहेत त्यांना रेड इंडियनांचे पिरॅमिड, ॲझ्टेक संस्कृती वगैरेंची डॅनिकेनच्या दृष्टिकोनातून मिळालेली माहिती असते तर वेस्टर्न कथा वाचणाऱ्यांनी ॲपॅचे इंडियनांचं नाव ऐकलेलं असतं.

विचित्र प्रथा

अमेरिका खंडात उत्तर अमेरिकन ध्रुवीय प्रदेशापासून दक्षिण अमेरिकेच्या दक्षिण टोकापर्यंत रेड इंडियन लोकांच्या असंख्य जाती-जमाती होत्या. त्यांची फार मोठी साम्राज्यं होती. इंका साम्राज्यात पिरॅमिड बांधले गेले. पण या इंडियनांपैकी चिली या देशातील अटाकामा संस्कृतीतल्या एका विचित्र प्रथेची आपण माहिती घेणार आहोत.

चिली हा देश आपल्या कोकणपट्टीसारखाच असून दक्षिण अमेरिकेच्या पश्चिम किनाऱ्यावर ॲंडीज पर्वत आणि पॅसिफिक महासागर यामध्ये आहे. कोकणाप्रमाणेच तिथेही बरेचदा पर्वताच्या पायथ्याव‌र सागरलाटा आपटत असतात. अशा या चिली देशात एक हजार कि.मी.चा वाळवंटी उजाड प्रदेश आहे. हा भूप्रदेशही सागर किनारी लांबलचक उत्तर दक्षिण पसरलाय. त्या चिंचोळ्या वाळवंटी पट्टीत कित्येकदा वर्षानुवर्षे पाऊसच पडत नाही. त्यामुळे या वाळवंटात शेती ही गोष्ट माहीतच नाही. छोट्या छोट्या तात्पुरत्या वस्त्या करून इथं भटके आदिवासी रहातात आणि रहात

होते. या भागातल्या उत्खननांवरून ख्रि. पू. ३००० काळातही या वाळवंटात मानवी वस्ती होती असं दिसून येतं. काही ठिकाणच्या अवजारांच्या व हत्यारांच्या अभ्यासावरून ती पंधरा ते वीस हजार वर्षांपूर्वी बनवण्यात आल्याचं दिसून येतं.

पंचवीस-तीस वर्षे उत्खनन

अटाकामातील आदीमानवांच्या अभ्यासाचं श्रेय फादर गुस्ताव्होल पेज या बेल्जियन धर्मगुरुंच्या अथक परिश्रमांना द्यावं लागेल. या अत्यंत खडतर भूभागात फादर ल पेज यांनी उत्खननांवर उत्खननं केली. इ.स. १९८० मध्ये वयाच्या ७७ व्या वर्षी त्यांचे निधन झालं. तोपर्यंत अटाकामा संस्कृतीचा शोध घेण्याचं त्यांचं कार्य अविरत सुरू होतं. फादर ल पेज यांनी सान पेड्रो द अटाकामा या शहराच्या आसपास पंचवीस-तीस वर्षे उत्खनन करून त्या उत्खननात सापडलेल्या वस्तूंची 'सान पेड्रो'मध्ये संग्रहालय तयार करून त्यात स्थापना केली. ग्रॅहॅम ग्रीन या ब्रिटिश कादंबरीकारांच्या मते सॅन पेड्रोच्या पुरापाषाणयुगीन काळातील संग्रहात ब्रिटिश म्युझियमपेक्षा जास्त चांगला संग्रह आहे.

फादर ल पेज यांच्या या यशाचं श्रेय त्यांच्या या भागातील रहिवाशांमधील लोकप्रियतेस द्यावं लागेल. जिन वुडमन हा अमेरिकन संशोधक फादर ल पेजबरोबर काम करीत असे. त्याला फादर म्हणायचे, 'इथं उत्खनन करण्यायोग्य अनेक जागा आहेत. पण फार थोड्याच ठिकाणी मी उत्खनन करू शकलोय. या म्युझियममध्ये तू जे काही बघतोयस ते हिमनगाचा दृश्य भागाइतकं कमी आहे. या वाळूत पुरलेल्या वस्तूंचा तो अंशमात्र हिस्सा आहे.' फादरचं हे म्हणणं ऐकत असंख्य कवट्यांमधून फिरणं हा वुडमनच्या मते एक अनोखा अनुभव होता.

सॅनपेड्रो एके काळी ओऑसिस होतं. यामुळंच त्याच्या आसपास फार पूर्वीपासून वसाहती होत्या. इथं इंकापूर्व काळापासून मनुष्यवस्ती होती. अजूनही या वसाहतीचे अवशेष खणून काढायचं काम अपुरं आहे. दरम्यान फादर ल पेज यांनी उभारलेलं पुराणवस्तू संग्रहालय हे अभ्यासकांचं आकर्षण ठरलंय. या संग्रहालयात सुमारे दहा लाख पुराण वस्तू आहेत. यात असंख्य मानवी कवट्याही आहेत. यातल्या काही आकारानं विचित्र आहेत. त्या व्यक्तींच्या लहानपणी दोन्ही बाजूंनी लाकडी फळ्या लावून त्यांच्या कवट्या लांबुळक्या केलेल्या असाव्यात. त्या काळात लांबुळक्या कवटीची व्यक्ती आकर्षक मानली जात असावी. चीनमध्ये जसे मुलींचे पाय मुद्दाम लहान केले जात किंवा ब्रह्मदेशात माना उंच केल्या जातात तसाच हा प्रकार असावा.

प्रेताला पूर्ववत आकार

या संग्रहालयात असंख्य ममी आहेत. यातली काही प्रेतं आपोआप वाळून त्यांच्या ममी बनल्या असाव्यात. वाळवंटात असं घडू शकतं. कारण इथं हवा अतिशय शुष्क असते. काही प्रेतांना मात्र काही पदार्थ लावून मग वरती वाळू पेरली असावी असं दिसून येतं. प्रेतांपर्यंत पाणी पोहोचणं अशक्य होऊन प्रेताला हवाबंद शुष्क परिस्थितीत ठेवणं यामुळं शक्य झालं असावं. यामुळे प्रेत कुजत नाही. यासाठी या प्रेतामधून मेंदू आणि इतर अवयव काढून टाकले जात. मग वाळू आणि काटक्यांच्या सहाय्यानं प्रेताला पूर्ववत आकार देण्यात येत असे. जर ही व्यक्ती मोठ्या घराण्यातील असेल तर तिच्या चेहऱ्यावर सोन्याचा मुखवटा ठेवण्यात येत असे. काही वर्षांनी यावर आणखी एक मुखवटा ठेवला जाई, असे एकूण तीन मुखवटे अशा मानाच्या ममीवर आढळतात. फादर ल पेजनी जमवलेल्या वस्तूंचं प्राथमिक वर्गीकरण करून त्या फडताळांमध्ये ठेवण्यात आल्या आहेत, पण या वस्तूंचं शास्त्रीय पृथक्करण आणि अभ्यास अजूनही सुरू व्हायचा आहे. दरम्यान नवनवी उत्खनने सुरू झाली असून सॅन पेड्रोच्या उत्तरेस या संशोधकांना एक खेडं सापडलं आहे. कॅसेरोनेस या खेड्याजवळ हे उत्खनन करण्यात आलं. इथं एक भूमिगत संरचना आढळून आली. हे मोठ मोठे खापरी नळ असावेत आणि त्यातून पाणी खेळवून ती इमारत वातानुकूलित करण्यात येत असावी असा याबाबत प्राथमिक अंदाज आहे. या उत्खननानंतर अटाकामात उत्खनन करायला येणाऱ्या पुरातत्त्व शास्त्रज्ञांची संख्या आणखी वाढली आहे.

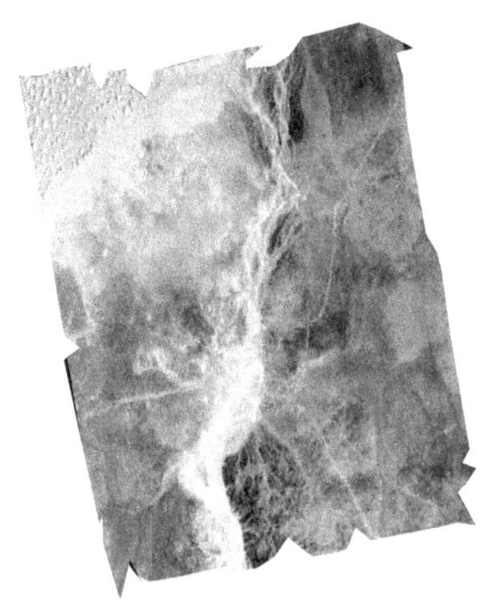

उपग्रहाद्वारे प्राचीन शहराचा शोध

एक अतिशय श्रीमंत शहर होतं. कालौघात ते नष्ट झालं. त्यानंतर ते कुणालाच दिसलं नाही. हे वाचल्यावर बहुतेक वाचक म्हणतील की, यापुढची गोष्ट आम्हाला ठाऊक आहे. कुणाला तरी त्याचा नकाशा मिळतो. मग एक मोहीम निघते. खूप साहसानंतर तो खजिना हाताशी येणार, तेवढ्यात भूकंप होतो आणि खजिना नाहीसा होतो. खरं सांगू का, अशी एखादी गोष्ट लिहायला मलाही आवडेल; पण ही गोष्ट मात्र तशी नाही. हे शहर खरं होतं. त्याचा नकाशा उपलब्ध नव्हता. त्या शहराचा कुराणेशरीफमध्ये उल्लेख होता. शास्त्रज्ञांनी ते कसं शोधून काढलं, त्याची ही गोष्ट आहे. पण ती खरीखुरी आहे. या शोधाची ही हकीकत कुठल्याही दंतकथेइतकीच वाचनीय आहे.

प्रचंड श्रीमंती

दंतकथांमध्ये उबारचा उल्लेख स्वर्गाशी स्पर्धा करण्यासाठी बांधलेली नगरी असा आहे. या शहरात उंचच उंच खांब होते, मिनार होते. सर्व अरब राष्ट्रांची संपत्ती एकत्र केली असती तरी उबारच्या श्रीमंतीपुढं ती फिकी पडली असती. अल्लादीनच्या राक्षसाला किंवा अलीबाबाच्या गुहेतल्या संपत्तीला या नगरीशी स्पर्धा करणं अशक्य होतं, असं या नगरीचं वैशिष्ट्य सांगण्यात येत होतं. मात्र या नगरीचं वैभव कुठल्याही जादूनं निर्माण केलेलं नव्हतं. ही नगरी ऊद, धूप, राळ, अँबर अशा नैसर्गिक पदार्थांच्या व्यापारावर श्रीमंत झालेली होती. या शहराच्या दक्षिणेस ८० कि. मी. अंतरावर हे सुगंधी पदार्थ स्रवणाऱ्या झाडांची बाग होती. तिथून आलेली राळ खरेदी करण्यासाठी दुनियेच्या कानाकोपऱ्यातून व्यापाऱ्यांचे तांडे उबारला येत

असत. सर्व व्यवहार रोख होता. सोन्याच्या मोहरा हे चलन होतं. हे अत्यंत संपन्न शहर इ. स. ३०० च्या आसपास बहुदा चौथ्या शतकाच्या पूर्वार्धात नाहीसं झालं. ते भूकंपात गाडलं गेलं किंवा वाळूच्या महाप्रचंड वादळानं गाडलं गेलं, हे नक्की ठरवता येत नाही पण नंतर त्यावर वालुकागिरी रचले गेले. कुराणातल्या वचनांनुसार तिथं पाप वाढलं म्हणून परमेश्वरानं ते नष्ट केलं.

बहुतेक सर्व भौगोलिक शोधांना कुणीतरी साहसी व्यक्ती जबाबदार असते. उबार अशीच साहसवीराची वाट पाहात वाळूखाली दडलं होतं. त्याला निकोलस क्लॉपच्या रूपानं असा साहसवीर मिळाला. निकोलस क्लॉप हा चित्रपट निर्माता, त्याला एक ग्रॅमी ऑवॉर्डही मिळालेलं आहे. एकदा एका जुन्या पुस्तकांच्या दुकानात पुस्तकं चाळत असताना पुस्तक विक्रेत्यांनं त्याला ब्रिटिश भटक्या संशोधकाचं नोंद पुस्तक किंवा रोजनिशी विकत घ्यायला लावली. या संशोधकाचं नाव बट्रॅम थॉमस. त्यानं आयुष्याचा फार मोठा हिस्सा वाळवंटात दडलेल्या उबार (इंग्रजीत ओपार) चा शोध घेण्यात खर्च केला होता. हे पुस्तक वाचून क्लॉपनं खाली ठेवलं आणि काही दिवसांनी वृत्तपत्रात आलेल्या एका बातमीनं त्याचं लक्ष वेधून घेतलं. इजिप्तच्या वाळवंटामधील वाळूखाली दडलेल्या नद्यांची पात्रं स्पेस शटल्मधील रडारच्या साहाय्यानं शोधण्यात वाळवंटाचा अभ्यास करणाऱ्या शास्त्रज्ञांना यश मिळालेलं होतं. अशाच तंत्राचा उपयोग करून अरबस्तानातल्या निर्मनुष्य वाळवंटात दडलेल्या उबारचा शोध घेता येईल का, हा प्रश्न क्लॉपच्या मनात आला. सौदी अरेबियातल्या 'एम्प्टी क्वार्टर' मध्ये कुठेतरी उबार दडलंय एवढीच माहिती यावेळी त्याला होती.

उबार शोध प्रकल्प

क्लॉपनी जेट प्रॉपल्शन लॅबोरेटरीच्या डॉ. ब्लुम यांना फोन केला. डॉ. ब्लुमना अनेक झंगड लोकांचे तितक्याच भंगड कल्पनांबद्दल दूरध्वनी येत असतात. त्यामुळे आपण कुणी वेडेपीर नसून खरोखरच एक शास्त्रीय कल्पना घेऊन तिच्यावर काम करतोय, हे क्लॉपना आधी डॉ. ब्लुमना पटवून द्यावं लागलं. मग हा उबार शोध प्रकल्प सुरू झाला. जे पी एल (जेट प्रॉपल्शन लॅबोरेटरी) चे शास्त्रज्ञ चार्लस एलाची यांनी या प्रकल्पात लक्ष घातल्यावर इ. स. १९८४ मध्ये चॅलेंजर या स्पेसशटलनं त्याच्या उड्डाणात अरबस्तानचे निरीक्षण करून या वाळवंटाच्या रडार भासप्रतिमा घेतल्या. संपूर्ण अरेबियन द्वीपकल्पाचं रडार सर्वेक्षण शक्य नसल्यानं थॉमसच्या नोंदवहीच्या आधारे वाळवंटाच्या कुठल्या भागाचं सर्वेक्षण करायचं ते आधी ठरविण्यात आलं होतं. अरबस्थानच्या 'एम्प्टी क्वार्टर' मधून प्रवास करून तो आरपार ओलांडणारा थॉमस हा पहिला युरोपीय माणूस होता. त्यानं त्याच्या प्रवासात आढळलेल्या एका रस्त्याबद्दल त्याच्या बेदुइन वाटाड्याला विचारलं तेव्हा 'हा रस्ता कुठंच जात नाही.

त्यावरून कुणी प्रवास करीत नाही, कारण तो उबारचा रस्ता आहे!' असं त्या वाटाड्यानं उत्तर दिलं होतं. थॉमसनं त्या रस्त्याची काळजीपूर्वक नोंद करून ठेवली होती. त्याचे अक्षांश-रेखांशही नोंदवले होते.

चॅलेंजरच्या रडारला उबार सापडलं नव्हतं; पण ब्लुम आणि क्रिपेन या दोन शास्त्रज्ञांनी उपग्रह वापरून पुरातत्त्वशास्त्रीय अभ्यास करणं शक्य आहे, हे सिद्ध करण्यात यश मिळवलं होतं. जिथं पायवाटा अरुंद असतात आणि काफिल्यांना व त्यातल्या जनावरांना एकामागून एक एका ओळीत एकमेकांच्या पावलावर पाऊल ठेवून चालावं लागतं तिथं या पायवाटांच्या चाकोऱ्या बनतात. ती वाळू तुडवली जाऊन घट्ट बनते. त्यामुळे आजूबाजूच्या वाळूच्या मानाने या पायवाटा थोड्याशा खाली दबलेल्या असतात. त्यामुळे या दोन पातळ्यांमध्ये म्हणजे बाजूची वाळू आणि मधली पायवाट यांच्या पातळीत काही सें. मी. चा फरक पडतो. या दोन पातळ्यांच्या फरकामुळे ज्या भिंती तयार होतात; त्याचा फायदा रडार परावर्तनास होतो. रडार भास-प्रतिमांत या वाटा उठून दिसतात.

सर्वसाधारणपणे अशा तऱ्हेचं अपयश आलं की तो प्रकल्प गुंडाळला जातो. उबार जर सापडलेलं नाही तर तो प्रकल्प आता बंद करा, त्यात हाती आलेल्या माहितीचा इतरत्र उपयोग होतोय का ते बघा असा दृष्टिकोन अवलंबून त्या प्रकल्पाला मूठमाती देण्यात येते. इथं क्लॅपचं संभाषणचातुर्य आणि माणसं पटवण्याचं कौशल्य कामी आलं. उबार अस्तित्वात होतं याबद्दल क्लॅपनी ब्लुमची खात्री पटवलेली होती. ती दंतकथा नाही, असं ब्लुमनाही पटलं होतं. याशिवाय सध्या वापरात नसलेले अनेक रस्ते या रडार भास प्रतिमांनी स्पष्ट टिपले होते. त्या पायवाटा आणि अरबांकडं सापडलेल्या उबारच्या प्राचीन नकाशांवरील पायवाटा एकमेकींशी जुळत होत्या. तेव्हा ब्लुम आणि क्रिपेननी लँडसॅट आणि स्पॉट मालिकांमधील उपग्रहांच्या साहाय्यानं तयार केलेल्या भास प्रतिमांचा अभ्यास केला. या भास प्रतिमांमध्ये खूप मोठा भूप्रदेश चित्रित करण्यात आला होता. (उपग्रह जे चित्रण करतात ते आपल्या थेट छायाचित्रणासारखं नसतं. त्यांनी मिळवलेली माहिती एकत्र करून संगणक अंकीय पद्धतीनं एखाद्या भूप्रदेशाचा नकाशा तयार करतात. यामुळे त्यास भास प्रतिमा म्हणतात.)

ब्लुम आणि क्रिपेननी मोजावे वाळवंटाचा उपग्रही भास प्रतिमांच्या साहाय्यानं अभ्यास केला होता. त्यामुळे भूशास्त्रीय अभ्यासाची पार्श्वभूमी त्यांना लाभलेली होती. तरीही थॉमसननं नोंद केलेली पायवाट शोधणं सोपं नव्हतं. जेव्हा चढ-उताराच्या भूभागातून जनावरं चालतात, विशेषत: सामान लादलेली जनावरं चालतात तेव्हा ती एकामागोमाग एक चालतात हे खरं, पण हा भूभाग जरासा जरी सपाट झाला की हीच जनावरं आपापल्या गतीला योग्य असा समांतर मार्ग आक्रमू लागतात. यामुळे

सतत चढ-उताराच्या भूभागात एखादा मीटर रुंद असलेला मार्ग सपाटीवर बराच. रुंद बनतो. यामुळे ब्लुम आणि क्रिपेन यांनी उपग्रहामार्फत ज्या ज्या पद्धतींनी सर्वेक्षण करता येतं त्या सर्व मार्गांचा वापर करून हे वाळवंट तपासलं. यात त्यांना उपारूण ऊर्जेच्या भास प्रतिमांचा उपयोग झाला.

सूर्यप्रकाशात जेव्हा वेगवेगळ्या वस्तू तापतात म्हणजे उष्णता शोषून घेतात तेव्हा उष्णता शोषून घेण्याचा त्यांचा वेग वेगवेगळा असतो. त्याचप्रमाणे जेव्हा सूर्य मावळल्यावर त्या थंड होतात तेव्हाही निवण्याचा त्यांचा वेग एकसारखा नसतो. भूमी किंवा वाळू किंवा कुठलीही इतर वस्तू थंड होते तेव्हा ती शोषून घेतलेली ऊर्जा (उष्णता) बाहेर टाकते. बऱ्याचदा ही ऊर्जा उपारूण आणि उपारूणसमीप लहरींच्या मार्फत बाहेर टाकली जाते. याला इंग्रजीमध्ये इन्फ्रारेड आणि निअर इन्फ्रारेड म्हणतात. अशा प्रकारच्या भास चित्रात या वाळवंटातले वेगवेगळे थर स्पष्ट झाले.

यातही एक आणखी महत्त्वाची गोष्ट म्हणजे शतकानुशतके या पायवाटांवर चालणाऱ्या ओझेवाहू प्राण्यांच्या खुरांखाली जी वाळू तुडवली गेली तिचे कण आजूबाजूच्या वाळूपेक्षा बारीक बनले. त्यांमध्ये धूळ साठली. त्यामुळे ते वाळूचे कण आणखीनच बारीक बनले. यामुळे या पायवाटांमधला भाग चक्क धुळीच्या बारीक कणाचाच बनला. ती उडून गेली नाही हे या पायवाटांचे आणखी एक वैशिष्ट्य. या धुळीकडून आजूबाजूच्या वाळूपेक्षा जास्त प्रमाणात उपारूण ऊर्जा परावर्तित होते हे लक्षात आल्यावर तिथल्या वाळवंटातल्या पायवाटा ओळखणं आणि त्यातली कुठली पायवाट आधी तयार झाली आणि कुठली पायवाट नंतर तयार झाली हे सांगणं डॉ. ब्लुमना शक्य झालं. जुन्या पायवाट वालुकागिरींच्या खालून जाताना आढळतात. नव्या पायवाटा त्यांना वळसा घालून जाताना दिसतात.

नैसर्गिक रचना

थॉमसननं वर्णन केलेल्या मार्गावर या संशोधकांना इंग्रजी 'एल' (ए) आकाराची एक वाट दिसली. कुठलीही नैसर्गिक संरचना ९०° ची नसते. दोन नैसर्गिक बाजू काटकोनात असत नाहीत. त्या बहुतांशवेळा मानवनिर्मित असतात. या उपग्रहातून दिसलेल्या काटकोनापाशी एखादी जुनी वसाहत असावी असं या संशोधकांना वाटत होतं. यामुळे या संशोधकांची पहिली उत्खनन मोहीम ओमान इथल्या या 'एल'च्या जागी काढण्यात आली.

डॉ. जुरिया झारिन्स या मोहिमेच्या प्रमुख पुरातत्त्वशास्त्रज्ञ होत्या. क्लॅप मोहिमेचं नेतृत्व करीत होते तर डॉ. रॅनुल्फ फीएनेस या आर्क्टिक संशोधकांनं ओमानच्या सुलतानाची या उत्खननासाठी परवानगी मिळवायची कामगिरी पार पाडली. फीएनेस पूर्वी ओमानच्या सुलतानांच्या सैन्यात वरिष्ठ अधिकारी होते. पहिलं उत्खनन त्या

'एल'च्या जागी करण्यात आलं. त्या एल्च्या जागी काहीच हाती आलं नाही. मानवी भिंत असावी तशी ती एक नैसर्गिक संरचना होती. हा निसर्ग चमत्कार अपवादात्मक परिस्थितीत घडून येतो, तो नेमका यांच्या वाट्यास आला होता. उबार दूरच राहिलं पण क्लॉप अत्यंत निराश होऊन मोहीम गुंडाळायच्या मागे लागले. त्यांनी आणि झारिन्सनी यावर चर्चा करून उपग्रही भास प्रतिमात दिसलेल्या मार्गांचा शोध घ्यायचा असं ठरवलं. त्यांना मार्गावर वेगवेगळ्या ठिकाणी जे अवशेष मिळाले त्यावरून या मार्गावरून धूप, राळ अशा वनस्पतीज सुगंधी पदार्थांची वाहतूक चालत होती हे उघड झालं. एवढंच नव्हे तर थॉमसनं उल्लेखलेली म्हणून जिला थॉमसची पायवाट असं यांनी नाव दिलं तो मार्ग सहा हजार वर्षांपूर्वी अस्तित्वात आला असल्याचे पुरावे यांच्या हाती आले. याचाच अर्थ उपग्रही भास प्रतिमांनी अरेबियन द्वीपकल्पातील सर्वांत जुने मार्ग शोधण्यास मदत केली होती. अरबस्तानात आलेल्या पहिल्या वसाहती करणाऱ्या टोळ्यांनी हेच मार्ग वापरले होते.

ही माहिती हाती आल्यावर आता उबार सापडणं शक्य आहे अशी या मोहिमेची खात्री पटली. त्यांनी आणखी उपग्रही भास प्रतिमा मिळवल्या. यातल्या एका भास प्रतिमेमध्ये शिसारचं ओऑसिस दिसत होतं. थॉमसनं या ओऑसिसला भेट दिली होती पण उबार जवळपास असणार नाही असा थॉमसचा ग्रह बनला होता. उपग्रही भास प्रतिमांनी थॉमसला चूक ठरवलं. उपग्रही भास प्रतिमांमध्ये अलीकडचे शिसारकडं येणारे मार्ग दिसत होतेच पण त्याही आधीचे अनेक काफिल्यांनी तुडवलेले प्राचीनतम मार्गही होतेच. हे सगळे शिसार या केंद्रबिंदूमध्ये एकवटलेले होते. इथून जेरुसलेम, रोम, अथेन्स अशा प्राचीन शहरांकडं सुगंधी द्रव्य पाठवण्यात येत होते. याचा पत्ता याआधी लागला नव्हता. कारण उबार शोधणारे संशोधक अरबी द्वीपकल्पाच्या निर्मनुष्य कोपऱ्यात उबार शोधत होते. प्रत्यक्षात उबार या एम्प्टी क्वार्टरच्या थोडं उत्तरेस होतं. यामुळे ते वालुकागिरींखाली कधीच पुरलं गेलं नाही. उबार वालुकागिरींखाली पुरलं गेलं, ही खरोखरच आख्यायिकाच ठरली होती.

अष्टकोनी इमारत

नोव्हेंबर १९९१ मध्ये ही सर्व मंडळी परत ओमानला आली. शिसारला जाताना त्यांना धुळीची वाळवंटी वादळं, वाळवंटी साप आणि विंचू यांना तोंड द्यावं लागलं. मग उत्खनन सुरू झालं. बरेच आठवडे अतिशय काळजीपूर्वक उत्खनन केल्यावर त्यांना एक अष्टकोनी इमारत सापडली. तिला आठ मनोरे होते. प्राचीन ग्रंथात उबारचं जे वर्णन आहे. त्याप्रमाणेच हुबेहूब असलेले हे मनोरे पाहून आपल्याला उबार सापडलं अशी या मंडळींची खात्री पटली. इथं जी खापरं सापडली त्यांचं शास्त्रीय पद्धतीनं वय काढण्यात आलं तेव्हा ती चार हजार वर्षांपूर्वीची असल्याचं

दिसून आलं. मात्र तिथं सोन्याच्या विटा किंवा रत्नांचे खजिने काही सापडले नाहीत. ते बहुदा लुटले गेले होते किंवा ती कविकल्पना होती. मात्र ज्या भिंती मिळाल्या त्यावरून हे भव्य आणि भरभराटीस आलेलं शहर होतं, हे सिद्ध होत होतं.

हे शहर का नष्ट झालं, याचं कारण मात्र या शास्त्रज्ञांना सापडलं. जसजशी या शहराची व्यापारी केंद्र म्हणून कीर्ती वाढली तसतशी इथली लोकसंख्या आणि घरांची संख्याही वाढली. यामुळे भूजलाचा उपसा वाढला. परिणामत: खालच्या चुनखडकावरचं वजन वाढलं आणि पाणी नसल्यानं त्याला वरचा भार सहन झाला नाही आणि एक दिवस सगळं शहर खचलं. चुनखडकामध्ये फार मोठमोठ्या गुहा असतात. त्यांची भार सहन करायची क्षमता संपली की, त्या कोसळतात. तसंच इथं झालं. जर उबारच्या नागरिकांनी भव्य इमारती बांधायचा सोस टाळला असता तर कदाचित उबार अजूनही उभं असतं. या नागरिकांच्या हौसेमुळं ते शहर अक्षरश: खड्ड्यात गेलं.

काही तज्ज्ञ हे शहर उबार आहे हे मान्य करायला तयार नाहीत. तरीही उपग्रही भास प्रतिमांचा पुरातत्त्व शास्त्रात उपयोग होतो, हे या उत्खननामुळं सिद्ध झालं आहे. वाळवंटात जुन्या पायवाटांवरून शहरं शोधता येतात तर जिथं वनस्पतींचं आच्छादन असतं तिथं वनस्पतींच्या वाढीवरून आणि पानांच्या रंगावरून शास्त्रज्ञ खाली अवशेष दडलेत हे सांगू शकतात. शेती असेल तर मातीतल्या चुन्यामुळं बांधकाम कळू शकतं, असे बरेच ठोकताळे आता बांधण्यात आले आहेत. दलावेर विद्यापीठाच्या पुरातत्त्व शास्त्रज्ञांनी मातीच्या ओलाव्याच्या सहाय्यानं रेड इंडियन वसाहतींचा शोध लावला. जमिनीचा उतार, सूर्यप्रकाशाचं परावर्तन आणि ओलावा यांच्या सहाय्यानं त्यांनी ९०° अचूकता साध्य केली आणि त्यांनी एकूण ५५ रेड इंडियन वसाहती शोधून काढल्या.

हवाई छायाचित्रण आणि उपग्रही भास प्रतिमा यांच्या सहाय्यानं अनेक नवनवे पुरातत्त्वीय शोध लावणं शक्य आहे. त्यामुळे मानवजातीच्या भूतकाळावर प्रकाश टाकता येईल, अशी या शास्त्रज्ञांना खात्री वाटते.

आदिवासींच्या
'चमत्कारिक' कलाकृती

लंडन आणि न्यूयॉर्कसारख्या शहरातून कलात्मक वस्तूंचा व्यापार फार मोठ्या प्रमाणावर चालतो. आदिवासी कलेला म्हणजे आदिवासींनी निर्माण केलेल्या कलात्मक वस्तू आणि त्यांच्या परंपरागत विधींतून वापरल्या जाणाऱ्या मुखवटे आणि देवांच्या मूर्ती, मांत्रिकांचे पेहेराव आणि अवजारे यांना या बाजारात खूप किंमत येते. सर्वसाधारणपणे इतर वस्तूंच्या खरेदी विक्रीत आणि अशा वस्तूंच्या खरेदी विक्रीमध्ये एक मोठा फरक असतो. तो म्हणजे इतर वस्तूंच्या उत्पादकांना आपला माल बाजारात विक्रीसाठी जाणार आहे याची कल्पना असते. ते खपाऊ मालच तयार करायचा प्रयत्न करतात. आदिवासी कलेच्या बाबतीत मात्र आदिवासींनी स्वतःच्या गरजेतून निर्माण केलेल्या वस्तूंना बाहेरचं जग कला मानत असतं. यामुळं या वस्तूकडे बघण्याची निर्मात्याचा आणि गिऱ्हाईकाचा दृष्टिकोन अतिशय भिन्न असतो.

अनिष्ट निवारक मूर्ती

ग्राहक आणि या वस्तूंचे पाश्चात्य विक्रेते यांच्या डोक्यात ही गोष्ट कधीच शिरत नाही. ते या वस्तूंकडे पाश्चिमात्य आधुनिक कलेच्या वस्तूंकडे बघावं तशा नजरेनंच बघत असतात. त्यामुळं ज्यावेळेस अशा वस्तू पाश्चात्य बाजारात येतात तेव्हा तिचा निर्माता कोण, ती वस्तू किती जुनी आहे. ती कुठल्या पठडीतल्या कलाकारानं बनवली आहे. त्या पठडीची (स्कूल) शैली, असल्या फालतू (आदिवासींच्या दृष्टीनी) गोष्टींची चर्चा केली जाते. ती सुंदर आहे का, कलात्मक आहे का आणि कुठल्या विधीसाठी ती वापरायची आहे, या गोष्टी पाश्चात्य बाजारात बिन महत्त्वाच्या ठरतात.

खरं तर यांना आदिवासी कलावस्तू म्हटल्यावर पाश्चिमात्य मूल्यांवर त्यांची परीक्षा करणं हे योग्य नव्हे, हे पाश्चिमात्य लोकांच्या लक्षात येत नाही. पापुआन्यूगिनी हा देश त्याच्या आदिवासी कलेबद्दल प्रसिद्ध आहे. तिथल्या (किंवा जगातल्या कुठल्याही) आदिवासींच्या दृष्टीनं या सर्व कलाकृती त्याच्या रोजच्या जीवनाचं अविभाज्य अंग असतात. प्रत्येक वस्तूला त्या आदिवासींच्या जीवनात काही विशिष्ट स्थान असतं. त्यांना तो कलाकृती समजतच नसतो. या वस्तू कुठल्यातरी सणासुदीच्या समारंभासाठी निर्माण केलेल्या असतात. त्यामुळं आदिवासींच्या दृष्टीनं त्यांच्या ठायी पावित्र्य असतं. त्या पैसा करण्यासाठी कधीच निर्माण केल्या जात नाहीत. वसंतागमनाच्यावेळी करायच्या नाचासाठीचा मुखवटा, लग्नप्रसंगी मृतात्म्यांना जो आहेर द्यायचा त्यात अर्पण करायच्या लाकडी मूर्ती, खूप सजावट केलेली मंगलप्रसंगी वाजवायची वाद्ये, घराचे कोरीव काम केलेले खांब, घरावर लावायच्या अनिष्ट निवारक मूर्ती, ज्येष्ठ मंडळी विचारविनिमयासाठी जिथं जमतात त्या ठिकाणचे मुखवटे आणि त्या इमारतीच्या आधारासाठी वापरलेले लाकडी कोरीव खांब, अशा अनेक कारणांसाठी आदिवासी वेगवेगळ्या प्रकारे आपलं कलाकौशल्य प्रकट करतात. हे कलाकौशल्य कुणाचं याला त्यांच्या दृष्टीनं अजिबात महत्त्व नसतं. जर हे कलाकौशल्य वापरूनही संकट कोसळलं तर मात्र त्या कलाकाराची खैर नसते. पण ज्या कारणासाठी ह्या वस्तूंची निर्मिति झाली ते कार्य साध्य होणं अपेक्षितच असत., त्यामुळं ही वस्तू कुणी निर्माण केली हा मुद्दा गौण असतो. यामुळं आदिवासी समाजात एखादा मान्यवर कलाकार आणि त्याच्या कलेला महत्त्व असा प्रकार आढळत नाही. याचं दुसरं कारण म्हणजे इथं प्रत्येकजण हा कलाकार असतो आणि ही कला त्याला जगण्यासाठी आवश्यक असते.

पाश्चिमात्य कला जगतात चित्रं किंवा कलाकृती चांगली की वाईट ह्यापेक्षा ती कुणाही याला फार महत्त्व असतं. नटनट्यांच्या घरातल्या कचऱ्यालासुद्धा हजारो डॉलर मोजले जातात. मोठमोठ्या कलाकारांच्या वाईट कलाकृतींनासुद्धा प्रचंड, आपले डोळे फिरतील अशा रकमा मिळतात. पिकासो, डाली, व्हॅन गॉग, मोनेट वगैरेंच्या कलाकृती खूप पैसे मिळवून देतात. एखाद्या कलाकारानं व्हॅन गॉगची नक्कल करून हुबेहुब त्याच्या कलाकृतीसारखी कलाकृती निर्माण केली, तरी तिला पैसे मिळणार नाहीत कारण ती व्हॅन गॉगनं निर्माण केलेली कलाकृती नाही.

बनावटगिरी

आदिवासी कलेचे नमुने गोळा करणारे संग्राहक 'बनावट' कलेबद्दल चिंताग्रस्त असतात. खरं तर आदिवासी कलेत अशी फसवाफसवी करायचा फार मोठा प्रयत्न झाल्याचं दिसून येत नाही, असा प्रयत्न करण्याचं ठरवलं तरी ते यशस्वी होईलच

असंही नाही. पापुआ न्यूगिनीसारख्या देशांतले कलाकृतींचे नमुने विकत घेताना अमेरिकन संग्राहक त्याच्या खरेपणाबद्दल हमीपत्राची मागणी करताना आढळतात. हे अर्थातच शक्य नसते याचं कारण आपण बघितलंच. त्या कलाकृतीचा निर्माता अज्ञात असतो. त्या कलाकृतीची जन्मतारीख सांगणं शक्य नसतं. किंबहुना अमूक एका विधीसाठी अमूक अमूक जमात किंवा टोळी हा मुखवटा, ही मूर्ती, अशी चटई वापरते या पलीकडे त्या कलाकृतीविषयी कुणीच काहीही सांगू शकत नाही.

आदिवासी कलेचे संग्राहक अशावेळी मग खऱ्या आदिवासी कलाकृती कुणाला म्हणायचं याविषयी आपापले नियम ठरवताना दिसतात. भारतातल्या आदिवासी कलाकृतींना आता आदिवासी कलाकृती म्हणून यामुळेच किंमत येत नाही. याचं कारण भारतातल्या आदिवासींचा ब्रिटिशांशी सर्वांत आधी संबंध आला. मलेशियातील काही आदिवासी, इंडोनेशियातील काही बेटे, पापुआ न्यूगिनी आणि ऑस्ट्रेलियन वाळवंटातील काही जमाती, यांच्या कलाकृतींना आणि अमेझॉन जंगलातील काही आदिवासी जमातींच्या पारंपरिक वस्तूंनाच आदिवासी कलाकृती मानण्याकडं या संग्राहकांचा कल असतो याचं कारण आदिवासी कला कशाला म्हणावं या विषयी या पाश्चात्य संग्राहकांनी स्वत:पुरते बनवलेले नियम.

सातशे बोलीभाषा

'ज्या वस्तू काही विशिष्ट धार्मिक किंवा सामाजिक समारंभासाठी निर्माण केल्या जातात त्यांनाच आदिवासी कलाकृती म्हणावं, विक्रीसाठी तयार केलेल्या अशा वस्तूंची गणना कलाकृतीत करता येणार नाही.' हा एक नियम आणि 'आदिवासींच्या हाती पोलादी अवजारं यायच्या आधी ज्या वस्तू त्यांनी हस्त कौशल्यानं निर्माण केल्या त्यांनाच फक्त आदिवासी कलाकृती म्हणता येईल. हा काही वस्तूसंग्रहालयांनी केलेला नियम यामुळे काही ठिकाणी आदिवासी कलाकारांची कुचंबणा झाली. नव्या अवजारांच्या साहाय्यानं मन लावून एखादी सुंदर वस्तू निर्माण करावी तर तिला किंमत का येत नाही, हे त्यांना कळत नाही. न्यू आयर्लंड बेटावरच्या मलागा टोळीतल्या कलाकारांनी प्रेत पुरण्याच्या वेळी वापरावयाच्या अनेक मूर्तींमध्ये पोलादी कानशींच्या साहाय्यानं सुबकपणा आणि चैतन्य आणलं पण त्या वरील नियमांमुळं कलाकृती ठरत नाहीत. तसंही पापुआ न्यूगिनीच्या परिसरात वेगवेगळ्या ७०० बोली भाषा आहेत. भाषा अभ्यासकांनी यांचे प्रमुख बारा स्रोत मानले आहेत. या बारा गटात जसं भाषांचं विभाजन करण्यात आलं आहे तसंच याच कलेच्या प्रमुख बारा शैली आहेत असंही मानलं जातं. पाश्चात्यांनी जरी या आदिवासी कलांचं असं वर्गीकरण केलं तरी त्या बेटांवर या कलाशैलींची खूप सरमिसळ आहे. दोन खूप दूरच्या भागातील किंवा पूर्व किनारा आणि पश्चिम किनाऱ्यावरील कलाकृतींमध्ये

फरक करून सांगता येणं शक्य झालं तरी बरेचदा सर्वच बाबतीत ते शक्य होईलच असं नाही. शिवाय हे कारागीर कलेचा एक नमुना दुसऱ्यापेक्षा मौल्यवान किंवा कमी किंमतीचा असं मानत नाहीत. दुसरं म्हणजे बहुसंख्य आदिम जमातींमध्ये कुठल्या वयाच्या स्त्रीनं किंवा पुरुषानं कोणत्या वयाच्या स्त्रीनं किंवा पुरुषानं कोणत्या प्रकारची कलाकृती निर्माण करायची याचे परंपरागत आडाखे असतात. पुरुष कोरीव काम आणि रंगकाम करतात. स्त्रिया बांबू आणि धाग्यांच्या साहाय्यानं विणकाम करतात, ते त्यांचे वय आणि प्रसंग व्यक्तिविशिष्ट असतो.

मुलगी वयात येताना साखरपुड्याच्या प्रसंगी (म्हणजे विवाह निश्चितीची खूण म्हणून) आणि लग्नाच्या वेळी वगैरे स्त्रीच्या आयुष्यातील वैशिष्ट्यपूर्ण प्रसंगांचे वेळी जे विणकाम करते ते त्या मुलीनं तिच्या आयुष्याची निगडित असं केलेलं विणकाम असतं ते दुसरी स्त्री वापरू शकत नाही. दुसऱ्या स्त्रीला स्वत:साठी नव्यानं विणकाम करावं लागतंच नंतर या वस्तू पडून राहतात आणि कालांतरानं नष्ट होतात. न्यू आयर्लंडमध्ये घरातली व्यक्ती गेली की मलांगा पुरुष त्या व्यक्तीशी जे नातं असेल त्यानुसार लाकडावर कोरीव काम करतात. मोठा मुलगा, नातू, भाऊ, पुतण्या, भाचा यांनी कोणतं कोरीव काम करायचं हे ठरलेलं असतं. ती वस्तू पूर्ण होण्यापेक्षाही ती वस्तू बनवायला घेतली हे महत्त्वाचं असतं अशा देखण्या कलाकृती त्या मृत व्यक्तीच्या कबरीच्या आसपास कुजत पडलेल्या असतात. बरं, याशिवाय प्रत्येक कुटुंबाचा जो देव असेल त्यानुसार त्या कुटुंबानं त्या त्या वस्तू बनवायच्या असतात. या वस्तूंमध्ये त्यांच्या पूर्वजांचे आत्मे वस्तीसाठी येतात, असं मानण्यात येतं. सेपिक नदीच्या खोऱ्यात मूर्तीचं मुख तयार झाल्याशिवाय कुठलाही आत्मा त्या मूर्तीत प्रवेशासाठी येत नाही असं मानण्यात येतं. यामुळे जेव्हा विक्रीसाठी मूर्ती तयार केल्या जातात तेव्हा त्यांना तोंड असत नाही. हे काही पाश्चात्य संग्राहकांच्या आणि त्यांच्या दलालांच्या डोक्यात शिरत नाही. त्यांना ती मूर्ती समुख हवी असते, त्यांनी कितीही पैसे दिले तरी कलाकार विक्रीच्या मूर्तीमध्ये तोंड कोरत नाही. याचं आणखी एक कारण म्हणजे हे आत्मे चिडले तर वंशाचा समूळ नाश करतील ही त्या कलाकाराची खात्री असते. यामुळे अशा वस्तू पारंपरिक पद्धतीनं हाताळाव्या लागतात. त्यांच्याविषयी त्या हाताळणाऱ्या व्यक्तीच्या मनात आदराची भावना असावी लागते, नाहीतर सर्वनाश ठरलेलाच. याशिवाय प्रत्येक मुखवटा वापरताना तो वापरणाऱ्याचं सर्व अंग फुलं आणि पानांनी झाकलं जाणं आवश्यक असतं. विकलेल्या मुखवट्याचा वापर फक्त काचेच्या कपाटात ठेवण्यापुरता आहे, हे त्या कलाकाराच्या कल्पनेपलीकडचं असतं. बरं, तो ज्यावेळी पाश्चात्यांना हवे तसे मुखवटे तयार करतो त्यावेळी हे मुखवटे परंपरागत कार्याचे नाहीत किंवा अपुरे आहेत म्हणून नाकारले जातात. त्यांचं कारणही त्या कलाकारास कळत नाही. अशा

तऱ्हेच्या समजुतींच्या घोटाळ्यांमुळे खूप चांगल्या कलाकृती जगापुढं येत नाहीत तर चांगल्या कलाकृती निर्माण करूनही त्यांना योग्य ती किंमत मिळत नाही आणि कलाकाराच्या कलेचं चीज होत नाही. आपणच निर्माण केलेल्या दोन मूर्तींमध्ये हा भेदभाव का हेही त्या आदिवासी कलाकारास कळत नाही.

ही गफलत कमी व्हावी यासाठी आता काही आर्ट गॅलऱ्या प्रयत्नशील आहेतच पण बऱ्याच वस्तूसंग्रहालयांनीही आपले नियम बदलायला सुरुवात केली आहे, हे या आदिमांच्या दृष्टीने सुचिन्ह म्हणायला हवे.

❖❖❖

रूपेरी वाळूत...

'प्रयत्ने वाळूचे कण रगडिता तेलही गळे', या ओळींनी वाळूचा नि आमचा शाळेत संबंध आला. त्या काळात रस्त्यात बांधकामासाठी पसरून ठेवलेले वाळूचे ढीग नसत. किंबहुना पुण्यात पेशवाईत बांधलेले वाडे तेव्हा अजून भक्कमपणे उभे होते. मुंबईत बघितलेली चौपाटीवरची वाळू आणि पुण्यातल्या नदीच्या पाण्यातली वाळू यात फरक आहे, हे कळत होतं. मुंबईची पांढरी फेक बारीक वाळू आणि पुण्यातल्या नदीची काळी आणि काचेच्या गोट्यां एवढाले गुळगुळीत गोटे यात निश्चितच फरक होता. तेव्हा पानशेतचं धरण व्हायचं होतं. प्रत्येक पुरानंतर नदीच्या पात्रात दोन्ही बाजूस वाळू पसरत असे. पुढं गुल्हेसूर या आमच्या मूळ गावी नदीत खेळताना तिथली वाळू ही आणखी वेगळीच आहे हेही लक्षात आलं.

भूशास्त्राचा अभ्यास करताना कोकणातल्या सागरकिनाऱ्याशी जवळचा संबंध आला. सागरकिनाऱ्यावरच्या वाळूची निरनिराळी रूपं पाहात होतो. केरळच्या किनाऱ्यावरचे वाळूचे बदलते रंगही बघितले होतेच. यामुळे वाळूशी अधिक जवळीक साधली गेली. एरवी बुटात शिरणारी वाळू सावलीत बसल्यावर बोटातून सोडताना सागरलाटा पाहात पाहात अनेक कथा सुचल्या. त्यांना पुढं बक्षीसंही मिळाली. तेव्हा आपण वाळूवर लिहायचं असं फार वेळा ठरवलं होतं. पुढं 'परमाणूंचे कार्यमाहात्म्य, ही गोविंदाग्रजांची कविता वाचली आणि थक्क झालो. वाळू या विषयावरचं हे महान शास्त्रीय काव्य मराठीत दुर्लक्षित राहावं, याचं मला फार वाईट वाटलं. म्हणूनच ते इथं पुन्हा उद्धृत करतोय.

गिरिशिखरे खरतांना त्यातुनी कण वाळूचे पडतात.

महासागरोदरी तेथुनि विश्रांतिस्तव दडतात.

कालमापनास्तव जन त्यांना घटिका यंत्री भरतात.

क्षणाक्षणासह एक एक ते खाली भरभर झरतात.
गिरिस्वरूप उन्नतीच्या ते करिती देहाची घटना.
विस्तारास्तव शय्यारचना मग करणे लागे त्यांना
झटति अनंतर अनंतातही शोधायास्तव परिमाणा
कालस्वरूप कालाचिही मोजिती घटिका भरताना
निजकवनाचे मसि लेखन हे, पुसून न जावे क्षुद्रतरी
गोविंदाग्रज यास्तव त्यावरि वाळूचे हे कण पसरी.

आपल्यापैकी अनेकांनी अनेकवेळा वाळूत किल्ले बांधले असतील पण ती वाळू पाहून भटकती भूखंडे, पर्वतांची निर्मिती आणि सापेक्षतावाद एकत्र आणून त्यावर कविता करायची बुद्धी गोविंदाग्रजांसारख्या प्रज्ञावंतालाच होत असते.

वाळूच्या मागे फार मोठा इतिहास असतो आणि त्या इतिहासाची पानं याच वाळूत विखुरलेली असतात. मात्र आपण हा इतिहास बघायच्या भानगडीत पडत नसतो. या वाळूत आपल्याला जसा भूशास्त्रीय इतिहास दिसतो त्याचबरोबर याच वाळूत सागरी सजीवांचे विविध अवशेषही आपल्याला पाहावयास मिळत असतात. काही वेळा ह्या वाळूत लक्षावधी वर्षांच्या घडामोडींची नोंदणी आपल्याला मिळू शकते पण त्यासाठी वाळूची भाषा जाणून घ्यावी लागते. वाळू केवळ सागरकिनारीच असते असं नाही, तर ती वाळवंटात असते. ती सागरतळी असते आणि ती गिरिशिखरांवरही असते. तसंच अनेक मानवी व्यवहारांतही वाळू वापरली जाते. ती धार्मिक कृत्यात वापरली जाते तशीच घरबांधणीत काँक्रीट तयार करण्यासाठीही वापरली जाते.

वाळू म्हणजे नक्की काय? इंग्रजीत वाळूतल्या कणांच्या आकारावरून वाळूचे अनेक प्रकार केले जातात. मराठीत फक्त रेती– (अगदी बारीक कण) आणि (वाळू जरा मोठे कण) असे दोनच प्रकार आहेत. सर्वसाधारणपणे ०.०६ म्हणजे ६ शतांश मि. मी. पासून ०.६ मि. मी. (६ दशांश मि. मी.) च्या मधले कण असलेल्या मिश्रणास शास्त्रीय भाषेत वाळू म्हटलं जातं. आपण नदीच्या पात्रात किंवा सागराच्या कडेला सापडणाऱ्या नैसर्गिक पद्धतीनं झालेल्या खडकांच्या बारीक चुऱ्यास किंवा एकत्र असलेल्या तुकड्यांना वाळू म्हणतो. ज्या खडकांपासून वाळू बनते त्यानुसार तिचा रंग बदलत असतो. सागरलाटांनी ही वाळू हलवून हलवून वाळूच्या कणांचे त्यांच्या घनतेनुसार एकत्रीकरण होते यामुळे काही वेळा विशिष्ट प्रकारच्या खनिजकणांचं एकत्रीकरण होऊन काळ्या रंगाची (मॅग्नेटाईट हे लोह खनिज) पिवळ्या रंगाची (केरळमध्ये थोरियमच्या खनिजाची मिळणारी वाळू) अशी रंगीत वाळू बघायला मिळते.

वाळूचं वय आणि मूळ खडक यांवर अवलंबून वाळूचे स्वरूप बदलते.

काहीवेळा वाळूत अगदी गोल गुळगुळीत कण असतात तर काही वेळा त्यांना अजून गुळगुळीतपणा यायचा असतो. त्यांच्या कंगोऱ्यांमुळे ते ताऱ्यांसारखेही दिसतात. काहीवेळा वाळूत वेगवेगळ्या सागरी जीवांची अनेक बाह्य कवचं किंवा अंतर्गत सांगाडेही आढळतात. हे अगदी सूक्ष्म असू शकतात किंवा सहज दिसतील अशा शंखशिंपल्याच्या स्वरूपात किंवा तारकामत्स्य, समुद्रफेस, सागरी वाट्या (एकिनॉईड्स) या स्वरूपातही पाहायला मिळतात. पॅसिफिक सागरात ज्वालामुखीय बेटांवरची वाळू काळी असते. प्रवाळ बेटांवर प्रवाळांच्या चुऱ्यामुळे तिला पिवळसर किंवा गुलाबी छटा येऊ शकते. क्वार्ट्झच्या कणांचं प्रमाण जास्त असेल तर ती पांढरी होते. जिप्समच्या साठ्याची असेल तर भगभगीत पांढरी दिसते. यास लोहखनिजाची साथ मिळाली तर अत्यल्प लोह खनिजामुळे तिच्यावर तांबूस छटा चढू शकते. ऑस्ट्रेलियात काळ्या वाळूतून टिटॅनियम हे खनिज मिळवले जाते. काही ठिकाणी हिरवी वाळू सापडते. या वाळूत खूप कार्बनी पदार्थ असल्यामुळे ती थेट खत म्हणून वापरली जाते. इंग्लंडमध्ये केंब्रिजशायरमध्ये अशी वाळू सापडते. सर्वात मौल्यवान वाळू नामिबिया, अंगोला आणि झैरे यांच्या सागरकिनारी सापडते. या वाळूत हिरे सापडतात. त्यामुळे या किनाऱ्यांवर सामान्य माणसाला प्रवेश मिळवणं अवघड असतं. जर्मनी आणि पोलंडमध्ये पिवळी वाळू मिळते. हिमयुगातील हिमनद्यांनी आणलेल्या गाळाची ही वाळू बनलेली आहे.

वाळूचा प्रवास

बऱ्याचदा आपल्याला सागरकिनारी जी वाळू दिसते ती पर्वतांमधून नद्यांनी केलेल्या झीजेचा दृश्य परिणाम असतो. काही वाळूचे कण हिमालयातील असतील तर ६॥ कोटी वर्षांपूर्वीचे असतील. विंध्यातले असतील ६० कोटी वर्षांपूर्वीचेही असू शकतात. क्वार्ट्झ हे इतकं टिकाऊ खनिज आहे की ते पर्वतातून वाहून येतं आणि सागरतळाच्या उत्थानाबरोबर वर जाऊन पुन्हा पर्वताचा भाग बनतं. क्वार्ट्झचा कण बराच टिकाऊ असला तरी त्याच्यावर या वहन प्रक्रियेत ज्या प्रक्रिया घडतात त्यांच्या खुणा उमटतातच. सूक्ष्मदर्शीखाली त्या स्पष्ट होत असतात. ताजे क्वार्ट्झचे स्फटिक पारदर्शक असतात. बराच प्रवास केलेल्या आणि सागरतळ उचलला जाऊन पुन्हा पर्वत शिखरावर आलेल्या क्वार्ट्झच्या कणांना दाब आणि तापमानातील वाढ यांना तोंड द्यावं लागतं. ते मित पारदर्शक बनतात. त्यांची संरचना ताणली किंवा दाबली जाऊन त्यांच्या पृष्ठभागावर विशिष्ट प्रकारचे चरे उमटतात.

सागरकिनाऱ्यावर जी वाळू जमा होते ती डोंगरातून वाहात येणाऱ्या जलप्रवाहांमुळे. कोकणात हा प्रवास कमी लांबीचा आहे. पण इतरत्र हा प्रवास हजारो किलोमीटरांचाही असू शकतो. या प्रवासात कमी कठीण खनिजांची झीज होते. पण टिकाऊ खनिजांचे

गुळगुळीत गोल बारीक खडे बनलेले असतात. ज्या कणांचा व्यास २ शतांश मि. मी. पेक्षा कमी होतो ते कण गाळ स्वरूपात पसरतात. पाण्याच्या प्रवाहाबरोबर सागरात दूरवर जातात. मोठे कण मात्र नदीच्या मुखाच्या दोन्ही बाजूस पसरतात. सागरलाटांनी घनतेनुसार ते पाखडले जातात. यात सागरलाटांनी केलेल्या तटावरच्या खडकातल्या खनिज कणांची भर पडत असतेच.

खडक उन्हात तापतात, थंडीत आकुंचन पावतात. यामुळे त्या खडकाच्या निर्मितीच्या वेळी ज्या दुर्बल प्रतलांची निर्मिती सुप्तावस्थेत असते ते संधिरूपात खडकात दिसू लागतात. त्या भेगात वनस्पती वाढून या भेगा रुंदावतात. खडकांचे तुकडे सागर किनाऱ्यावर पडतात. त्यावर लाटा आपटून त्यांचे आणखी बारीक तुकडे होत राहतात. वाळूवर वाळूचे थर बसत जातात. वरच्या दाबानं खालच्या वाळूतलं पाणी बाहेर पडतं. ती घट्ट बनते. अशा तऱ्हेनं वालुकाश्माची निर्मिती होते. पुढं भूविवर्तनी प्रक्रियांनी सागरतळ उचलला जाऊन घडीचे पर्वत बनतात. गडकऱ्यांनी त्यांच्या कवितेत हेच सत्य तर सांगितलंय.

ऑस्ट्रेलियातील डायनोसॉर

अमेरिका, आफ्रिका, आशियात चीन, भारत आणि सैबेरियात डायनोसॉरचे अवशेष सापडले आहेत. अर्थातच १९८० पर्यंत ऑस्ट्रेलियात डायनोसॉर वावरल्याचे ठोस पुरावे अभावानंच आढळत होते. फक्त तिथंच डायनोसॉर का असू नयेत, हे एक कोडंच होतं.

अमेरिकेत मोंटाना राज्यात फार मोठ्या प्रमाणावर डायनोसॉर सापडतात. उत्तर आणि दक्षिण अमेरिकन भूखंडात बऱ्याच ठिकाणी डायनोसॉरचे पुराजीवावशेष सापडलेले आहेत. आफ्रिकेतही ते मिळाले आहेत. आशियात चीन, भारत आणि सैबेरियात डायनोसॉर सापडले आहेत. युरोपात तर हे पुराजीवावशेष सर्वप्रथम सापडले. पुढं अंटार्क्टिकातही सापडले. एके काळी ही सर्व भूखंडे एकत्रित जोडली गेली होती त्यामुळे ऑस्ट्रेलियातही डायनोसॉर सापडायला हरकत नव्हती. पण १९८० पर्यंत ऑस्ट्रेलियात डायनोसॉर वावरल्याचे ठोस पुरावे अभावानंच आढळत होते. सुमारे २२ कोटी वर्षांपूर्वीपासून साडेसहा कोटी वर्षांपूर्वीपर्यंतच्या जवळजवळ १६ कोटी वर्षांच्या काळात ऑस्ट्रेलियामध्ये डायनोसॉर वावरलेच नव्हते, असं म्हणणंही योग्य ठरलं नसतं; कारण या काळात ऑस्ट्रेलिया, अंटार्टिका, भारतीय द्वीपकल्प, दक्षिण आफ्रिका आणि मधलं मादागास्कर हे बेट व इतर काही बेटं मिळून एकच प्रचंड भूखंड होतं. याला पश्चिमेच्या बाजूस दक्षिण अमेरिकन भूखंड जोडलेलं होतं त्या ठिकाणीही ते मिळावेत आणि ऑस्ट्रेलियात ते मिळू नयेत, हे पुराजीवशास्त्रज्ञांच्या दृष्टीने एक कोडंच होतं.

नाही म्हणायला इ. स. १९०० च्या सुमारास व्हिक्टोरिया राज्याच्या किनाऱ्यावर डायनोसॉरचं एक हाड एका भूशास्त्रीय पाहणी पथकास सापडल्याची नोंद होती. त्यानंतर डायनोसॉरांचा पुढचा अवशेष मिळायला ८० वर्षे जावी लागली; मात्र

इथल्या त्या काळातील ओल्या मातीतले पावलांचे ठसे आणि दुर्मिळ हाडांनी ऑस्ट्रेलियात डायनोसॉर वावरले होते हे सिद्ध केले होते. १९८५ नंतर पॅट्रिशिया व्हिकर्स-रिच आणि थॉमस रिच या पतीपत्नींनी ऑस्ट्रेलियात डायनोसॉर शोधायला पद्धतशीर प्रारंभ केला.

मोहिमेचा शेवटचा टप्पा

१९८७ च्या क्षेत्रपरीक्षण मोहिमेचा शेवटचा दिवस उगवायला एक दिवस बाकी होता. या क्षेत्र मौसमातही त्यांच्या हातावर डायनोसॉरांच्या जीवावशेषांनी तुरीच दिल्या होत्या. सकाळचे नऊ वाजले होते. सर्वजण एकत्र आले होते. तसे आळसावलेलेच होते. दोन महिने रोज सक्तमजुरी करावी तसं खडक फोडण्याचं आणि तपासण्याचं काम सुरू होतं. डायनोसॉर काय किंवा इतर पुराजीवावशेष काय, भरपूर प्रमाणात सापडत असले, सापडलेले अवशेष चांगल्या अवस्थेत असले आणि सहज काढता येतील अशा खडकांमध्ये असले तर शास्त्रज्ञांना जोर चढतो. काम हसत खेळत चालतं. ऑस्ट्रेलियात व्हिक्टोरिया राज्याच्या दक्षिण किनाऱ्यावर पुराजीवावशेष एकतर झटकन सापडत नाहीत. त्यांची हाडं जरी निसर्गानं व्यवस्थित सांभाळून ठेवलेली असली तरी ती भक्कम, फोडायला कठीण अशा वालुकाश्मात आणि पंकाश्मात (सँडस्टोन आणि सिल्टस्टोन) सापडतात. ती बाहेर काढायची तर खाण कामाची भक्कम हत्यारं वापरावी लागतात. स्फोटकं आणि घण वापरूनच ती मिळवता येतात. १९८७ च्या या मौसमात रिच पतीपत्नी आणि त्यांच्या साहाय्याकांच्या पदरी इतके दिवस निराशाच पडली होती. फारसे जीवाश्म मिळाले नव्हते त्यामुळे या जागेस रामराम ठोकून इथला मुक्काम कधी एकदा हलवतो, अशीच सर्वांची भावना होती. या वर्षी बरेच हौशी स्वयंसेवक या मोहिमेमध्ये सामील झाले होते. या स्वयंसेवकांनी रिच पतीपत्नींच्या मार्गदर्शनाखाली दोन समांतर चर खणले होते. सुमारे १० कोटी वर्षांपूर्वी इथून एक नदी वाहात होती. तिच्या पात्रात डायनोसॉरांची बरीच हाडं साठली असणार, या अंदाजानं हे चर त्या पात्रात खणण्यात आले होते. शेवटच्या दोन दिवसांत वेगळं काहीतरी करावं म्हणून या दोन चरांना जोडणारा एक आडवा चर खणावा, असं त्यांनी ठरवलं. आता ही रचना इंग्रजी एच (H) या अक्षरासारखी दिसली असती. हा निर्णय अतिशय सुदैवी ठरला; कारण या तिसऱ्या चरात बरेच महत्त्वपूर्ण जीवावशेष या मंडळींना सापडले.

वरचे सगळे खडक काढल्यावर अगदी हळुवारपणे डायनोसॉरांचे अवशेष असलेले खडक उचलून काढण्यात आले. खरं तर हे खडक सापडले ते एका अभ्यासिकाच्या निरीक्षणामुळं, कारण इथं उजेड पोहोचतच नव्हता. त्यामुळे सुरुवातीस या जीवावशेषाकडं सर्वांचं दुर्लक्ष झालं होतं. खडक फोडून बाहेर टाकलेल्या

तुकड्यात या अभ्यासकाला काही तरी नेहमीपेक्षा वेगळं भासलं. त्यानं तो नमुना पुन्हा एकदा न्याहाळून बघितला. काळसर राखाडी खडकात काहीतरी तपकिरी दडलं होतं. त्यानं ते मग इतरांना दाखवलं. त्या तपकिरी भागाभोवतालचा काळसर राखाडी भाग हळुवारपणे सोलून काढण्यात आला. ते कोंबडीच्या आकाराच्या डायनोसॉराचं डोकं होतं. त्या डोक्याचं शरीर शोधण्याची धडपड मग फळास आली. दगड फोडण्यासाठी केलेल्या सुरुंग स्फोटात त्या धडापासून मान वेगळी झाली होतीच पण त्या कवटीपासून जबडाही वेगळा झाला होता. तो प्रथम सापडला. कवटीत मेंदूचा ठसा उमटला होता. डायनोसॉराच्या त्या जातीचा मेंदू त्या आकाराच्या इतर जातीच्या मेंदूपेक्षा बराच मोठा होता. शिवाय दृष्टीला जबाबदार मेंदूचा भाग इतर भागांपेक्षा मोठा होता. इतर कुठल्याही डायनोसॉर जातीत दृष्टीस जबाबदार मेंदूचा भाग-ऑप्टिकलोब-एवढा मोठा असत नाही. त्या दिवशी ही मंडळी खरोखरच नशीबवान ठरली. अंधारी जागा, चिखलाचं साम्राज्य आणि अणकुचीदार दगडांची टोचणी यातूनही त्या कवटीचा सर्व भाग त्यांना शोधून काढता आला.

कवटीचा भाग

दुसऱ्या दिवशीच्या उत्खननात त्या कवटीपासून थोड्याच अंतरावर– साधारणपणे मीटरभर अंतरावर पायाची हाडं, कमरेची सर्व हाडं आणि त्या डायनोसॉराच्या पाठीचा कणा त्यांना सापडला. प्रथमदर्शनी ही सर्व हाडं एकाच डायनोसॉराची असावीत असा या शास्त्रज्ञांचा ग्रह झाला. पुढं प्रयोगशाळेतल्या तपासणीत ते खरं असल्याचं सिद्ध झालं. हा आकारानं मेंदू मोठा असलेला, मोठ्या डोळ्यांचा डायनोसॉर साडे दहा कोटी वर्षापूर्वी इथं वावरला होता. हिप्सिलोफोडाँट डायनोसारांची ही अगदी नवी जात होती. हा प्राणी वनस्पती आणि कीटक खाऊन जगत होता. तो चपळ होता. या शास्त्रज्ञांनी त्याचं नाव 'लीलीनासौरा ॲमिकाग्राफीका' असं ठेवलं.

हा जीवाश्म सापडल्यावर प्रथम कुणीच आनंद व्यक्त केला नाही पण उत्खननावरून तंबूत परतल्यावर एकदम 'आपल्या दोन महिन्यांच्या तपश्चर्येला फळ आलं' ही जाणीव होऊन सर्वांनी आपला आनंद व्यक्त केला होता. या भागाला मग 'डायनोसॉर कोव्ह' असं नाव पडलं. ही जागा जेमतेम अडीच चौ. कि. मीटर आहे. मेलबोर्नच्या दक्षिणेस सागर किनाऱ्याजवळ असलेल्या या भूभागाचं दोन डोंगररांगांमुळे हवेपासून रक्षण झालं आहे. यामुळे इथले जीवाश्म हवा आणि इतर नैसर्गिक परिणामांपासून बचावले गेले आहेत. इथं लाटांच्या माऱ्यामुळं खडक झिजतात आणि मधूनच डायनोसॉरांचा एखादा अवशेष बाहेर डोकावतो.

या ठिकाणी थेट दक्षिणेला २८०० कि. मी. दूर अंटार्क्टिका खंड आहे.

ज्यावेळी इथं डायनोसॉर नांदले त्यावेळी इथलं पर्यावरण अगदीच वेगळं होतं. दक्षिणेस सागर नव्हता. हे भूखंडही या जागी नव्हतं. अंटार्क्टिका आणि ऑस्ट्रेलिया नुकतेच एकमेकांपासून वेगळे होऊ लागले होते. त्या दोन्ही खंडात एक खचदरी निर्माण झाली होती, पण तरीही ऑस्ट्रेलियातून चालत चालत अंटार्क्टिकावर जाता येत होतं. खचदरीचा तळ अगदी सपाट होता. एका बाजूस ऑस्ट्रेलियन कडे तर दुसऱ्या बाजूस अंटार्क्टिकाचे कडे हे या खचदरीचे तट होते. या भागाचं तापमान खूपच थंड होतं असं इथल्या वृक्षांच्या जीवाश्मांवरून लक्षात येतं. उन्हाळ्यात ते २५ ते ३० से. पर्यंत वाढत होतं. या दरीमध्ये मधूनच प्रचंड मोठे पूर येत होते. हे पूर उंचावरचे बर्फ वितळल्यामुळे येत असावेत. १९८० पूर्वी द. ध्रुवीय प्रदेशात डायनोसॉरांचे जीवाश्म कधीच मिळाले नव्हते. स्पिट्स् बर्गेन येथे पहिल्यांदा शीत प्रदेशातील डायनोसॉर सापडले. त्यानंतर अलास्कामध्ये बदक चोंच्या डायनोसॉरांच्या हाडाचे मोठे साठे मिळाले होते. मग हळूहळू कॅनडा, सैबेरिया, न्यूझीलंड आणि अंटार्क्टिकावर डायनोसॉरांचे जीवाश्म मिळाले, यामुळे शीत प्रदेशात डायनोसॉर वावरत असत आणि कदाचित डायनोसॉर स्थलांतर करीत असावेत, या सिद्धांतास दुजोरा मिळू लागला. यामुळे डायनोसॉर उन्हाळ्यातले उष्ण आणि दीर्घ दिवस तसंच हिवाळ्यातले शीत आणि अल्प दिवस कसे व्यतीत करीत असावेत यावर चर्चा सुरू झाली.

व्हिक्टोरियातल्या डायनोसॉरांचा अभ्यास सुरू झाल्यावर त्या काळातील इतर प्राणी आणि वनस्पतींचाही अभ्यास सुरू झाला. तेव्हा या भूभागात २३ कोटी वर्षे ते सहा कोटीवर्षांपूर्वीच्या म्हणजे मेसोझुइक अथवा मध्ययुगीन काळात वेगवेगळ्या १५० जातींचे प्राणी राहात असत हे दिसून आलं. यात कोळ्यांपासून हवेत तरंगणाऱ्या डायनोसॉर जातीचे विविध प्राणी होते. त्या काळात इथला भूप्रदेश हिरवागार होता. इथे आकारानं मोठ्या अपुष्प वनस्पती होत्या. वेगवेगळ्या आकार-प्रकारची नेचे इथं वाढत होती. याशिवाय इतरही अनेक छोट्या वनस्पतींची इथं गर्दी होती. अखेरच्या काळात हळूहळू इथं सपुष्प वनस्पती वाढू लागल्या होत्या. ६॥ कोटी वर्षांपूर्वी डायनोसॉर नाहीसे झाले तेव्हा आधीच्या वनस्पतींची जागा सपुष्प वनस्पतींनी घेतली होती. मात्र १० कोटी वर्षांपूर्वी सपुष्प वनस्पती शोधून काढाव्या लागल्या असत्या.

या सपुष्प वनस्पतींचे आधुनिक वंशज आज दक्षिण ऑस्ट्रेलियात सापडतात. विशेषतः टास्मनिया बेटावर बर्फाळ डोंगरात त्या आढळतात. ऐंशी जातीचं अपृष्ठवंशी प्राणीही या भागात दहा कोटी वर्षांपूर्वी डायनोसॉरांसारख्या सपृष्ठवंशी प्राण्यांबरोबर वावरत होते. यात कोळी, विंचू, शिंपलेवाले प्राणी, गांडुळं (यांचे फक्त ठसे मिळतात.) आणि अनेक प्रकारचे कवचधारी प्राणी इथं वास्तव्यास होते.

यातल्या शिंपा, गांडुळं आणि कवचधारी प्राणी इथल्या प्रचंड मोठ्या सरोवरात राहात असत. इथं बारा गणांचे असंख्य कीटकही वास्तव्यास होते. अंटार्क्टिका ऑस्ट्रेलियात अनेक प्रकारचे मासे राहात होते. पक्ष्यांची पिसंही इथं सापडली आहेत. याशिवाय बेडकांचे पूर्वज, कासवं, पोहणारे डायनोसॉर इथं सापडले. खरं तर पोहणारे डायनोसॉर सागरवासी मानण्यात येत पण इथं ते नदीमार्गे आले असावेत आणि अधूनमधून गोड्या पाण्यात वास्तव्य करू लागले असावेत असं म्हणता येतं. ऑस्ट्रेलियात सापडलेल्या पृष्ठवंशी जीवाश्मांचं वैशिष्ट्य म्हणजे जेव्हा हे मूळ प्राणी ऑस्ट्रेलियात वास्तव्यास होते त्या काळात पृथ्वीवर इतर ठिकाणांहून ते नाहीसे झाले होते. यात मांसभक्षक द्विपाद ॲलोसॉरस आणि लॅबिरिंथोडाँट हा उभयचरी मांसभक्षी प्राणी, इतरत्र नष्ट झाल्यानंतरही हे प्राणी काही कोटी वर्षें ऑस्ट्रेलियात अस्तित्वात होते हे एक शास्त्रीय आश्चर्यच मानावे लागते. त्या काळातही ते 'जिवंत जीवाश्म' म्हणतात त्या प्रकारचे प्राणी ठरले.

अल्पवयात मरण

ऑस्ट्रेलियातील डायनोसॉरांचे आणखी एक वैशिष्ट्य म्हणजे इथं जे २०० च्या आसपास डानोसॉरांचे सांगाडे मिळाले त्यातले निम्म्याहून अधिक सांगाडे अल्पवयात मरण पावलेल्या डायनोसॉरांचे होते. याचा अर्थ या भागात डायनोसॉर कधीतरी चुकून–माकून भरकटत नव्हते, तर या भागात त्यांची वीण वसाहत होती. त्या काळात हा भाग ध्रुवीय अक्षांशात होता. त्यामुळं इथं २० ते २४ तास सूर्यप्रकाश असे. त्याचा हे डायनोसॉर प्रजननासाठी फायदा करून घेत असावेत. २० ते २४ तास सूर्यप्रकाश असे त्या काळात पिल्लांचं संगोपन करणं त्यांना सोपं जात असावं. दुसरी महत्त्वाची गोष्ट म्हणजे या भागातले डायनोसॉर हे उत्तर अमेरिकन किंवा चीनमधील डायनोसॉरांच्या मानाने आकारानं छोटेखानी होते. इथं शाकाहारी डायनोसॉरांच्या जातीही मोठ्या प्रमाणात आढळत होत्या.

सर्वसाधारणपणे थंड प्रदेशात विशेषत: ध्रुवीय अक्षांशामध्ये सरपटणारे प्राणी वास्तव्यास नसतात. असलेच तर ते हिवाळ्यामध्ये शीतनिद्रा उपभोगतात. समशीतोष्ण प्रदेशांमध्येही सरीसृप (म्हणजे सरपटणारे प्राणी) थंडी वाढताच आपल्या हालचाली कमी करतात आणि चिखलात स्वतःला पुरून घेतात. अशा परिस्थितीत अंटार्क्टिकाला चिकटलेल्या शीत ऑस्ट्रेलियात हिप्सीलोफोडाँट डायनोसॉरांच्या एवढ्या जाती कशा फोफावल्या ह्या प्रश्नाचं उत्तर त्यांच्या मेंदूच्या मोठ्या आकारात दडलेलं असावं, असं वाटतं. तसंच या डायनोसॉरांचे इतर भूखंडांमधले भाईबंद आकारानं छोटे डोळे वापरत असताना यांचे डोळे एवढे मोठे कसे? या प्रश्नाच्या सोडवणुकीत बरीच उत्तरं दडलेली आहेत.

रिच पतीपत्नींच्या मते हे प्राणी हिवाळ्यात स्थलांतर न करता दक्षिण ध्रुवीय अक्षांशामध्येच वावरत होते. इथल्या अंधुक उजेडात वावरताना अन्न मिळवणे सोपे जावे यासाठी त्यांना मोठ्या डोळ्यांची आवश्यकता भासली असावी. साधारणपणे अंधुक प्रकाशात भक्ष्य मिळवणाऱ्या पक्ष्यांचे तसेच इतर प्राण्यांचे डोळे मोठे असतात. जर हे हिप्सिलोफोडाँट्स ध्रुवीय अक्षांशात शून्य अंश सेल्सियसहून कमी तापमानात वावरत असले तर ते शीत रक्ताचे असणं शक्य नाही. तेव्हा काही जातीचे डायनोसॉर तरी उष्ण रक्ताचे असावेत या शक्यतेला दुजोरा देणारा हा पुरावा आहे, असं रिच पतीपत्नींना वाटतं. १९७० नंतर जे नवे पुरावे पुढे आले आहेत त्या सगळ्यांचा जागतिक दृष्टीकोनातून अभ्यास केला तर डायनोसॉरांच्या जीवन पद्धतीवर आणि प्राचीन हवामानावरही मोठ्या प्रमाणावर प्रकाश पडेल असं आता शास्त्रज्ञांना वाटू लागलंय. रिच पतीपत्नींचं संशोधन त्या दृष्टीने महत्त्वाचं ठरतं.

❖❖❖

आर्किओटेरिक्स
पुन्हा वादाच्या भोवऱ्यात

माणूस अनेक गोष्टींबद्दल वेगवेगळ्या कारणांसाठी वाद घालत असतो. एकाच वस्तूभोवतीही वेगवेगळ्या मुद्द्यांवर वाद होऊ शकतात. अशा काही गोष्टी मग वादग्रस्त म्हणून गाजतात. आर्किओटेरिक्स हा त्यातलाच एक. तो ज्युरासिक काळात म्हणजे सुमारे १९ कोटी वर्षांपूर्वी ते १३ कोटी वर्षांपूर्वींच्या काळात पृथ्वीवर वावरत असे. आपल्यामुळे पृथ्वीवर भविष्यकाळात वाद घडणार आहेत, याची त्या बिचाऱ्याला कल्पनाही नसेल. आर्किओटेरिक्स त्या काळात वावरला. कालौघात त्याच्या अस्तित्वाचे अत्यल्प पुरावे मागे ठेवून नष्ट झाला.

१८६१ मध्ये आर्किओटेरिक्सच्या अस्तित्वाचा पहिला पुरावा जर्मनीत सापडला. तेव्हापासूनच आर्किओटेरिक्सबद्दल शास्त्रज्ञांमध्ये वाद सुरू झाले. या प्राण्याला उत्क्रांतीच्या शिडीवर कुठल्या पायरीवर बसवायचा, याबद्दल या शास्त्रज्ञांमध्ये एकमत होत नाही. पुराजीवशास्त्रज्ञ आर्कीओ (म्हणजे पुरातन) आणि टेरिक्स (म्हणजे पंखवाला) ला डायनोसॉर समजतात. त्यांच्या मते हा प्राणी बहुतेक काळ जमिनीवरच वावरायचा, तर पक्षीशास्त्रज्ञ त्याला आद्यपक्षी मानतात आणि तो झाडावरच राहत असे, असा दावा करतात.

नॉर्थ कॅरोलिना विद्यापीठातले ॲलन फेडुसिया यांच्या मते 'आर्किओटेरिक्सची बोटे आणि नख्या यांच्या अभ्यासावरून आर्किओटेरिक्स हा वादातीतपणे पक्षीच होता. पुराजीवशास्त्रज्ञ कारण नसताना त्याला जमिनीवर का बसवितात, हे अनाकलनीय आहे.' अर्थातच, आर्किओटेरिक्सला 'पिसे असलेला डायनोसॉर' समजणाऱ्या पुराजीवशास्त्रज्ञांना हे मत मान्य नाही.

आर्किओटेरिक्सबद्दल एवढा वाद होतोय, याला कारणही तसेच आहे. पक्षी

कसे अस्तित्वात आले, याचे कोडे सोडविण्याचा शास्त्रज्ञांचा प्रयत्न आहे. वेगवेगळ्या शास्त्रशाखेतले शास्त्रज्ञ आपापल्या परीने याबाबतचे संशोधन पुढे आणीत असतात. याबाबत अगदी डार्विनच्या काळापासून शास्त्रज्ञ वेगवेगळे मतप्रदर्शन करीत आहेत.

डार्विनचे समकालीन थॉमस हेन्री हक्सले यांनी पक्ष्यांची उत्पत्ती डायनासॉरपासून झाली असावी, हा सिद्धान्त सर्वप्रथम मांडला. त्यानंतर काही वर्षांतच दुसरा एक सिद्धान्त हळुहळू डोके वर काढू लागला होता, तो म्हणजे डायनोसॉर हे पक्ष्यांचे पूर्वज नव्हेत, तर डायनोसॉर आणि पक्षी हे सुसरीप्रमाणे असलेल्या एकाच पूर्वजापासून निर्माण झाले. एकाच वंशवृक्षाच्या या दोन शाखांनी दोन विभिन्न जीवनपद्धती स्वीकारल्या. विसाव्या शतकाच्या सुरुवातीस पक्षीशास्त्रज्ञ आणि पुराजीवशास्त्रज्ञ यांचे हळुहळू याबाबतीत एकमत होऊ लागले आणि ते बराच काळ टिकलेही. पक्षी आणि काही छोटेखानी डायनोसॉर यांच्या शरीररचनेत बरेच साम्य असल्याने दिसून आल्यामुळे यावर शिक्कामोर्तब झाल्यासारखेही झाले होते. कोल्युसॉरियन थेरोपॉड्स या कुटुंबातल्या डायनोसॉरांची हाडे पक्ष्यांप्रमाणेच पोकळ होती, त्यांचे मागचे पाय लांब होते, शेपट्याही लांब होत्या आणि मानाही लांब होत्या. याला शास्त्रज्ञ पक्षी आणि डायनोसॉर यांच्यातली समांतर उत्क्रांती म्हणत होते.

हे चित्र १९७३ मध्ये बदलले. येल विद्यापीठाचे पुराजीवशास्त्रज्ञ जॉन ऑस्ट्रॉम यांनी आर्किओटेरिक्स हा डायनॉसरच होता, अशी भूमिका 'नेचर' या नियतकालिकात मांडली. यानंतरच्या त्यांच्या शोधनिबंधातून त्यांनी याच म्हणण्याचा पाठपुरावा करणारे पुरावेही पुढे आणले. यामुळे हक्सलेंच्या, 'डायनोसॉर' हे पक्ष्यांचे पूर्वज आहेत,' या सिद्धान्ताला पुन्हा महत्त्व प्राप्त झाले. १९८५ पर्यंत आर्किओटेरिक्सबाबतचे इतर सिद्धान्त मागे पडून त्याला पुन्हा डायनोसॉरांमध्ये ढकलण्यात आले. तो झाडांवरून अशा तऱ्हेने परत जमिनीवर आला. आर्किओटेरिक्सला जमिनीवर आणून ऑस्ट्रॉमचे समाधान झाले नव्हते, तर त्याला पक्का डायनोसॉर बनविण्यासाठी ऑस्ट्रॉम पुराव्यामागोमाग पुरावे पुढे आणत होते.

पक्ष्यांच्या पंखांच्या हालचाली करण्यासाठी जे स्नायू लागतात, ते पक्ष्यांच्या उरोस्थीला जोडलेले असतात. किंबहुना, उरोस्थींचा आधार असतो, म्हणून पंखांच्या उड्डाणयोग्य हालचाली करणे पक्ष्यांना शक्य होत असते. आर्किओटेरिक्समध्ये उरोस्थिचा अभाव असतो, यामुळे आर्किओटेरिक्सला उडता येणे शक्यच नव्हते, असा दावा ऑस्ट्रॉमनी केला. एवढेच नव्हे, तर आर्किओटेरिक्सचे पंजे आणि नख्या या जमिनीवर चालणाऱ्या तित्तर आणि रोडरनरसारख्या पक्ष्यांप्रमाणे होते. (रोडरनर हा कोकिळ कुटुंबीय पक्षी अमेरिकेत आढळतो. तो उडू शकत नाही.) यामुळे आर्किओटेरिक्स हा जमिनीवर वावरणारा प्राणी असावा आणि किडेमकोडे खाऊन जगत असावा. या कीटकांना पकडण्यासाठी तो उंच उंच उड्या मारत असावा आणि

अशा प्रयत्नांमधूनच पुढे झाडांच्या फांदीवर झेपावून चढणारे प्राणी किंवा आद्यपक्षी जन्माला आले असावेत, असा दावा ऑस्ट्रॉमनी केला. त्याला अनेक पुराजीवशास्त्रज्ञांनी पाठिंबाही दिला. यामुळे आर्किओटेरिक्सचे 'पक्षीपण' मागे पडले. हे अर्थातच पक्षीशास्त्रज्ञांना मान्य होणे शक्यच नव्हते; पण ऑस्ट्रॉमनी आर्किओटेरिक्सला झपाट्याने झाडावरून जमिनीवर खेचणारे भक्कम पुरावे एकामागोमाग एक पुढे आणल्यामुळे पक्षीशास्त्रज्ञांपुढे मूग गिळून बसण्याशिवाय पर्यायच उरलेला नव्हता.

पक्षीशास्त्रज्ञ गप्प बसले तरी त्यांनी हार मान्य केलेली नव्हती. ते योग्य संधीची वाट पाहत होते. याचे कारण नाही म्हटले तरी आर्किओटेरिक्सच्या अंगावर पिसे होती, त्याला पंख होते, त्याची हाडे पोकळ होती, त्याला पिसारा असलेले शेपूट होते. तेव्हा पक्षी असण्यासाठीची सर्व पात्रता आणि गुणवत्ता त्याच्या अस्तित्वात होतीच.

स्मिथ्सोनियन संस्थेच्या पक्षी विभागाचे परिरक्षक स्टॉर्स ओल्सन यांच्या मते 'पुराजीवशास्त्रज्ञांना या वादावर पडदा पडलाय असे जरी वाटत असले, तरी ते तसे नाही. त्यांची भूवासी आणि भूचर आर्किओटेरिक्स ही कल्पना साफ चुकीची आहे. फेडुसियाच्या शोधनिबंधामुळे आर्किओटेरिक्स पुन्हा झाडावर बसला आहे.' फेडुसिया हे आर्किओटेरिक्सला पक्षीपण मिळवून देण्याच्या प्रयत्नातले अध्वर्यू मानले जातात. त्यांनी यापूर्वी आर्किओटेरिक्स हा पक्षीच होता, असा दावा १९७९ मध्येच केला होता. 'सायन्स' या विख्यात वैज्ञानिक नियतकालिकामध्ये त्यांनी आर्किओटेरिक्सची पिसे आणि पंख हे आधुनिक पक्ष्यांप्रमाणेच आहेत, असा दावा केला होता. हा दावा यशस्वी ठरला, असे म्हणावे लागेल. कारण हा शोधनिबंध प्रसिद्ध झाल्यानंतर हळूहळू पुराजीवशास्त्रज्ञसुद्धा आर्किओटेरिक्स कोंबडी किंवा मोराइतपत उडू शकत असावा, हे मान्य करू लागले होते. फेडुसियांच्या नव्या शोधनिबंधाबद्दल आर्किओटेरिक्सला डायनोसॉर मानणाऱ्यांपैकी एक जॅक्स गॉथियर यांची प्रतिक्रिया अशी– 'ठीक आहे, म्हणा हवं तर त्याला पक्षी. पिसं आहेत नि जमिनीपासून थोड्या उंचीवर तो पंख फडफडवतो म्हणून त्याला पक्षी म्हणायचे असेल तर म्हणा बापडे!'

गॉथियर सरीसृपततज्ज्ञ आहेत; म्हणजे ते सरपटणाऱ्या प्राण्यांचा अभ्यास करतात. यांना इंग्रजीत हर्पेटॉलॉजिस्ट म्हणतात. डायनोरसॉरसुद्धा शास्त्रीय भाषेत बोलायचे तर 'सरीसृप'च होते. फेडुसिया मात्र आर्किओटेरिक्सला खराखुरा पक्षीच मानतात. सायन्स या नियतकालिकात त्यांनी १९९३ मध्ये लिहिलेल्या शोधनिबंधात आर्किओटेरिक्सला पक्षी ठरविणारा पुरावा सादर केला आहे. त्यांनी आर्किओटेरिक्सच्या ज्ञात जीवावशेषांचा अभ्यास केला. सध्या असे सहा जीवावशेष उपलब्ध आहेत. या आर्किओटेरिक्सांच्या पायाच्या पंजांची हाडे आणि नख्या यांच्या गोलाईची तुलना त्यांनी वेगवेगळ्या पाचशे पक्ष्यांच्या पंजांशी आणि नख्यांच्या गोलाईशी केली. जे

पक्षी पायांच्या पंजांनी फांदी घट्ट पकडून बसतात, अशा पक्ष्यांच्या पायांशी आणि नख्यांशी आर्किओटेरिक्सच्या पायाची आणि नख्यांची संरचना मिळतीजुळती असल्याचे फेडुसियांना दिसून आले.

आर्किओटेरिक्सच्या पंखांवरही काही नख्या होत्या. या नख्यांचा उपयोग काय असावा, हे कोडे काही शास्त्रज्ञांना सुटत नव्हते. फांद्या पकडणे, कीटक पकडणे, उड्डाणास मदत करणे, अशा वेगवेगळ्या प्रकारच्या क्रियांसाठी या नख्या वापरल्या जात असाव्यात, असे तर्क यापूर्वी लढविण्यात आले होते. फेडुसियांना अशाच प्रकारच्या नख्या झाडांवर पंखांच्या साह्यानं चढणाऱ्या आधुनिक पक्ष्यांत आढळून आल्या. तेव्हा त्यांनी अशा पक्ष्यांच्या या प्रकारच्या नख्यांशी आर्किओटेरिक्सच्या नख्यांची तुलना केली. तेव्हा त्यांच्यात कमालीचे साम्य असल्याचे फेडुसियांना दिसून आले. फेडुसियांच्या या शोधनिबंधाचे सर्वच पक्षीशास्त्रज्ञांनी स्वागत केले. लॉरेन्स इथल्या कॅन्सास विद्यापीठाचे पुरापक्षीशास्त्रज्ञ लॅरी मार्टिन म्हणाले, ‘‘ॲलन (फेडुसिया) ने आर्किओटेरिक्स हा पक्षी होता, हे सिद्ध करून या वादावर कायमचा पडदा पाडला आहे. तो भूचर नसून झाडावर चढणारा, फांद्यांवर बसणारा पक्षी होता, हे त्याने निर्विवाद सिद्ध केले आहे.’’

पक्षीशास्त्रज्ञ जरी असे म्हणत असले, तरी पुराजीवशास्त्रज्ञ मात्र, हे म्हणणे मान्य करायला तयार नाहीत. शिकागो विद्यापीठातले जीवशास्त्रज्ञ पॉल सेरेनोही आर्किओटेरिक्स हा पक्षीच होता, हे सिद्ध झाल्याचे मान्य करायला तयार नाहीत. पक्ष्यांच्या नख्यांवरून त्यांच्या वागणुकीबद्दलचे निष्कर्ष काढणे योग्य होणार नाही, असे सेरेनोंना वाटते. अनेक आधुनिक भूचर पक्षी हे झाडांच्या फांद्यावर बसताना आढळतात. मोर, कोंबड्या असे अनेक कायम जमिनीवर वावरणारे पक्षीही झाडांवर व्यवस्थित झोपा काढतात, तसेच पंखांच्या नख्यांचा अन्वयार्थ लावण्यातही फेडुसियांनी योग्य तर्कशास्त्र वापरले नाही, असे सेरेनोंचे म्हणणे आहे. त्यांनी या नख्यांची इतर डायनासॉरांच्या अशाच नख्यांशीही तुलना केली असती तर बरे झाले असते, असे सेरेनो म्हणतात. गॉथियर तर याही पुढे जाऊन ‘आर्किओटेरिक्स या कोपरनख्या झाडांवर चढायला वापरत असे, असे म्हणायचे झाले, तर व्हेलॉसिरॅप्टर आणि टिरॅनोसेरॉक्स रेक्स हेही झाडांवर चढत होते, असे म्हणावे लागेल,’ असा प्रतिवाद करतात. ‘कारण याही डायनासॉरांना या हस्तनख्या (म्हणजे हाताच्या किंवा पुढच्या पायांवरच्या नख्या) होत्याच.’ टिरॅनोसॉर रेक्स हा तर शंभर टक्के भूचर असल्याने या नख्या असलेला प्रत्येक प्राणी झाडावर चढत असे, हे म्हणणे चूक आहे, असे गॉथियर यांचे म्हणणे आहे.

जॉन ऑस्ट्रॉम मात्र फेडुसियांच्या संशोधनाचे स्वागत करताना आढळतात. ‘‘फेडुसियांनी आर्किओटेरेक्स पक्षी होता, ही बाजू अत्यंत उत्कृष्टपणे आणि जोरकस

समर्थनाच्या साह्याने जगापुढे आणली आहे. ते शंभर टक्के बरोबरच आहेत, असे मी म्हणणार नाही; पण ते योग्य पायावर उभे आहेत, एवढे मी म्हणून शकेन. मात्र, मला अजूनही वाटते, की ऑलन (फेडुसिया) नी इतर डायनासॉरांच्या नख्यांशी आर्किओटेरिक्सच्या नख्यांची तुलना करूनच मग आपले निष्कर्ष जगापुढे आणावेत. मी जेव्हा माझा सिद्धान्त मांडला, तेव्हा पक्षी झाडावरून खाली येताना तरंगायला शिकले आणि मग हळुहळू उडू लागले, हा एकच विचार शास्त्रज्ञ पक्का मानीत असत. मी एक वेगळा विचार केवळ वादासाठी आणि सर्व पुराव्यांची नीट छाननी व्हावी म्हणून पुढे आणला. तो म्हणजे जमिनीवरचे प्राणी, किडे पकडण्यासाठी आणि फळे खाण्यासाठी, तसेच स्वसंरक्षणासाठी उड्या मारून झाडांच्या फांद्यांवर जायचा प्रयत्न करायचे. त्यातूनच पुढे ते उडायला शिकले. या माझ्या मतामुळे खूप वादंग माजले. नवनवे विचार पुढे आले. मला यातच आनंद आहे. यामुळे मी या नव्या वादाचे स्वागतच करतो.''

ऑस्ट्रॉम यांनी हे सांगून आर्किओटेरिक्स आणखी बरीच वर्षे वादाचा केंद्रबिंदू राहील, असेच बहुधा सूचित केलेले दिसतेय.

ट्राँगझिनचे जीवाश्म
अर्थात ड्रॅगॉनची हाडं

चीन हा देश प्रचंड मोठा आहे. लोकसंख्येच्या दृष्टीनं तो पृथ्वीवरला सर्वांत मोठा देश आहे. असं असलं तरी या देशाचा एक फार मोठा भाग पूर्वीपासून आजपर्यंत होता तसाच आहे. दुसरी महत्त्वाची गोष्ट म्हणजे चीनमध्ये पारंपरिक वैद्यकाला अजूनही मान्यता आहे. जुडीबुटी, प्राण्यांची हाडं आणि अनेक खनिजं कुटून औषधं निर्माण करण्याची ही परंपरा किमान पाच हजार वर्षांपासून चालत आलेली आहे. चीनमध्ये पुराजीवाश्महही फार मोठ्या प्रमाणावर सापडतात. तेही या पारंपरिक औषधांमधून वापरले जातात. चीनमधल्या आधुनिक विज्ञानाच्या विद्यार्थ्यांना या पुराजीवाश्मांचं महत्त्व पटलेलं आहे आणि ते हे जीवाश्म मिळवून चीनमधील प्राचीन काळाचा भूशास्त्रीय इतिहास जुळवायचा प्रयत्न करीत असतात. ही कहाणी अशाच एका शास्त्रीय प्रयत्नाची आहे.

ड्रॅगॉनची हाडं

जिआन ग्वान हा बैजिंग नॅचरल हिस्टरी म्युझियममध्ये काम करीत होता. १९७९ मध्ये त्याच्या दोन सहकाऱ्यांसह चीनच्या दुर्गम भागात जीवाश्म मिळतात का हे बघायला तो बाहेर पडला. तीन महिने वेगवेगळ्या वीस-बावीस ठिकाणी पोहोचल्यावर गान्सू प्रांतातल्या झीफेंग या गावी हे तिघंजण पोहोचले. बैजिंगच्या नैऋत्येला सरळ रेषेत एक हजार चारशे कि. मी. दूर असलेल्या झीफेंगला पोहोचायचं तर वळणावळणाच्या रस्त्यांनी आणखी ६४० कि. मी. प्रवास करावा लागतो. या गावी पोचल्यावर हॉटेलवर सामान टाकण्याआधीच ते चिनी औषधी विकणाऱ्या दुकानात दाखल झाले. इथं त्यांनी औषधासाठी ड्रॅगॉनची हाडं मिळतील

का अशी चौकशी केली.

कुठलेही जीवाश्म हे पूर्वी अस्तित्वात असलेल्या ड्रॅगॉनची हाडं म्हणून गावकरी गोळा करतात आणि पारंपरिक वैद्यराजांकडं किंवा औषधी विकणाऱ्या वैदूकडं आणून देतात. अशा या वैदूच्या दुकानात जिआन ग्वान आणि त्याच्या सहकाऱ्यांनी विक्रीसाठी ठेवलेली हाडं बघितली तेव्हा ते आश्चर्यचकित झाले. खरं तर हे मोठ्या हाडांचे केलेले तुकडे होते. हे इतर औषधात मिसळून, उकळून, कुटून वापरले जातात. त्यामुळे खेड्यापाड्यातले वैद्य एकदम खूप मोठं हाड न घेता गरजेपुरते वेगवेगळे औषधी पदार्थ छोट्या प्रमाणात घेतात त्यामुळे हे असे छोटे तुकडे करूनच ही हाडं किरकोळ विक्रीसाठी ठेवली जातात. तरीही फावड्यासारखे दात असलेल्या मॅमॉथ नावाच्या हत्तीच्या पूर्वजांचे सुळे तोडून ते तुकडे बनवले आहेत हे ग्वानच्या लगेचच लक्षात आलं. हे हत्ती मध्य मायोसीन कालखंडात म्हणजे सुमारे दीड कोटी वर्षांपूर्वी अस्तित्वात होते. अमेरिकन म्युझियम ऑफ नॅचरल हिस्टरीनं १९२८ आणि ३० साली काढलेल्या मोहिमेमध्ये त्यांना हे फावडदंती हत्ती सापडले होते त्या दातांशी हे अवशेष मिळतेजुळते होते. तेव्हा अशा तऱ्हेच्या जीवाश्मांचा साठा चीनमध्येच कुठे आहे काय, अशी शंका ग्वानच्या मनात डोकावली.

ग्वान आणि त्याच्या सहकाऱ्यांनी मग त्या दुकानदाराशी गप्पा मारायला सुरुवात केली. आशियात काय पण जगाच्या पाठीवर कुठलाही खेडूत शहरी माणसाशी एकदम मोकळेपणानं बोलत नाही. त्याला आडवळणानं खुलवावं लागतं. ही युक्ती जर जमली तर बरीच उपयुक्त माहिती विनासायास मिळू शकते. याप्रमाणं त्या वैद्यकीय पदार्थ विकणाऱ्या दुकानदाराशी गप्पा मारून ग्वाननं जी माहिती मिळवली त्यातून झिफेंगच्या वायव्येस सव्वा दोनशे किलोमीटर अंतरावर एका खेड्यातून ही हाडं विक्रीस उपलब्ध होतात, हे ग्वानच्या लक्षात आलं. हे ट्रॉंगझिन निंग्झिया या स्वयंशासित प्रदेशात असून तिथं हुई नावाच्या मध्य आशियाई मुस्लिमांची वसाहत आहे, ही माहितीही ग्वानला मिळाली.

मधल्या पर्वतातले वळणावळणाचे रस्ते ओलांडून ग्वान आणि त्याचे सहकारी ट्रॉंगझिनला तर पोहोचले. या प्रवासास त्यांना दहा तास लागले. इथल्या वैद्यकीय दुकानदारांना ही ड्रॅगॉनची हाडं कुठून येतात याची कल्पना होती. टाँगझिनच्या जवळच ईशान्येस साधारणपणे १७ कि. मी. दूरवर 'तिंगाडी आरगौ' नावाचं एक खेडं आहे. तिथला एक शेतकरी ही हाडं ट्रॉंगझिनमध्ये विकायला आणतो. त्या खेड्यातली सर्व माणसं ही हाडं खणून काढायचा उद्योग करतात. त्यांचा मुखिया ती हाडं घेऊन ट्रॉंगझिनला येतो आणि एका विशिष्ट दलालाला विकतो. हा दलाल मग ती हाडं ट्रॉंगझिनमधल्या घाऊक व्यापाऱ्यांना विकतो आणि तिथून ही हाडं मग चीनभरच्या पारंपरिक औषधी विक्रेत्यांकडं पोहोचतात; ही माहिती ग्वानला ट्रॉंगझिनमध्ये मिळाली.

हाडं घेणारी टोळी

ग्वानो आणि मंडळी ट्राँगझिनमध्ये पोहोचतात न पोहोचतात तोच 'हाडं घेणारी टोळी' आल्याची वार्ता गावभर पसरली. मोठ्या शहरातले व्यापारी खरेदीस आले या कल्पनेनं तिंगजिआरगौमधल्या खेडुतांची हे उतरले होते तिथं रांग लागली. किती पैसे मिळू शकतात याचा अंदाज घ्यायला हे लोक इथं हजर झाले होते. ग्वाननं ती हाडं अभ्यासाच्या दृष्टीनं कशी महत्त्वाची आहेत ती विकणं योग्य नाही, अशा तऱ्हेचं बोलणं सुरू करताच ही गर्दी एकदम नाहीशी झाली. यामुळे ही हाडं नक्की कुठं मिळतात ते कळणंही मुश्किल होऊन बसलं. शेवटी संग्रहालयाचा पैसा आणि शासकीय अनुदान यातून ही हाडं विकत घेतली तर या माणसांचा विश्वास संपादन करता येईल हे या शहरी मंडळींच्या लक्षात आलं. ही बातमीही सांगोवांगी सर्वदूर पसरली. लगेच यांच्या भोवतालची गर्दी वाढली. जिगजिआरगौला जीपनं जाता येणं शक्य होतं पण यांच्याजवळ जीप नव्हती. रस्ता कच्चा होता. पावसात माती वाहून गेल्यानं भर घातलेल्या दगडाच्या तुकड्यांची टोकं जागोजाग वर आली होती. तिंगजिआरगौला जायचं तर सायकल मारून जायचं किंवा गाढव गाडीतून जायचं हे तुम्हीच ठरवा असं स्थानिक दलाल सांगत होता. सायकलनं अडीच तास आणि गाढवाच्या खटाऱ्यातून ५ तासाचा प्रवास होता; पण या दोन्ही वाहनांपैकी त्या दिवशी कोणतंच वाहन उपलब्ध नव्हतं. मग एक म्हातारा म्हणाला, 'दिवसातून एकदा सरकारी बस येते. रस्ता वाहून गेला, ऑक्सल तुटला, टायर पंक्चर झाला, अशा कारणांनी ती काहीवेळा येतही नाही पण काही वेळा असं कुठलंच कारण नसतं, मग ती येतेच येते. ही बस जिंगजिआगौवरून जाते; सांगितलं तर कंडक्टर ती बस तिथं थांबवतो.

बोगद्यात मिळणारी हाडं

या भागाची सागरसपाटीपासून सरासरी उंची १२५० मीटर आहे. साधारणपणे १३०० ते १४०० मीटर उंचीचे कडे आणि खोल दऱ्या असा हा भूप्रदेश आहे. या कड्यांच्या वरती सपाट पठारं आहेत. या कड्यांच्या बाजूस उभ्या भिंतीवर मध्येच मीटर दीडमीटर व्यासाची भगदाडं दिसतात. दुरून ती बिळांसारखी भासतात. ही इथल्या स्थानिक लोकांनी खणलेली बोगद्यांची तोंडं असतात. इथून खणत खणत हे लोक आत जातात आणि सापडतील तेवढी हाडं घेऊन बाहेर येतात. असे कित्येक बोगदे दोन अडीच किलोमीटर लांबीचे आहेत. इथं माती, रेती आणि जिप्समयुक्त खडकांमध्ये ही ड्रॅगॉनची हाडं सापडतात. या भागातले हुई लोक किमान सव्वाशे वर्ष या बोगद्यांमधून हाडं बाहेर काढत आहेत. गेल्या चार-पाच पिढ्या त्यांनी याशिवाय दुसरा उद्योग केलेला नाही.

जिआन ग्वान पहिल्यांदा ट्राँगझिन इथं आला तेव्हा तिथं महिनाभर राहिला. नंतर पुढची दहा वर्षे त्यानं या भागात जिथं जिथं जीवाश्म सापडतात त्या त्या भागांना आणि खाणींना भेटी दिल्या. ग्वान्सुप्रांतात अशा ठिकाणांपैकी तिंगजिआरगौ इथं सर्वाधिक प्रमाणात जीवाश्म मिळत असल्यानं ग्वानचा सर्वाधिक मुक्काम आणि काम तिंगजिआरगौ इथंच झालं. सध्या ग्वान्सू प्रांताची हवा बरीच थंड व शुष्क असून बहुतेक भूभाग वाळवंटी आहे. एकेकाळी या भूभागात भरपूर पाणी, अनेक वनस्पती आणि त्यावर वाढणारे महाकाय प्राणी राहात होते यावर त्या प्राण्यांचे अवशेष खणून काढून त्यावर पोट भरणाऱ्या या लोकांचा विश्वास बसणं अवघड होतं. हा शहरीसाहेब हाडांचे पैसे देतोय, मग तो बोलतोय ते ऐकून घ्यायला आपलं काय जातंय; या भावनेनं ते गावकरी जिआन ग्वाननं केलेली प्राचीन काळची वर्णनं ऐकून घ्यायचे. त्या लोकांनी या बैजिंग विद्यापीठाच्या संशोधकांना मदत करायचं महत्त्वाचं आणखी एक कारण होतं ते म्हणजे या शहरी लोकांचे कॅमेरे.

ट्राँगझिन आणि आसपासच्या भागात पाण्याचं दुर्भिक्ष्य होतं. पुढं व्हांगटोवरील धरणांमुळे या भागात पाणी आलं पण ते ट्राँगझिनसारख्या छोट्या शहरांना आणि आसपासच्या खेड्यांना मिळालं. तिंगजिआरगौसारख्या खेड्यात गावाच्या मध्यभागी एक हौद तयार केलेला असतो. पावसाळ्यात पडणारं पाणी त्यात साठवलं जातं. तेच वर्षभर वापरावं लागतं. हुई लोक मुसलमान आहेत. त्यामुळे त्यांच्या प्रत्येक खेड्यात एक मोठी मशीद असतेच. पक्कं बांधकाम असलेली तेवढी एकच इमारत या भागात असते. या भागात चीनचा कायदा असला तरी बहुतेक जोडप्यांना एकाहून जास्त मुलं असल्याचं दिसून येतं. गावचा प्रमुख व्यवसाय शेती आणि मेंढपाळी हा असतो. आता इथं कोंबड्या पाळण्याच्या योजनाही आढळतात. आठवड्याच्या बाजारात लोकर आणि फाझाई नावाच्या गवताचे शेंडे विकले जातात. फाझाई हे श्रीमंतांचे पक्वान्न म्हणून चिनी शहरात आणि हाँगकाँगमध्ये बरंच खपतं. याशिवाय ड्रॅगॉनची हाडंही इथं विक्रीस असतात.

ही ड्रॅगॉनची हाडं त्या बोगद्यात शिरून माणसं उकरून काढतात. स्त्रिया आणि मुलं या हाडांचे तुकडे गुहेबाहेर आणतात. या बोगद्यांची रुंदी जेमतेम एक मीटर आणि उंची त्यापेक्षा थोडी जास्त म्हणजे १॥ ते १॥। मीटर असते. त्यामुळे १॥ मीटर म्हणजे ४ फुटाच्या आसपास उंची असलेल्या मुलांना इथं महत्त्व प्राप्त होतं. मेणबत्त्या आणि विजेऱ्यांच्या उजेडात ही माणसं काम करीत असतात. पुरुष एकदा बोगद्यात शिरले की जेवणाच्या वेळी थोडा वेळ बाहेर येतात. कमी उंचीची स्त्रिया व मुले मात्र सारखी ये-जा करीत पुरुषांनी खणून काढलेला माल बाहेर काढतात. त्यांच्या सरासरी ४० खेपा तरी दर दिवशी होतात, असं जिआनला दिसून आलं.

हाडं मिळण्याची शक्यता

जीवाश्म गोळा करायचं काम सर्वसाधारणपणे हिवाळ्यात होतं. याचं कारण जमीन गोठलेली असते, त्यामुळे माती कोसळून बोगदे बंद होण्याचं प्रमाण कमी असतं. बाहेरचा गारवा आणि गुहेतली ऊब यामुळे जगणंही सुसह्य होतं. या बोगद्यांना आतून कसलाही आधार नसतो. जिप्समचे थर सहसा कोसळत नाहीत; पण वाळूचे थर केव्हाही कोसळू शकतात. जिआन ज्या काळात टाँगझिन इथं काम करीत होता त्या काळात तिंगजिआरगौमधले ८ पुरुष आणि २ चौदा वर्षांची मुलं बोगदे कोसळून मृत्यूमुखी पडली. या गावातले अनुभवी पुरुष मातीचा रंग आणि खडक बघून त्या ठिकाणी हाडं सापडण्याची शक्यता अजमावतात. ज्या थरात हाडं सापडतात अशा थरातली सर्व हाडं उकरून काढायला ८ ते १० वर्षे लागतात. असे थर फायदेशीर मानले जातात. काही बोगद्यातली हाडं वर्षभरात संपतात मग हे थर तसेच सोडून दिले जातात. काही वेळा बरंच खोल खणून काहीच हाती लागत नाही. ते श्रम वाया जातात. भरपूर हाडं असलेल्या बोगद्यांबद्दल बरीच गुप्तता बाळगली जाते. या बोगद्यात तीन पाळ्यात काम चालतं. उन्हाळ्यात त्यांची तोंडं बंद करून लपवून ठेवली जातात. शिवाय या भागात कुणाला तरी पाहऱ्यावर बसवलं जातं. रात्री दहा-बारा वर्षांच्या मुलांना इथंच झोपायला सांगतात. गावकऱ्यांच्या दृष्टीनं हा खजिनाच असतो. उन्हाळ्यात शेतीच्या कामाच्या काळातच फक्त बोगद्यात काम चालत नाही.

वाहून न्यायला सोपे पडतात म्हणून हे गावकरी हाडांचे जागीच तुकडे करतात. संशोधकांना शक्यतो पूर्ण हाड हवं असतं यामुळे या गावकऱ्यांनी आणि जिआननं एक करार केला होता. हाड आढळलं की जिआन किंवा त्याचा सहकारी त्या बोगद्यात शिरायचा. त्या हाडाची तपासणी करून नोंदी करायचा. मग महत्त्वाच्या हाडांभोवती खडूनं किंवा कोळशानं खूण केली जायची. त्यानंतर ते तज्ज्ञ बाहेर पडायचे. मग ते खेडूत त्या हाडाच्या बाजूनं भिंत उकरायला सुरुवात करायचे. हाडासकट खडक मोकळा करायचे. फारच मोठं हाड असेल तर मात्र त्याचे तुकडे करणं अपरिहार्य ठरत असे. त्यानंतर ही हाडं खेचत मुलं आणि स्त्रिया गुहेच्या तोंडाशी आणत असत. दातासकट हत्तीची कवटी त्या कड्यावरून खाली उतरवणं हेही जोखमीचं काम ठरत होतं. त्यासाठी मग लाकडी ओंडक्यावर कॅन्व्हासचं कापड टाकून ट्रॉल्या करण्यात आल्या.

ही हाडं बैजिंगला नेऊन जुळवून त्यांचा नवा प्राणी बनवल्यावर त्याचे फोटो या खेडुतांना दाखवण्यात येऊ लागले. ही हाडं संशोधनाच्या दृष्टीनं महत्त्वाची आहेत हे हुई खेडुतांना पटवण्यात अशा तऱ्हेनं या शास्त्रज्ञांना हळुहळू यश प्राप्त झालं. मग हळुहळू त्या लोकांनी वैदूंना ही हाडं विकायचं बंद करून, ती या शास्त्रज्ञांना

विकायला सुरुवात केली. या भागातल्या मुलांनी फार महत्त्वाचे शोध लावले. एक दिवस एका पाच वर्षांच्या मुलीनं निसर्गानं व्यवस्थित जपून ठेवलेला एक दात जिआनला आणून दिला. ती प्लायोपिथेकस नावाच्या एका प्राण्याची खालची दाढ होती. माकडं, कपी (एप्स) आणि माणूस अशा तीन शाखा होण्यापूर्वीचा हा आपल्या तीनही शाखांचा पूर्वज मानला जातो. यानंतर या मुलांनीच प्लायोपिथेकसचे वेगवेगळे सात जीवाश्म जिआनला आणून दिले. त्यात प्लायोपिथेकसचा पूर्ण जबडाही होता. जबडा आणि दात यांच्या रचनेवरून त्या प्राण्याच्या खाण्याच्या सवयींबद्दल बरंच काही सांगता येतं.

प्लायोपिथेकस

हा प्लायोपिथेकस झाडांवर राहात होता. मुख्यत: फळं आणि कोवळी पानं खात होता. तो साधारणपणे तीन फूट उंच असावा (एक मीटरच्या आसपास) आणि माकडांप्रमाणे फांद्यांवरून चालत असावा. ट्राँगझिन आणि गान्सू प्रांतातले जीवाश्म १ कोटी ६० लक्ष ते १ कोटी २० लक्ष वर्षांपूर्वींचे आहेत. यात आता अस्तित्वात नसलेले पण आजच्या अनेक प्राण्यांचे पूर्वज म्हणता येतील असे बरेच प्राणी आहेत. त्या काळातली कासवं, हरणं, ससे, डुकरं, अस्वलं आणि गेंडे हे प्रायमेटवर्गी प्राण्यांबरोबर (म्हणजे मानवसदृश सर्व प्राण्यांचे पूर्वज) व फावड्यासारखे दात असलेले हत्तींचे पूर्वज यांच्याबरोबर सुखानं नांदत होते असा पुरावा या जीवाश्मांमधून मिळतो. इथं पृथ्वीवर इतरत्र कुठंही न आढळणाऱ्या सस्तन प्राण्यांच्या सात नव्या जाती जिआन व त्याच्या सहकाऱ्यांना आढळल्या. प्लॅटिबेलेडॉन ट्राँगझिनिओन्सिस असं नाव या शास्त्रज्ञांनी त्या फावडदंती मॅस्टॉडॉनांना म्हणजे हत्तीच्या पूर्वजांना दिलं. यांचे चार परिपूर्ण सांगाडे सापडले. त्यांची कवटी, फावड्यासारखे दात आणि पायांची व कण्याची हाडं आणि मणके हेही मिळाले. त्यावरून हे हत्तींचे थेट पूर्वज नव्हते हेही सिद्ध झालं. ते सात फूट उंच होते आणि कळप करून राहात असावेत. त्यांची सोंडही बऱ्यापैकी रुंद असावी. हे प्लॅटिबेलेडॉन पाण्यात राहात असावेत आणि फावड्यासारख्या दातांनी नदीच्या तळाचा गाळ उपसून तिथल्या वनस्पती खात असावेत असा अंदाज आहे. याशिवाय इथं दुसऱ्या एका प्रकारे जगणारे 'मॅस्टेडॉन' (प्राचीन हत्ती) सापडले यांना शास्त्रज्ञांनी 'अमेबेलोडॉन' असं नाव दिलंय. हे प्राणी जमिनीवर राहून फांद्या खेचून झाडपाला खात असावेत असं त्यांच्या दाताच्या रचनेवरून वाटतं. सुमारे अडीच कोटी वर्षांपूर्वी 'फायोमाया' नावाचा एक शुंडधारी (प्रोबोसिडियन– सोंड असलेला) प्राणी फायुम नदीच्या कोठी इजिप्तमध्ये वास्तव्यास होता! तिर्थून तो आशियात वाढला आणि बेरिंगच्या समुद्रधुनीवरचा बर्फाचा पूल पार करून अमेरिकेत पोहोचला. प्लॅटिबेलेडॉन आणि अमेबेलोडॉन हे

त्या फायोमायाचे वंशज असावेत असं शास्त्रज्ञांना वाटतं.

हे सर्व प्राणी असे छोट्या जागेत एकत्रित कसे मेले याचं उत्तर शोधताना एक तर्क असा की, ते चरत होते ते एक नदीतलं बेट होतं. तिथं भरपूर गवत होतं. एकाएकी नदीला पूर आला आणि हे प्राणी त्या बेटावरच मरण पावले असावेत. पुढं त्यांचे जीवाश्म झाले असावेत. जिआनचं संशोधन अजून चालू आहे. त्यातून नवी नवी कोणती माहिती बाहेर पडेल हे काळच ठरवेल.

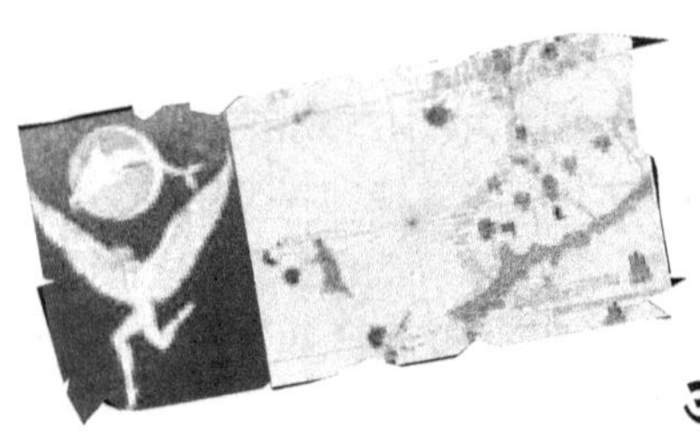

ॲटलांटिसची आख्यायिका

मानवजातीची जसजशी भविष्याच्या दृष्टीनं प्रगती होत चालली आहे नि मानव अथांग अवकाशात प्रवेश करतोय तसतशी त्याची क्षितिजं उलटी, भूतकाळातही विस्तारत आहेत. आपल्या स्वत:च्या भूतकाळाबद्दलचं त्याचं कुतुहलही वाढत चाललं आहे. पहिल्या मानवी संस्कृतीच्या (सुरुवातीबद्दलच्या) सीमारेषा मागेमागे ढकलल्या जात आहेत. नवे शोध लागतात. नव्या कार्बन १४ पद्धतीचे निर्णय कळतात. (कार्बन १४ पद्धती मानवी अवजार/हत्याराचा कालखंड निश्चित करण्यासाठी वापरली जाते.) केले जातात नि त्यातून मानव जमात आपण मानतो त्या कालखंडाच्या आधी हजारो वर्षे संस्कृतीच्या प्रगतीच्या वेगवेगळ्या टप्प्यांत होती नि ही प्रगती मध्यपूर्वेसारख्या शास्त्रज्ञांच्या आवडत्या भूभागातच झाली होती असं नव्हे, हेही आढळून येतं.

मग पहिल्या मानवी संस्कृतीचा उदय कुठे झाला? इतर प्राथमिक संस्कृती या एका केंद्रबिंदूपासून दूरवर पसरल्या का? इजिप्त, सुमेरिया, क्रीट, एटरुरिया, भूमध्य सागरी बेटे नि किनारे अशा संस्कृतींना जन्म देणारी एक प्राचीनतम प्रगत संस्कृती होती का? याच संस्कृतीचा अमेरिकन संस्कृतीवरही परिणाम झाला होता का? या सर्व प्रश्नांना उत्तर देणारं अस्पष्ट असं एक उत्तर येतं. आपल्या अज्ञात भूतकाळातून प्रतिध्वनी येतो. हा शब्द, हे उत्तर सागरावर पसरलेल्या धुक्यातल्या आरोळी सारखं येत राहातं. हा शब्द– हे उत्तर म्हणजे 'ॲटलांटिस'. बऱ्याच जणांच्या मते हरवलेलं ॲटलांटिस हे मानवी संस्कृतीचे मूळ जन्मस्थान भरभराटीच्या शिखरावर असताना त्यावर नैसर्गिक संकटं कोसळून ते सागरतळी बुडालं. आता या ॲटलांटिसवरच्या पर्वतांची शिखरं तेवढी समुद्रावर दृष्टीस पडतात.

इतर काही जणांच्या मते ग्रीक तत्त्वज्ञ प्लेटोनं आपल्या 'डायलॉग' च्या दोन

भागांना पार्श्वभूमी म्हणून 'ॲटलांटिस' या दंतकथेला जन्म दिला; आणि इतर साहसप्रिय मंडळींनी ही दंतकथा पिढ्यान् पिढ्या पुढे नेली. आणखी काही मंडळींच्या मते मानवी संस्कृतीची बीजं ॲटलांटिसमध्ये रूजली. याबद्दलचे पुरावे अपुरे असले तरी भक्कम आहेत. मात्र या पुराव्यांवरून ॲटलांटिस हे अटलांटिक महासागर जिथे आहे त्या ठिकाणी नसून ते वेगळ्या ठिकाणी होतं. या प्रत्येक वेगवेगळ्या जागेचे भरपूर समर्थक आहेत.

जर आपण ज्ञानकोश बघितला तर त्यात ॲटलांटिसला दंतकथा मानण्यात आलं आहे. ॲटलांटिस पूरक पुराव्यांसहित इतिहासात बसत नाही. भूशास्त्रज्ञ व सागरशास्त्रज्ञ अटलांटिकच्या जागी भूखंड असण्याची शक्यता मान्य करतात. मात्र हे भूखंड मानवी संस्कृतीच्या उदयकाळात किंवा त्यानंतर अस्तित्त्वात होतं हे ते मान्य करत नाहीत.

असं असलं तरी अजूनही ॲटलांटिस आपल्यात आहे नि दिवसेंदिवस ते दृढ होतंय. ॲटलांटिसवर विश्वास असो किंवा नसो ते आपल्या संस्कृतीचा एक भाग बनलं आहे. या विषयावर ५००० हून अधिक पुस्तकं लिहीली गेली आहेत. ॲटलांटिसवर पुस्तकं लिहिली गेली आहेत त्याचा इतिहासावर परिणाम झालाय. ॲटलांटिसच्या शोधामुळे अमेरिकन भूखंडाचा शोध लागला असंही म्हटलं जातं.

ज्या ज्या वेळी सागरतळावर एखादं शहर किंवा संस्कृती (चे अवशेष) सापडते, आणि पुढेही सापडणार आहे कारण हळुहळू जगातली पाण्याची पातळी वाढते आहे आणि काही ठिकाणची किनारपट्टी पाण्याखाली जात आहे, त्या त्या वेळी त्या त्या संशोधकांच्या तोंडी प्रथम नाव येतं ते ॲटलांटिसचं. गेल्या काही वर्षांत भूमध्य समुद्रात प्राचीन ज्वालामुखीय हालचालींनी काही भाग घालवलेल्या थेरा बेटाजवळ ॲटलांटिसचा शोध लागला आहे.

या उलट एडगर केसीच्या अफलातून भविष्यात बहामाज्मध्ये बिमिनोजवळ १९६८-६९ मध्ये एक ॲटलांटिस मधलं देऊळ वर येईल असं सांगण्यात आलं. याच्या जवळपास अनेक जलांतर्गत बांधकामं सापडली आहेत; त्यांच्याबद्दल सध्या संशोधन चालू आहे.

ॲटलांटिसची 'दंतकथा' चैतन्यपूर्ण असून ती सतत नव्यानं जन्मणाऱ्या फिनिक्सच्या दंतकथेसारखी नव्यानं निर्माण होत आहे. जसजशी प्रत्येक पिढी या लोककथेशी परिचित होते– हे हरवलेलं भूखंड, हा हरवलेला स्वर्ग सागरतळी विसावला हे त्यांना माहीत होतं– तेव्हा नवनवे प्रश्न विचारले जातात नि नवनवी स्पष्टीकरण देण्यात येतात आणि आजच्या संशोधन साहित्यामुळे या प्राचीनतम गूढाचा उलगडा आणि मानवी संस्कृतीची प्राचीनता आणि या पहिल्या महान संस्कृतीची जागा माहीत होण्याचा क्षण कदाचित जवळ येऊन ठेपला असेल.

ॲटलांटिस ही जगातली सर्वश्रेष्ठ रहस्यकथा आहे. ॲटलांटिसचं नुसतं नाव घेताच एक गूढ जवळकीची भावना वाढते नि अनेक विस्मृतींच्या आड गेलेल्या आठवणींना उजाळा मिळतो; ते योग्यच आहे. कारण आपले पूर्वज हजारो वर्षे अंटालांटिसबद्दल तर्ककुतर्क रचित आले आहेत.

जर तुम्ही एखाद्या विश्वकोशात बघितलंत तर ते 'पुराणात'लं हरवलेलं भूखंड अशी नोंद सापडेल; आणि इतर टीपांमध्ये या भूखंडाचं वर्णन प्लेटोनं ख्रि. पू. चौथ्या शतकात त्याच्या संभाषणांपैकी 'टायमिअस' आणि 'क्रायटिअस' या दोन संभाषणात आढळते, अशी नोंद मिळेल. या संभाषणामध्ये सालोमनच्या इजिप्त भेटीबद्दल माहिती आहे. इजिप्शियन धर्मगुरुंनी हक्युलसच्या स्तंभापलीकडं (जिब्राल्टरचं जुनं नाव) ॲटलांटिस नावाचं एक भूखंड-बेट होतं, हे (बेट) एका महान आणि विस्मयकारक साम्राज्याच्या केंद्रस्थानी होतं. त्याची लोकसंख्या खूप मोठी होती, तिथं घरांवर सोन्याची कौलं होती आणि त्यांच्याकडे खूप मोठी जहाजं होती, त्यांच्याकडे खूप मोठे नौदल व लष्करी आक्रमक सामर्थ्य होतं,' अशी माहिती लिहून ठेवली आहे, असं सालोमनला कळलं.

आपल्या ॲटलांटिसच्या वर्णनात प्लेटो म्हणतो, 'हे बेट एकत्रित केलेल्या लिबिया आणि आशियापेक्षा मोठं आहे (लिबिया म्हणजे त्यावेळी आफ्रिकेचा जो भाग ज्ञात होता तो) आणि या बेटावरून पलिकडं गेल्यावर जे खंड लागायचं ते खऱ्या महासागराभोवती होतं...' प्लेटोनं आपल्या वर्णनात पृथ्वीवरचा स्वर्ग, प्रचंड पर्वत नि अत्यंत सुपीक सपाट प्रदेश, वाहतुकीस उपयुक्त महानद्या, भरपूर खनिज संपत्ती आणि संपन्न व भरपूर लोकसंख्या असलेले राष्ट्र असं ॲटलांटिसचं वर्णन केलं आहे. हे साम्राज्य एक दिवस एका रात्रीत सागरतळी अदृश्य झालं.

प्लेटोच्या आकडेमोडीनुसार (हे बेट) त्याच्या काळापूर्वी सुमारे ९००० वर्षे आधी बुडालं. म्हणजे हे बेट सुमारे ११,५०० वर्षांपूर्वी बुडालं. प्लेटोनं या खंडाबद्दल जे काही सांगितलं, त्याचा ऊहापोह केला आहे. त्यावर शतकानुशतके लोकांनी कधी विश्वास ठेवला तर कधी अविश्वास व्यक्त केला. इ. स. १४९२ मध्ये पलिकडच्या खंडाचा शोध लागल्यावरही गोष्ट काही प्रमाणात सत्य आहे हे सिद्ध झालं. जसजशी सागरतळाबद्दलची नवनवी माहिती मिळते आहे आणि मानवी प्रागैतिहासाच्या सीमा मागं ढकलल्या जात आहेत, तसतसा प्लेटोच्या कथेचा उरलेला भागही सत्य ठरविला जाईल.

हे खरं असो, की खोटं आणि याचे मानसशास्त्रीय परिणाम कोणतेही असोत, वांशिकस्मरणाचा एक मोठा भाग, मूळ टोळींचं किंवा वंशाचं मूळ म्हणून किंवा मृत्यूनंतर आत्मा जिथं जातो तो पृथ्वीवरचा स्वर्ग म्हणून ॲटलांटिसकडे बोट दाखवतो.

जर ॲटलांटिस अस्तित्वात असतं तर ॲटलांटिसच्या परिघवलयी सीमेवर, अटलांटिसकच्या दोन्ही बाजूचे लोक, ॲटलांटिस स्मरणात ठेवतील किंवा त्यांच्या टोळीच्या सांघिक स्मरणात अथवा लेखी इतिहासात याचा कुठंतरी संदर्भ असेल. नावाच्या बाबतीतल्या एका वैचित्र्यपूर्ण योगायोगाची इथं आठवण होते. वेल्श किंवा प्राचीन इंग्लिश लोक त्यांचा पृथ्वीवरचा स्वर्ग पश्चिमेकडे आहे असं म्हणायचे, याच नाव होतं 'ॲवलॉन'. प्राचीन ग्रीक हे बेट हक्र्युलीसच्या स्तंभापलिकडं आहे असं म्हणायचे नि त्याचं नाव होतं 'ॲटलांटिस.' बॅबिलोनियनांच्या मते त्यांचा 'अरालू' नावाच्या स्वर्ग पश्चिम सागरात होता तर इजिप्शियन आत्मे पश्चिमेकडे सागराच्या 'आरू', 'आलू' किंवा 'अमेंती' या नावानं ओळखल्या जाणाऱ्या मध्यभागी जायचे. स्पेनच्या सेल्टिक टोळ्या आणि बास्क लोकांच्या परंपरागत समजुतीप्रमाणं त्यांचं मूळस्थान पश्चिम सागरात आहे आणि फ्रान्सचे मूळ गॉल लोक, विशेषत: पश्चिम भागातले लोक म्हणतात, की त्यांचे पूर्वज एका अस्मानी उत्पातात मूळस्थान नष्ट झाल्यानं पश्चिम सागराच्या मध्यभागातून इकडे आले. उत्तर आफ्रिकेतल्या आदिवासींमध्येही पश्चिमी भूखंडांची आख्यायिका आहे; शिवाय या भागात 'ॲटारांटेस' आणि 'ॲटलांटिओई' जमातींच्या अस्तित्वाबद्दल पुरावे आहेत, याचबरोबर आता सुकलेल्या 'अट्टाला' या समुद्राची ही माहिती आहेच. शिवाय ॲटलास पर्वत इथेच आहे. आपण अटलांटिक ओलांडला, की कॅनरी बेटांत (सैद्धांतिक दृष्ट्या ही बेटं ॲटलांटिसवरच्या पर्वतांची शिखरं असं मानलं जातं.) प्राचीन गुहांच्या एका मालिकेला 'ॲटालाया' हे नाव आहे. या गुहांचे रहिवासी, अगदी रोमन कालखंडापर्यंत ॲटलांटिस बुडाल्याच्या स्मृतीचं जतन करीत होते. अरबांच्यात अशी एक समजूत आहे, की जलप्रलयापूर्वी आद ही जमात अस्तित्वात होती. यांनी केलेल्या पापांमुळं शिक्षा म्हणून ही जमात या जलप्रलयात नाहीशी झाली; आणि ज्युडियो-ख्रिश्चन परंपरांचं काय? आदाम (आद-आम) म्हणजे पहिला मानव नसून पहिल्या जमातीला उद्देशून तर तो उल्लेख नसेल?

उत्तर आणि दक्षिण अमेरिकेत आपल्याला अनेक असामान्य योगायोग बघायला मिळतात. बहुतेक सर्व रेड इंडियन जमातीत, त्यांचे पूर्वज पूर्वेकडून आल्याच्या किंवा त्यांचा सांस्कृतिक ठेवा पूर्वेकडील खंडावरून आलेल्या आणि मानवांकडून मिळाल्याच्या आख्यायिका आहेत. ॲझ्टेक जमातीच्या लोकांनी आपल्या मूळस्थानाचं नाव जपलं– ते नाव होतं ॲझ्टलान, खरंतर ॲझ्टेक हा शब्दच ॲझ्टलान पासून निर्माण झाला आहे. ॲझ्टेक भाषेत (नाहु आटल्) आट्ल (atl) म्हणजे पाणी आणि याच शब्दाचा उत्तर आफ्रिकेतील बर्बर जमातीत अगदी हाच अर्थ रूढ आहे. क्लेट्झालओट्ल हा ॲझ्टेक आणि इतर मेक्सिकन जमातींचा देव. हा गोरापान दाढीवाला असून तो मेक्सिकोच्या खोऱ्यात समुद्रातून आला आणि यांना सुसंस्कृत

करण्याचं कार्य संपवून त्लापालानला परतला. क्केशेमायांच्या पवित्र ग्रंथात पूर्वेच्या देशाचा उल्लेख आहे. या खऱ्याखुऱ्या स्वर्गात एकेकाळी देव राहात होते. इथे काळे व गोरे सुखी समाधानी होते; पण हुराकान (हरिकेन) देव रागावला आणि त्यानं पृथ्वी पुरामध्ये बुडवली. जेव्हा स्पॅनिश जेत्यांनी प्रथम व्हेनेझुएलाची पाहणी केली तेव्हा गोऱ्या इंडियनांची ऑटलान नावाची वस्ती त्यांना आढळली (स्पॅनिश लुटेऱ्यांना हे गोरे वाटले.) हे (गोरे इंडियन) आपले पूर्वज पूर्वी बुडालेल्या भूभागातून वाचलेले लोक असल्याचं सांगत.

या सर्व भाषिक योगायोगात इंग्रजी भाषेतला एक योगायोग झटकन जाणवण्याजोगा आहे. तो म्हणजे अटलांटिक महासागराचं नाव ज्या महासागरात आपण पाहतो, ज्या महासागरावरून आपण उडतो किंवा प्रवास करतो; तो महासागर सागरतळी विसावलेल्या प्राचीन शहरांशी असलेला दुवाही असू शकतो. अटलांटिक हे नाव अर्थातच ग्रीक दंतकथांतील 'ऑटलास' या आकाश पेलणाऱ्या प्रचंड शक्तिमान पुरुषावरून आलं, पण ऑटलासची गोष्ट ही शक्तीची महती पटवणारं रूपक आहे, कदाचित ते ऑटलांटियन साम्राज्याच्या शक्तीवरचं रूपक असेल. (कारण) ग्रीक भाषेत ऑटलांटिस म्हणजे 'ऑटलासची कन्या.'

जगबुडीच्या दंतकथा आणि प्राकृसंस्कृतीचं नाहीसं होणं याबद्दलच्या आख्यायिका सर्व जमाती, राष्ट्र आणि टोळ्यांत लेखी किंवा मौखिक परंपरागत आढळतात. मध्यपूर्वेतल्या एका जलप्रलयावर आधारित स्मृतींवरून आपलं बायबल आणि सुमेरिया, बॅबिलानिया, ऑसिरिया व पर्शिया याशिवाय इतर प्राचीन मध्यपूर्वेतील जलप्रलयाच्या आख्यायिका अस्तित्वात आल्या असाव्यात असा अंदाज आहे. पण स्कॅडिनेविया, भारत, चीन आणि नव्या जगातल्या उत्तर आणि दक्षिण दोन्ही अमेरिका खंडातल्या इंडियन जमातीतल्या पुराच्या आख्यायिकांचं स्पष्टीकरण यातून कसं मिळेल?

या सर्वव्यापी जलप्रलयाच्या आख्यायिका, बहुतेक सर्व आख्यायिकांमध्ये या प्रलयातून वाचलेल्यांनी नवीन जगाची जुन्या जगाच्या भग्नावशेषांवर सुरुवात करणे या समजुती सर्व जगभर समान आहेत नि बहुदा त्या घडलेल्या घटनेवरून अस्तित्वात आल्या असाव्यात. खरोखरच आपल्याला असा विचार करायला हवा, की जर पृथ्वीवर फक्त पाण्याचंच आवरण असतं तर पूर ओसरलाच नसता. कारण पाणी जाणार कुठे? यामुळे आपल्याला असं गृहित धरावं लागतं, की या प्रलयातून वाचलेल्यांना जो आठवतो तो जलप्रलय म्हणजे एक खास जलव्याप्त परिस्थिती, अर्थात याबरोबर प्रचंड पाऊस नि इतर नैसर्गिक संकटं असणारच. यामुळेच यातून वाचलेल्यांना सर्व पृथ्वीच जलमय झाली असं वाटणं साहजिकच आहे. या पुराची नि पृथ्वीवरील स्वर्गाची ही सामायिक आठवण. यामुळेच तर अमेरिकेचा शोध नि

विजय शक्य झाला. हा पृथ्वीवरील स्वर्ग अंटलांटिकमधल्या एका सुंदर नि सुपीक बेटावर बसलेला होता; आणि अभिजात वाङ्मयातून याचे बरेचदा उल्लेख आले होते. त्याचा हा परिणाम होता.

प्राचीन काळापासून ॲटलांटिसपर्यंत आपल्याला उपलब्ध आहेत (नि जे पुढं आपण तपासणार आहोत) त्यापेक्षा अधिक संदर्भ उपलब्ध हवेत असं ॲटलांटियन सिद्धांताच्या टीकाकारांचं म्हणणं आहे. पण पुरातन कालीन पुराव्यांची परिस्थिती नि नवे पुरावे मिळण्याची शक्यता लक्षात घेता आत्तापर्यंत जेवढे पुरावे मिळाले तितके पुरावे मिळाले हीच आश्चर्याची बाब म्हणावी लागेल. ॲटलांटिस बद्दलच्या उपलब्ध असलेल्या संदर्भात उल्लेख सापडतात. ग्रीक आणि रोमन हस्तलिखित नंतरच्या रानटी हल्ल्यात नष्ट झालीच पण बरंच प्राचीन वाङ्मय पद्धतशीरपणं नाहीसं करण्यात आलं. धर्मलंडांचं स्वर्गात जाण्याच्या मार्गावरून अध:पतन होऊ नये म्हणून पोप ग्रेगरी यांनी सर्व प्राचीन वाङ्मय नष्ट करण्याची आज्ञा दिली.

ॲलेक्झांड्रियावर विजय मिळविणाऱ्या मुस्लिम जेत्यानं– आमरूनं जर या ग्रंथातून कुराणातलीच माहिती असेल तर ते पुनरुक्ती करतात सबब निरुपयोगी आहेत, आणि जर यातली माहिती कुराणातली नसेल तर ती खऱ्या मुस्लिमाच्या दृष्टीनं निरर्थक आहे म्हणून प्राचीन काळातल्या सर्वोत्कृष्ट ग्रंथालयातले दहा लाखाहून अधिक ग्रंथ जाळून चार हजार सार्वजनिक स्नानगृहातून सहा महिने इंधन म्हणून वापरले. ॲलेक्झांड्रिया हे त्या काळातील विज्ञान आणि साहित्य यांच्या अभ्यासाचं प्रमुख केंद्र असल्यानं ॲटलांटिसबद्दलचे किती नि कोणते संदर्भ अरब जेत्यांच्या आंघोळीचं पाणी तापवण्याच्या कामी आले हे कुणीच सांगू शकणार नाही. नव्या जगांवर (अमेरिकेत) स्वामित्व मिळवणाऱ्या जेत्यांनी हा पुराव्यांचा विध्वंस चालूच ठेवला. बिशप लांडा यांनं युकातानमधे सापडलेले सर्व मायन लिखाण नष्ट केले. याला अपवाद म्हणजे या विध्वंसातून वाचलेले नि युरोपमधल्या संग्रहालयात असलेले मायांच्या लिखाणाचे सहा नमुने. मायांच्या साहित्यातून कदाचित हरवलेल्या भूखंडाबद्दल मौल्यवान माहिती मिळाली असती. कारण मायांचं शास्त्रीय ज्ञान नि आपल्या उत्पत्तीबद्दलची सुरुवातीपासून माहिती, जर नवे पुरावे सापडले तर कदाचित अजूनही महत्त्वाची माहिती मिळू शकेल.

प्राचीन साहित्य हरवलं असलं तरी ॲटलांटिस वरचं अर्वाचीन कार्य कमी नाही. गेल्या दीडशे वर्षांत जगातील प्रमुख भाषांमधून या विषयावर जवळजवळ ५००० पुस्तकं नि माहिती पत्रकं छापली गेलीत. मानवी मनावर ॲटलांटिसच्या आख्यायिकेचा किती पगडा बसला आहे हे या पुस्तकांच्या संख्येवरूनच कळून येतं. ॲटलांटिसच्या पुनरुत्थानाची बातमी महत्त्वाच्या बातम्यांत चौथ्या क्रमांकाची बातमी आहे असं ब्रिटिश वार्ताहरांच्या दृष्टीनं सर्वात महत्त्वाची बातमी ठरवण्यासाठी

झालेल्या मतदानात ठरलं होतं. ख्रिस्ताच्या पुनरागमनाच्या बातमीपेक्षा ही बातमी महत्त्वाची मानण्यात आली होती.

अॅटलांटिसच्या अस्तित्वावर पुरेपूर विश्वास आणि मानवी संस्कृतीची सुरुवात इथं झाली. याबद्दलही ठाम विश्वास प्रकट करणारी गेल्या दीडशे वर्षांत जी हजारो पुस्तकं प्रकाशित झाली त्या सर्वांचं सार इग्नेशियस डोनेली याच्या पुस्तकांतल्या एका भागात आलंय. इ. स. १८८२ साली प्रसिद्ध झालेल्या त्याच्या अॅटलांटिस वरच्या पुस्तकात डोनेलीनं तेरा विधानं सुरुवातीलाच केली आहेत. ही विधानं किंवा हे सिद्धांत आजही त्यातल्या विचारवैचित्र्य, मूलगामीपणा आणि त्यांची खात्रीलायक भाषा यामुळं वेगळी उठून दिसतात.

हे सिद्धांत असे–

(१) भूमध्य समुद्राच्या मुखाशी, अटलांटिक महासागरात, अटलांटिक भूखंडाचाच अवशेष असलेलं 'अॅटलांटिस' या नांवाचं मोठं बेट अस्तित्वात होतं.

(२) प्लेटोनं या बेटाचं केलेलं वर्णन बराच काळ मानण्यात येतं तशी दंतकथा नसून तो सिद्ध करता येईल असा इतिहास आहे.

(३) मनुष्य प्रथम रानटी अवस्थेतून सुसंस्कृत बनला तो भूभाग म्हणजे 'अॅटलांटिस' हाच होय.

(४) मेक्सिकोच्या आखाताचा किनारा, मिसिसीपी नदी, अमेझॉन, दक्षिण अमेरिका, पॅसिफिकचा किनारा, भूमध्य सागराभोवतीचा भूभाग व आफ्रिकेचा पश्चिम किनारा, बाल्टीक प्रांत (बाल्टीक समुद्राभोवतीचे देश), काळा समुद्र, कास्पियन समुद्र, या प्रदेशात या कालौघात महासत्ता बनलेल्या राष्ट्रांतून संस्कृतीचा नि सुसंस्कृत जमातीच्या वसाहती पसरल्या.

(५) हे खरंच संस्कृतीपूर्व जग होतं. गार्डन ऑफ ईडन, गार्डन ऑफ हेस्पेराईडीस, एलिशयन फील्डस्, गार्डन ऑफ अल्सीनज, ऑलिपॉस अस्गार्ड असं पुराणातून ज्या स्वर्गांचं वर्णन येतं ते अॅटलांटिसचं होय. वैश्विक स्मरणातली ही महाभूमी जिथं आद्य मानव संस्कृती शांततामय नि आनंदी जीवन जगली.

(६) प्राचीन ग्रीक, हिंदू, फिनिशियन आणि स्कॅडिनेवियन संस्कृतीमधले देव हे दुसरे तिसरे कुणी नसून ते अॅटलांटिसचे राजे, राण्या नि वीर पुरुष होते. त्यांच्याबद्दल जे सांगितलं जातं ते म्हणजे खऱ्या इतिहासाची गोंधळलेली आठवण आहे.

(७) इजिप्त आणि पेरू यांचे इतिहास, सूर्यपूजा या अॅटलांटिसच्या मूल धर्माचं प्रतिनिधित्व करतात.

(८) अॅटलांटियनांनी 'अॅटलांटिस' बाहेर स्थापन केलेली सर्वांत आधीची वसाहत इजिप्तमध्ये असावी. इजिप्तची संस्कृती अॅटलांटिक मधल्या बेटावरच्या

संस्कृतीची पुनरावृत्ती होती.

(९) युरोपमधल्या ताम्रयुगाची हत्यारं ॲटलांटिसची निर्मिती होती. ॲटलांटियनांनी सर्व प्रथम लोखंडाचा वापर सुरू केला.

(१०) सर्व युरोपियन लिपीचं मूळ मानलेल्या फिनिशियन लिपीचं मूळ ॲटलांटियन लिपीत होतं.

(११) आर्यन किंवा इंडो-युरोपियन सांस्कृतिक देशांचं मूळ तसंच सेमिटिक आणि तुरानियन वंशांचं मूळ ॲटलांटिसमध्ये आहे.

(१२) ॲटलांटिस एका प्रचंड नैसर्गिक उत्पातात नष्ट झालं. या उत्पातात सर्व रहिवाशांसकट हे बेट सागरात बुडालं.

(१३) यातली काही माणसं वाचली नि जहाजातून नि तराफ्यातून पूर्व आणि पश्चिमेच्या भागात या अस्थानी उत्पाताची बातमी घेऊन गेली. याच्याच कथा आपल्या पुराणातून नि आख्यायिकातून विश्वव्यापी पुराच्या दंतकथांच्या स्वरूपात आल्या. या प्राचीन नि अर्वाचीन (अमेरिकन) जगात सर्वत्र आढळतात.

डोनेलीचा ग्रंथ नि त्या मागोमाग आलेल्या अनेक पुस्तकांमुळे 'ॲटलांटिस चळवळी'ची सुरुवात झाल्याचं मानण्यात येतं. ही चळवळ निरनिराळ्या स्वरूपात आजही टिकून आहे. लेखक व अभ्यासक आजही प्राचीन लिखित पुराव्यांची पुनर्परीक्षा करतात. शिवाय चिकित्सकरीत्या प्राचीनतम पुराणं, तद्देशीय आख्यायिका आणि जीवशास्त्र, मानवशास्त्र, भूशास्त्र, मानसशास्त्र, भाषाशास्त्र आणि भूकंपशास्त्र या शाखांच्या साहाय्यानं ॲटलांटिसवर प्रकाश टाकायचा प्रयत्न करतात. यातून खूप सामग्री मिळते आणि यातले तर्क, हे अर्थ लावण्यावर अवलंबून असतात.

यातल्या पहिल्या पाच शास्त्र शाखांनुसार, अमेरिका आणि युरोपला जोडणारा एक भूखंडी पूल अस्तित्वात होता. याची भरपूर प्रमाणात माहिती मिळते. प्रथम हा जमिनीच्या पट्ट्याच्या स्वरूपात नंतर एका प्रचंड खंडाच्या स्वरूपात असावा. अखेरीस या खंडाचे तुकडे होऊन त्यातून वेगवेगळ्या बेटांची एक श्रृंखला तयार झाली असावी. यामुळं या शास्त्रातून दिसणाऱ्या निष्कर्षांच्या साधर्म्याबरोबरच सांस्कृतिक चालीरीती आणि आख्यायिका यांच्या साधर्म्याचंसुद्धा स्पष्टीकरण मिळतं आणि भूकंपशास्त्राबद्दल बोलायचं तर भू कवचातला ॲटलांटिक हा सर्वांत अस्थिर भाग असून संपूर्ण उत्तर मध्य-अटलांटिक कटकाचा (पर्वतासारखा समुद्रतल) भागात सतत भू कवचाच्या हालचाली होत असतात. हा (मध्य अटलांटिक कटकाचा उत्तर भाग) उत्तर ब्राझील ते आइसलंडपर्यंत समुद्रतळावर पसरला आहे आणि इथल्या हालचालींनी अजूनही जमीन वरखाली होत असते. विज्ञानातली आधुनिक प्रगती, पुरातत्त्व शास्त्रातील कालमापनाची नवी तंत्रे, सुसंस्कृत मानवी समाजाबद्दलचे क्रांतिकारक सिद्धांत आणि यापेक्षाही जलांतर्गत संशोधनांत उपलब्ध होणारी नवी

संधी नि गाडलेली खोली यामुळे या क्षेत्रात नवे शोध लागण्याजोगं वातावरण तयार झालं. तर नवे पुरावे आताही हाती असतील पण त्याचं महत्त्व अजूनही पडताळून पाहायचंच राहिलं असेल.

आज आपल्या हाताशी असलेल्या कालमापन, शोधन, उत्खनन व जलांतर्गत संशोधनाची तंत्रं उपलब्ध होण्यापूर्वी सैद्धांतिक आणि संशोधक हे अॅटलांटिसच्या संशोधनात पारंपरिक संशोधन क्षेत्रातील लक्ष्मणरेषेजवळ पोहोचले होते. आज संशोधनाची क्षितिजं खूपच विस्तारीत झाली आहेत.

अॅटलांटिसबद्दल आजही बातम्या येत आहेत. गेल्या काही वर्षात त्याचा दोनदा पुनःशोध लागलाय. एकदा भूमध्य सागरात आणि अटलांटिक पार बहामाजवळ बिमीनी बेटाच्या जवळच्या सागरात एक अटलांटियन देऊळ वर येतंय अशी बातमी आली तेव्हा इ. स. १९४० मध्ये एडगर केसीनं बिमीनीजवळच्या सागरातून अटलांटियन देऊळ वर येईल अशी भविष्यवाणी केली होती. यामुळे या जलांतर्गत इमारतीस वृत्तपत्रे 'अटलांटियन देऊळ' असं म्हणताहेत.

परामानसशास्त्राचा नि अतींद्रिय शक्तीचं संशोधन करणाऱ्या व्हर्जिनिया बीच, व्हर्जिनिया येथील एडगर केसी यांनं १९२३ ते १९४४ या कालखंडात अनेकवेळा अॅटलांटिसबद्दल, अॅटलांटिसच्या जीवनाबद्दल, अॅटलांटिसच्या भूमीबद्दल नि भूमीतील बदलांसंबंधीत अतींद्रिय विचार प्रकट केले नि मुलाखती दिल्या. हे विचार नि मुलाखती यांची संख्या बरीच असली तरी त्याच्या असंख्य अतींद्रिय विचार नि भविष्याची असलेल्या वक्तव्यांचा हा छोटा भाग आहे. या (त्याच्या भविष्य कथन व अतींद्रिय शक्तीमुळे) त्याच्या नावानं अमेरिकेत असंख्य शाखा असलेली एक संस्था स्थापन करण्यात आली आहे.

अॅटलांटिसबद्दल त्यानं म्हटलं, की 'बहामा बेटं ही अॅटलांटिसच्या बुडालेल्या पश्चिम भागाच्या बेटाची– पॉसिडियाची शिखरं असून अॅटलांटिस हे बहामाजवळच्या सागरात अस्तित्वात होतं. १९४० मध्ये बिमीनीजवळचा अॅटलांटिसचा भाग १९६८ किंवा ६९ मध्ये वर येईल असं केसीनं सांगितलं. तो म्हणाला, 'फार दूर कशाला? पॉसिडिया हा अॅटलांटिसचा प्रथम वर येणारा भाग असेल. ६८ किंवा ६९ मध्ये तो वर येईल अशी अपेक्षा आहे.'

अँड्रोसच्या उत्तर टोकाला बिमीनीजवळच्या सागरातून बऱ्याच इमारती विचित्र योगायोगानं वर येत आहेत. या इमारती कसल्या किंवा त्या किती जुन्या आहेत हे अजून प्रस्थापित व्हायचं आहे. पण या इमारती बाबतीतला सर्वांत महत्त्वाचा मुद्दा म्हणजे त्या अगदी केसीनं १९४० साली सांगितलेल्या ठिकाणीच प्रगट झाल्या आहेत.

या जलांतर्गत इमारती प्रथम बघून दोन धंदेवाईक वैमानिकांनी त्यांचे फोटो काढले. यातला एक केसी फौंडेशनचा सदस्य असल्याने त्याच्या नेहमीच्या उड्डाणात

तो यांचा मागोवा घ्यायच्या प्रयत्नात होताच. कारण त्याला या इमारतींच्या पुनरुत्थानाच्या भविष्यवाणीची कल्पना होती. दृष्यमानता आणि संथपणा यावर अवलंबून आकाशातून असंख्य पुरातन बंदरं, तटबंदी आणि शहरं यांचे फोटो घेणारी विमानं ही (जलांतर्गत) पुरातत्त्व शास्त्राला महत्त्वाची मदत करणारी यंत्रणा ठरली आहे.

या ठिकाणाच्या दक्षिणेस 'टंग ऑफ ओशन' नावाची १८००० फूट खोलीची सागरी दरी आहे. हे ठिकाण नि केसीची बिमिनी बेटं माजी अटलांटिसवरची सर्वोच्च ठिकाणं असल्याची भविष्यवाणी यांचा सहजगत्या मेळ बसतो. या ठिकाणी केलेल्या प्राथमिक जलांतर्गत तपासणीत ही इमारत नैसर्गिक खडकातल्या पायावर उभी असून आता त्यावर वाळू साठल्याने ती पाण्याखाली जाऊन बघणं अवघड झालं असलं तरी हवेतून ती चटकन लक्षात येते. नि त्या इमारतींचा चौकोनी आकार सुस्पष्ट दिसतो. आता या इमारती सागरपृष्ठाच्या अगदी जवळ आल्यानं, खजिन्याच्या आशेनं त्यांची नासधूस करणाऱ्या लोकांपासून यांचं संरक्षण करणयासाठी खास काळजी घ्यावी लागते.

कॅरिबियन बेटांजवळ यानंतर इतरही पाण्याखालील भग्न अवशेष सापडले आहेत. हैतीजवळ तर एक संपूर्ण बुडालेलं शहरही मिळालंय आणि आणखी एक शहर एका जलाशयाच्या तळाशी मिळालंय. १९६८ मध्ये उत्तर बिमिनीजवळ बऱ्याच खोलवर एक पाण्याखालील रुंद रस्ता (किंवा मध्यभागी कारंज्यांची मालिका असलेला राजरस्ता) मिळाला. या असंख्य नव्या शोधांमुळं अटलांटिक आणि कॅरिबियन बेटांच्या जवळची पाण्याखालची खंडभूमी ही एकेकाळी कोरडी जमीन होती नि मानवी संस्कृतीच्या स्थापनेनंतर तिच्यावर पाणी आलं किंवा ती सागरात बुडाली असं दिसतं.

बिमिनी आणि अँड्रासजवळच्या पाण्यातून वर येणाऱ्या या इमारतींचा सध्या अभ्यास चालू असून या इमारती मायन संस्कृती समूहातील आहेत, की केसीनं भाकित केलेल्या आधीच्या काळातल्या आहेत यासंबंधी हे संशोधन आहे. त्या इमारती मायन संस्कृतीच्या आहेत असं सिद्ध झालं तरी फारसा फरक पडत नाही. कारण माया (इंडियन) लोक हे अटलांटियन मानवाचे वंशज जरी मानले गेले नसले तरी त्यांची सांस्कृतिक प्रगती अटलांटियन मदतीमुळेच झाली असं मानणारे बरेचजण आहेत– प्राचीन काळातली विकसनशील देशांना मदत करायची ही एक पद्धत.

खि. पू. १५०० मध्ये स्फोटानं उडालेलं, क्रीटच्या उत्तरेला एजियन सागरात असलेलं थेरा हे बेट, त्यावर गेलेल्या मोहिमेमुळे पुन्हा प्रकाशात आलंय नि थेराच्या स्फोटात बुडलेल्या प्रचन्ड व्यापाच्या भूभागामुळं प्लेटोला एक भूखंड बुडाल्याची माहिती मिळाली या तर्कालासुद्धा महत्त्व आलंय. प्रगत क्रीटन संस्कृतीचा याच सुमारास गूढ कारणानं शेवट झाला.

क्रीटन साम्राज्य हे त्यानंतरच्या साम्राज्यांपेक्षा सांस्कृतिक दृष्ट्या खूपच प्रगत होतं. या साम्राज्यात नळानं पाणी येत होतं. खूप आधुनिक सुविधा असलेली स्नानगृहं होती. विविध रंगछटा असलेले काचेचे चषक, झिलईदार काचेची जेवणाची भांडी, आणि (अत्याधुनिक वाटाव्या अशा) मुद्दाम बनवलेल्या अंग प्रदर्शक बनावटीचे पोषाख या संस्कृतीत होते.

प्राचीन काळी थेराला स्ट्राँबोली म्हणजे वर्तुळाकार हे नाव होतं. पण या स्फोटानंतर या बेटाच्या वायव्य भागाची शकलं झाली नि तो भाग सागरतळी गेला. यामुळे मागे करंजीच्या आकाराचा तुकडा उरला. हा स्फोट, याच्याशी संबंधित असलेले ज्वालामुखी, भूकंपांमुळे निर्माण झालेल्या प्रचण्ड लाटा यामुळे क्रीटच्या ऱ्हासाला सुरुवात झाली असावी नि नंतर ते ग्रीकांच्या ताब्यात गेलं.

असं असलं तरी भूमध्य सागरी प्रदेशात शतकानुशतके असंख्य ज्वालामुखींचे स्फोट होत आहेत. यामुळे प्लेटोनं म्हटल्याप्रमाणं हर्क्युलीसच्या खांबांपलिकड एखादा याहून मोठा स्फोट झाला असल्याची शक्यता नाकारता येत नाही. यातला सांगण्यासारखा मुद्दा असा की कुठेही सागरतळावरचे प्राचीन अवशेष सापडले, नि नवनव्या जलांतर्गत संशोधन तंत्रांमुळं ते सापडत राहणारच, की लगेच लोक प्रश्न विचारतात 'आख्यायिकांमधलं हरवलेलं ॲटलांटिस ते हेच का?'

याचं कारण म्हणजे जगातली सर्वात जुनी संस्कृती किंवा आख्यायिका– ॲटलांटिस, मानवी जाणिवांना सतत पछाडत आली आहे. याचा पुरावा म्हणजे या विषयावर लिहिली गेलेली हजारो पुस्तकं आणि ग्रंथ. याशिवाय याच विषयावर सतत लिहिलं जात असलेलं वाङ्मय. अजून ज्या विषयाचं अस्तित्त्व सिद्ध व्हायचंय अशी ही वांशिक आठवण किंवा आख्यायिका आजही बातमी ठरते.

जणू काही पुरातत्त्व शास्त्रीय संशोधनात खूप सुधारणा झाल्यामुळे आज आपण आपल्या हरवलेल्या भूतकाळाची माहिती मिळेल अशी अपेक्षा करतो आहो नि आधुनिक विज्ञान आपल्या सामुहिक कुटुंबाच्या इतिहासातील अवशिष्ट पुरावे मिळवेल अशी अपेक्षा करते.

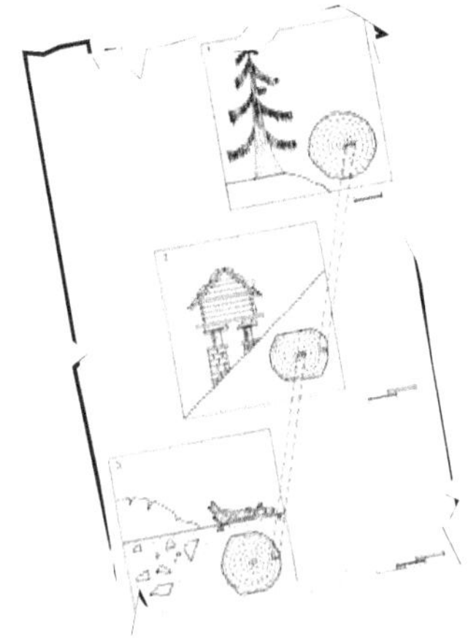

वृक्षवर्तुळे

क्रिकेटची बॅट विकत घेताना बॅटवरच्या नैसर्गिक रेषा बघून घ्याव्या लागतात. त्या वेड्या वाकड्या असून चालत नाहीत. यांना 'ग्रेन' असं म्हणतात. सुतारकाम करतानाही या 'ग्रेन' चा कुशल मंडळी मोठ्या कल्पकतेनं फायदा करून घेत असतात. ॲरिस्टॉटलने या लाकडाच्या नैसर्गिक रेषांचा फायदा करून घेतला. भारतीय वास्तुशास्त्रात कारागिरानं ह्या नैसर्गिक रेषा कशा वापराव्या, याबाबतचे मार्गदर्शन आढळते. या रेषांबद्दल लिओनार्डो दा विंचीनं पहिलं शास्त्रीय मत मांडलं होतं. ह्या नैसर्गिक रेषा वृक्षांच्या वाढीचे द्योतक असून प्रत्येक झाड दरवर्षी एक नवी रेषा पूर्वीच्या रेषांच्या वर्तुळाबाहेर तयार करते, असं त्यानं लिहून ठेवलेलं आढळतं. आजच्या विज्ञानानं या रेषा किंवा वृक्षवर्तुळं किंवा वृक्षकंकणं कशी तयार होतात याचा उलगडा केला आहे. वसंतऋतूच्या आगमनाबरोबर झाडांच्या पेशींचं विभाजन व्हायला सुरुवात होते. हिवाळ्यात झाडं आपले बहुतेक व्यवहार थोपवून फक्त आवश्यक तेवढेच कार्य करीत असतात. हिवाळा संपताच सालीच्या नजीकच्या पेशींचं विभाजनकार्य पुन्हा सुरू होतं. जसजसा उन्हाळा वाढू लागतो तसतसं हे कार्य अधिक जोमानं सुरू होतं, ते पुढच्या उन्हाळ्यापर्यंत चालू राहतं. सुरुवातीला पातळ भिंतीच्या पेशी निर्माण होतात. या लांबट आकाराच्या असतात. पुढे पुढे या पेशी भित्ती जाड होऊ लागतात आणि पेशींचा लांबटपणाही कमी कमी होत जातो. सुरुवातीच्या पेशींमुळे फिकट छटेचं लाकूड तयार होतं तर नंतरच्या पेशींमुळे लाकडाला गडद छटा प्राप्त होत असते. या लाकडामुळे वृक्षवर्तुळांना उठाव येतो. यानंतर पुन्हा हिवाळा सुरू झाला की, आणि विशेषत: शीत प्रदेशात बर्फ पडू लागलं की, वृक्ष अर्धनिद्रिस्त होऊन आपलं पेशी-विभाजन थांबवतात. अशा तऱ्हेनं बऱ्याच वृक्षांच्या खोडात फिकट गडद वृक्ष कंकणांच्या जोड्या आढळतात. एक

फिकट आणि एक गडद अशी वृक्षकंकणांची जोडी त्या वृक्षाच्या आयुष्यातल्या एका वर्षाचं प्रतिनिधित्व करत असते. सूचीपर्णी वृक्षांमध्ये अशा जोड्या स्पष्ट दिसतात. विषुववृत्तीय वृक्षांमध्ये अशा जोड्यांचा अभाव असतो कारण तिथं वृक्षांची वाढ व्हायला वर्षभर परिस्थिती अनुकूल असते. समशीतोष्ण भूभागात काही ठिकाणी हा फरक अस्पष्ट जाणवतो.

वृक्षांची ही कंकणं म्हणजे निसर्गाच्या इतिहासाचे पुरावे आहेत. निसर्गातल्या घडामोडी इथं ग्रथित केल्या जातात. फक्त हे ग्रंथ वाचायचं ज्ञान हवं. अशा वृक्षकंकण साक्षर व्यक्तीला ही इतिहासाची पानं वाचून कोणत्या वर्षी हवा कशी होती, पाऊस किती पडला, उन्हाळा कसा होता, हिवाळा किती तीव्र होता वगैरे गोष्टी सांगता येतात. एवढंच नव्हे तर तत्कालीन रासायनिक प्रदूषणाचीही माहिती वृक्ष कंकणांकडून उपलब्ध होऊ शकते. जर त्या काळात एखादा वणवा पेटला असेल तर वृक्षकंकणं आपल्याला तीही माहिती देऊ शकतात. अशा तऱ्हेनं प्राचीन पर्यावरणाचे साक्षीदार असलेले वृक्ष 'कोणे एके काळी' किंवा 'फार फार वर्षांपूर्वी' त्या प्रदेशात नक्की काय घडलं याची आजच्या वृक्षकंकण वाचकांना पुरेपूर माहिती देतात. या वृक्षकंकणांचा अभ्यास करून केवळ ऐतिहासिक माहितीच आपल्या हाती येते असं नाही तर या माहितीचे बारकावे पडताळून भविष्यकालीन हवामान कसे असेल याबद्दलही आपण काही प्रमाणात अंदाज वर्तवू शकतो.

वृक्षकंकणांचा अभ्यास या शतकाच्या पूर्वार्धात सुरू झाला. व्हरमॉंट इथं इ. स. १८६७ मध्ये जन्माला आलेल्या 'अँड्र्यू एलिकॉट डग्लस यांना या शास्त्रशाखेचं जनक मानलं जातं. 'पर्सिव्हल लॉवेल' या खगोलशास्त्रज्ञाला वेधशाळा उभारण्यासाठी जागा हवी होती. हे पर्सिवल लॉवेल 'मंगळावर काय आहे' याचे वेध घेणाऱ्यातले अग्रणी मानले जातात. त्यांच्या वेधशाळेसाठी जागा शोधायला निघालेल्या डग्लसनी अरायझोना राज्यात प्रवास केला. इथं त्यावेळी फार मोठ्या प्रमाणावर जंगलतोड सुरू होती. त्याकाळी या लाकूडतोड्यांचे तळ हेच बरेचदा मुक्कामाची ठिकाणं असत. इथं डग्लसचं लक्ष त्या कापून ठेवलेल्या लाकडांच्या ओंडक्यांकडं गेलं. सूर्याच्या अकरा वर्षांच्या सौरडाग चक्राचा आणि वृक्षकंकणांचा काही संबंध आहे का, असा एक विचार त्यावेळी डग्लस यांच्या मनात पिंगा घालू लागला. त्यांना याबाबत त्या वृक्षकंकणांमध्ये थेट पुरावा मिळाला नव्हता. पण एकाच भागातल्या वृक्षांची कंकणं अगदी एकसारखी असतात हे हळूहळू त्यांच्या लक्षात आलं; म्हणजे एखाद्या ठिकाणी तोडून ठेवलेल्या ओंडक्यांवर आत तीन जाड कंकणं आणि बाहेर दोन बारीक कंकणं आढळली तर त्या भागातल्या इतर ओंडक्यांमध्येही अशीच कंकणं सापडणार हे गृहीत धरायला हरकत नाही इतका पुरावा त्यांनी बघितला. याचाच अर्थ इथं तीन चांगली पावसाची वर्षं होऊन गेल्यावर दोन वाईट हवामानाची

किंवा कमी पावसाची वर्षे होऊन गेली असं गृहीत धरता येईल, हे त्यांच्या लक्षात आलं. एवढंच नव्हे तर अरायझोनातल्या सर्व ओंडक्यात हाच प्रकार त्यांना दिसून आला. १९०१ मध्ये डग्लस अरायझोनात आले होते. पुढील २० वर्षे त्यांनी वृक्षकंकणांचा व्यवस्थित अभ्यास केला. त्यांच्या या अभ्यास तंत्राला क्रॉस डेटिंग म्हणजे 'काळ ताळा' असं म्हणतात. ही पद्धत थोडक्यात पुढीलप्रमाणे आहे. 'काळ ताळा' बघायची मूल कल्पना तशी अगदी सोपी आहे. समजा, एखाद्या झाडाचं खोड कापलंय. त्यात जाड बारीक, जाड बारीक जाड बारीक असा वृक्षकंकणाचा क्रम आहे. हा क्रम एखाद्या नुकत्याच कापलेल्या खोडाच्या मध्याशी आहे; म्हणजे या झाडातलं सर्वांत बाहेरचं सालाजवळचं कंकण या वर्षीचं म्हणजे १९९८ चं आहे. या कंकणांपासून आतल्या कंकणापर्यंत एक एक कंकण मोजत गेलो तर हे झाड किती वर्षांचं आहे ते आपल्याला कळू शकेल.

आता समजा, याच परिसरात आपल्याला एखादं पूर्वीचं मेलेलं झाड सापडलं. हे झाड केव्हा पडलं ते आपल्याला ठाऊक नाही, पण बरीच वर्ष झाली असं गावातले वृद्ध लोक बोलताना आढळले. त्या झाडाच्या कंकणांची पाहणी तर करता येते. आता या वठलेल्या झाडाच्या कंकणांपैकी सर्वांत बाहेरची कंकणं आपल्या यावर्षी तोडलेल्या झाडाच्या आतल्या कुठल्या कंकणांशी जुळतात ते आपण पाहू शकतो. १९९८ साली तोडलेल्या झाडातल्या कंकणांची वर्ष आपणाला माहीत आहेत. ते वर्ष या तंतोतंत जुळलेल्या वठलेल्या कंकणांचे असे गृहीत धरले की, मग ते झाड केव्हा जन्मले आणि केव्हा तोडले गेले, हे आपण सांगू शकतो. वृक्षकंकणांचे अभ्यासक अशा तारखा अचूक सांगू शकतात. काहीवेळा वठलेल्या झाडाची बाहेरची कंकणं गायब असतात. अशावेळी जी कंकणं अस्तित्वात आहेत, त्यावरून झाडाच्या जन्मापर्यंतचा इतिहास तरी सांगता येतोच. आता या वठलेल्या झाडापेक्षा आणखी जुन्या अशा एखाद्या झाडाचा ओंडका मिळाला तर आपण याच तंत्रानं आणखी भूतकाळात जाऊ शकतो.

शीत प्रदेशात 'ब्रिसल् कोन पाईन' (एक प्रकारचा देवदार) नावाच्या वृक्षाच्या कंकणांचा अभ्यास करून खि. पू. ६७०० पर्यंतचा हवामानाचा इतिहास आता वृक्षकंकणतज्ज्ञांच्या हाती आला आहे. यामुळे या भागातल्या इमारतींमध्ये जे लाकूड वापरलंय त्याचा अभ्यास करून ती इमारत केव्हा बांधली गेली असावी, हे सांगणं शक्य होतं.

या तंत्राचा उपयोग अमेरिकेतल्या प्युब्लो इंडियन जमातीच्या वसाहतींचा काळ ठरवण्यासाठी डग्लस यांनी केला होता. संयुक्त संस्थानांच्या नैऋत्य भागात या प्युब्लो जमातीचे अवशेष आढळतात. ते केव्हा निर्माण झाले आणि एकाएकी केव्हा प्युब्लो जमात त्या भागातून निघून गेली, हे कुणालाच ठाऊक नव्हतं. इ. स. पू.

२००० मध्ये प्युब्लो इथं राहत असावेत असा एक अंदाज करण्यात येत होता. डग्लसनी या प्युब्लोंच्या वसाहतीतील लाकडांचा अभ्यास सुरू केला. इ. स. १९२९ मध्ये त्यांनी बऱ्याच ओंडक्यांच्या वृक्षकंकणांचा परस्पर संबंध प्रस्थापित केला. कुठले आधीचे, कुठले नंतरचे हे प्रस्थापित झाल्यावर साधारणपणे या वसाहतीत किती काळ लोक वास्तव्यास होते याबाबतचा अंदाज ते बांधू शकले. त्या काळात अरायझोनातल्या वृक्षांच्या कंकणांवरून इ. स. पूर्व १२६० पर्यंतचा काळ निश्चित करण्यात आला होता. यामुळे प्युब्लो वसाहती त्यापेक्षाही जुन्या असाव्यात असा डग्लस यांनी अंदाज बांधला. याचं कारण १९२९ ते इ. स. पू. १२६० पर्यंतच्या कुठल्याच वृक्षकंकणाबरोबर या ओंडक्यातील वृक्षकंकणं जुळत नव्हती. इ. स. पू. १२६० पासून मागे किती वर्षे प्युब्लो ओंडक्यातील अगदी शेवटचं वृक्षकंकण तयार झालं हे सांगणं अवघड होतं.

ओंडका मोहीम

इ. स. १९२९ मध्ये एक मोठी पुरातत्त्वीय 'ओंडका मोहीम' हाती घेण्यात आली. यावेळी १०० किंवा अधिक कंकणं असलेला ओंडका शोधून काढणाऱ्या कुठल्याही व्यक्तीस ५ डॉलरचं बक्षीस जाहीर करण्यात आलं होतं. एका मजुराला जमीन उकरताना असा एक एका बाजूनं जळलेला ओंडका सापडला. या ओंडक्यातल्या सर्वांत बाहेरच्या कंकणांचा मेळ झातकंकणातल्या सर्वांत जुन्या कंकणांशी घालता येत होता, तर आपल्या कंकणांची सांगड प्युब्लोंच्या सर्वांत बाहेरच्या कंकणांशी घालता येत होती. हा दुवा मिळाल्यामुळं प्युब्लोंनी ती वसाहत इ. स. पूर्व नसून इसवीसनाच्या दहा ते तेराव्या शतकात अस्तित्वात होती. तेराव्या शतकात ती वसाहत ओसाड बनली हे डग्लसच्या लक्षात आलं.

या यशामुळं इ. स. १९३७ पर्यंत प्युब्लोंच्या सर्व वसाहतींच्या अस्तित्वाचा काळ निश्चित करणं शक्य झालं. त्यामुळं मग १९३७ मध्ये अरायझोना विद्यापीठात डग्लसनी 'लॅबोरेटरी ऑफ ट्रीरिंग रिसर्च'ची स्थापना केली. या विषयातली आजही ही प्रयोगशाळा आघाडीची प्रयोगशाळा मानण्यात येते.

अरायझोनात या पद्धतीची उपयुक्तता सिद्ध झाल्यावर शास्त्रज्ञांनी इतरत्र हे तंत्र वापरून पाहायचे ठरवले. डग्लसनी अरायझोनात पहिल्यांदा वृक्षकंकणांचा वापर करायचे ठरविले हा एक सुदैवी योगायोगच म्हणायला हवा. याचं कारण अरायझोनात वृक्षवाढीसाठी परिस्थिती अनुकूल नाही. त्या रखरखाटी वैराण प्रदेशामध्ये पाऊस नेहमीपेक्षा जरा कमी किंवा जास्त झाला, हवामानात थोडा जरी बदल झाला तरी त्याचा लगेचच वृक्षवाढीवर परिणाम होतो. यामुळे त्याचे प्रतिबिंब तात्काळ वृक्षकंकणामध्ये दिसून येते. इतरत्र जिथे अशी परिस्थिती नसते तिथे वृक्षकंकणात असा जाणवण्याजोगा

फरक आढळून येत नाही.

युरोप आणि पूर्व अमेरिकेत झाडांना वाढण्यास आदर्श परिस्थिती आहे. त्यामुळं इथं झाडं जवळ जवळ असतात. त्यांच्यात एक प्रकारचा जीवनसंघर्ष आढळतो. यामुळं प्रत्येक झाडाचं कंकण वेगवेगळं दिसतं. शिवाय जलवायुमान वाढीस योग्य असल्यामुळे दोन कंकणामध्ये फारसा फरक आढळून येत नाही.

इ. स. १९७५ मध्ये अमेरिकेच्या नॅशनल सायन्स फौंडेशनने 'क्लायमेट डायनॅमिक्स प्रोग्रॅम' सुरू केला. एखाद्या भूप्रदेशाच्या प्राचीन आणि अर्वाचीन जल वायुमानावर वेगवेगळ्या घटकांचा होणारा परिणाम अभ्यासणे हा या कार्यक्रमाचा हेतू होता. कोलंबिया विद्यापीठाच्या लॉमॉन्ट डोहर्टी भूशास्त्रीय अभ्यास विभागातर्फे वृक्षकंकण प्रयोगशाळेची स्थापना यावेळी करण्यात आली. डॉ. गॉर्डन जॅकॉबी हे या कार्यक्रमाचे सूत्रधार होते. १९७५ मध्ये जेव्हा पूर्व किनाऱ्यावरील वनस्पतींचा अभ्यास सुरू झाला तेव्हा ती फारसा फरक नसलेली वृक्षकंकणं पाहून शास्त्रज्ञ हताश झाले; पण हळूहळू इथंही अडचणींमधून परिश्रमपूर्वक मार्ग काढण्यात आला. त्यामुळे या भागातल्या प्राचीन जलवायुमानविषयक घटनांची कुंडली मांडणं शास्त्रज्ञांना शक्य झाले. मात्र इथं ३०० ते ५०० वर्षांपूर्वी पर्यंतच्या काळाचीच माहिती मिळाली. याचं कारण इथं वृक्ष फार वर्षे जगत नाहीत आणि वाढतही नाहीत कारण ते लगेच कुजून त्यातील लाकडाचे विघटन व्हायला सुरुवात होते.

जिथे बराच दीर्घकाळ मानवी संस्कृती नांदली आहे, अशा ठिकाणी वृक्षकंकणांमुळे आश्चर्यकारक माहिती हाती आली आहे. वायव्य रशियात नोव्हगोरोड इथं मध्ययुगीन काळात रस्त्यात चिखल झाला की, झाडांचे ओंडके त्या चिखलावर आडवे टाकले जात आणि नंतर त्या रस्त्यांचा वाहतुकीसाठी वापर होत असे. ओंडका त्या चिखलात पूर्ण बुडाला की, त्यावर नवा ओंडका टाकण्यात येत असे. अशा तऱ्हेचे २८ रस्ते नोव्हगोरोड मध्ये सापडले. यात इ. स. ९५३ ते १४६२ पर्यंतचा वृक्षकंकणांचा माग घेता आला. वृक्षकंकण अभ्यासकांना ही एक पर्वणीच ठरली. काही चित्रांच्या चौकटींमधल्या वृक्षकंकणांचा अभ्यास करून रेंब्रॉं आणि रुबेन्स सारख्या चित्रकारांनी ते चित्र केव्हा रेखाटलं आणि चित्रित केलं याचा कालखंड निश्चित करणं शक्य झालं होतं.

सुरुवातीस वृक्षकंकणांच्या सहाय्यानं पुरातत्त्वीय संशोधनाला मदत झाली असली तरी आता या वृक्षकंकणांच्या अभ्यासातून प्राचीन जलवायुमान (क्लायमेट) आणि स्थानिक हवामान (वेदर) यांच्या अभ्यासावर भर देण्यात येत आहे. शिवाय या वृक्षकंकणांमध्ये आढळणाऱ्या मूलद्रव्यांच्या अभ्यासाची शाखा त्या-त्या काळातल्या प्रदूषणाची, वणव्यांची आणि हवेतील घटकांची माहिती उपलब्ध करून देऊ शकते.

सर्वांत जुना वृक्ष

अमेरिकेतल्या ब्रिसल् कोन देवदार वृक्षांचं वैशिष्ट्य म्हणजे हे वृक्ष पृथ्वीवरले सर्वांत वृद्ध सजीव आहेत. यातला 'मेथु सेला' नावाचा वृक्ष तर ४६०० वर्षे वयाचा आहे. दरवर्षी त्याच्या कंकणांमध्ये भर पडत असते. हे वृक्ष ज्या भूभागात सापडतात तिथलं जलवायुमान असं आहे की त्यामुळे हे वृक्ष वठले तरी बराच काळ उभे असतात. शुष्क हवेमुळं ते पडले तरी कुजत नाहीत. यामुळे सजीव आणि निर्जीव वृक्षांच्या कंकणतुलनेनं वृक्षकंकणांच्या सहाय्यानं सुमारे नऊ हजार वर्षांचा इतिहास सजीव करण्यात शास्त्रज्ञांना यश आलं आहे.

आपण कार्बनी पदार्थ जगतो. आपल्या शरीरात, तसं बघायला गेलं तर पृथ्वीवरल्या प्रत्येक सजीवाच्या शरीरात कार्बनी श्रृंखलांनी बनलेले पदार्थ असतातच. यातला बहुतेक सर्व कार्बन हा कार्बन-१२ या नावानं ओळखला जातो. जेव्हां कार्बन-डाय ऑक्साईड वायू वातावरणात जातो तेव्हां वैश्विक किरण त्यावर आपटतात. ह्या टकरी महत्त्वाच्या ठरतात. याचं कारण या टकरीमधून त्यांच्यात काही बदल घडून येतात. यांना कार्बन-१४ असं म्हटलं जातं. या कार्बनरेणूंच्या केंद्रात १४ न्यूट्रॉन कण तयार होतात. या कार्बनांच्या इतर प्रक्रिया नेहमीच्या कार्बनप्रमाणेच असतात. यामुळे सजीवांच्या शरीरात अत्यल्प प्रमाणात कार्बन १४ चे रेणू आढळतात. या कार्बन रेणूंच्या केंद्रात जास्त न्यूट्रॉन असल्यानं ते किरणोत्सर्गी बनतात. त्यामुळं त्याचं हळूहळू विघटन होत राहतं. जेव्हा एखादा सजीव कालांतराने निर्जीव बनतो तेव्हा त्याच्या शरीरात कार्बन घेण्याची क्रिया बंद होत असते. यामुळे नव्यानं त्या कार्बन १४ चीही भर पडत नाही आणि जुने कार्बन-१४ रेणू विघटनानं नाहीसे होऊ लागतात. मूळ वातावरणातलं कार्बन-१४ चं प्रमाण कळलं तर या विघटित कार्बन-१४ वरून हा सजीव किती काळापूर्वी जिवंत होता ते शास्त्रज्ञ गणितानं शोधून काढू शकतात.

प्रथम जेव्हा हा विचार पुढे आला तेव्हा वातावरणातील कार्बन-१२ आणि कार्बन-१४ चे प्रमाण आजच्यासारखेच पूर्वीही असावे असे गृहित धरण्यात आले होते. या गृहितावर आधारित कार्बन-१४ कालमापन पद्धतीनं अनेक पुरातत्त्वीय वस्तूंची कालनिश्चिती करण्यात आली होती. १९६० नंतर मात्र काही प्रश्न उपस्थित होऊ लागले. एखाद्या प्राचीन वस्तूचा ज्ञात काळ आणि कार्बन-१४ पद्धतीनं शोधलेला काळ यात खूपच फरक पडू लागला. यामुळे या कालमापन पद्धतीनं काढलेल्या वस्तूंच्या काळापुढं प्रश्नचिन्ह उभं राहिलं. या प्रश्नावर सी.डब्ल्यू. फर्ग्युसन या शास्त्रज्ञानं तोडगा काढला. अरायझोनातल्या ब्रिसल्कोन देवदारांचं नक्की वय सांगणं शक्य होतं. त्या-त्या कंकणांच्या अभ्यास करून त्या-त्या वर्षी

वातावरणात कार्बन-१४ किती प्रमाणात होता हेही सांगता येणं शक्य होतं. हा अभ्यास झाल्यावर प्राचीन काळी आजच्यापेक्षा कार्बन-१४ जास्त प्रमाणात होता हे सिद्ध झालं. यामुळे मग पूर्वी काढलेल्या कार्बन-१४ वयांचं गणित या नव्या हिशेबानं करावं लागलं.

वृक्षांच्या कंकणाच्या अभ्यासाला डेंड्रोक्रोनॉलॉजी (डेंड्रो-झाड, क्रोनॉस-काळ, लोगॉस-शास्त्र) मराठीत याला वृक्षीय कालमापनशास्त्र किंवा वृक्षकंकण कालमापन तंत्र असं आपण म्हणू शकतो. सध्या वृक्षीय कालमापनापेक्षाही वृक्षीय जलवायुमानशास्त्राची चलती आहे. हे शास्त्र तसं किचकट आहे. वृक्षकंकणातील रसायनं आणि वृक्षकंकणांची जाडी यांच्या आधारानं त्या-त्या काळात कोरडा दुष्काळ होता, ओला दुष्काळ होता, की पाऊस पाणी व्यवस्थित होतं, बर्फ कमी पडला, जास्त पडला, की योग्य तेवढा पडला, वणवा लागला होता की, नव्हता अशा अनेक गोष्टी वृक्षकंकण अभ्यासक वृक्षीय जलवायुमान शास्त्राच्या साहाय्याने जाणून घ्यायचा प्रयत्न करीत असतात. हे शास्त्र किचकट आहे, याचं कारण दोन शेजारी शेजारी उभ्या असलेल्या वृक्षांच्या कंकणांमध्ये फरक असतो. एवढंच नव्हे तर एकाच वृक्षाच्या दोन फांद्यांमधील कंकणामध्ये फरक आढळतो. तरीही हे शास्त्र आज-काल प्राचीन हवामानाच्या अभ्यासकांचा आधार ठरलं आहे.

अरायझोना विद्यापीठातच या शास्त्राची सुरुवात झाली. हॅरॉल्ड फ्रिट्स या वनस्पती शास्त्रज्ञाने टक्सनजवळच्या काही रोपांच्या वाढीचा आपल्या सहकाऱ्यांच्या साहाय्यानं सातत्यानं अभ्यास केला. यामुळे एखादं वृक्षकंकण कशा तऱ्हेनं तयार होतं याची प्रक्रिया त्यांना कळू शकली. जर एखाद्या वर्षी पाऊसपाणी चांगलं असेल तर झाडाची मुळं झपाट्यानं वाढतात यामुळे पुढच्या वर्षी दुष्काळ असला तरी झाडाला आवश्यक तेवढं पाणी मिळू शकतं आणि कंकणवाढीवर हवामानाचा ठसा उमटत नाही, हे सगळं जाणून घेण्यासाठी फ्रिट्स आणि त्यांचे सहकारी सतत १२-१५ वर्षे काम करीत होते. यासाठी त्यांनी बऱ्याचदा झाडांना संपूर्ण झाकून टाकतील, अशी प्लास्टिकची पांघरुणं तयार करून घेतली होती. यामुळे प्रत्येक झाडानं कोणते वायू किती प्रमाणात घेतले आणि किती प्रमाणात बाहेर टाकले, याबद्दल अनुमान बांधणं त्यांना शक्य झालं. वृक्षाच्या जीवनप्रवाहाची सांगड घालणं हे तसं जटिल आणि कटकटीचं काम असतं, पण ते साध्य झाल्यावर त्यातून खूप माहिती बाहेर आली.

गेल्या शंभर वर्षांतली जलवायुमानाची माहिती उपलब्ध आहे. याचं कारण वेगवेगळ्या ठिकाणी गेली दीडशेवर्षे वेधशाळा उभारण्यात आल्या आहेत. या उपलब्ध माहितीची वृक्षकंकणांची सांगड घातली तर त्या त्या भूभागातील वृक्षकंकण कोणत्या प्रकारच्या हवामानाचं प्रतिनिधित्व करतात हे लक्षात येऊ शकतं. मग हे समीकरण वापरून त्याहून मागच्या वृक्षकंकणांच्या साहाय्यानं त्या काळातल्या

हवामानाचा अंदाज बांधता येतो. अशा अनेक वृक्षकंकणांच्या साहाय्यानं त्या काळातल्या हवामानाचा अंदाज बांधता येतो. अशा अनेक वृक्षकंकणांच्या साहाय्यानं मग त्या भूप्रदेशाच्या प्राचीन जलवायुमानाचा अंदाज बांधणे शक्य होतं. अशा प्रकारे फ्रिट्सनी अमेरिकेच्या पश्चिम भागाचे आणि उत्तर पॅसिफिक क्षेत्राचे इ. स. १६०० पर्यंतचे स्थानिक हवामाननकाशे आणि एकत्रित जलवायुमान नकाशे तयार केले आहेत.

या सर्व खटपटीचे फलित काय, किंवा हे नकाशे आणि हा अभ्यास कशासाठी करायचा? इ. स. १६३० मध्ये दुष्काळ पडला किंवा १६८० मध्ये खूप पाऊस पडला तर आता त्या माहितीचा काय उपयोग? आपल्याला त्या वर्षी शिवाजी महाराजांचा जन्म झाला आणि मृत्यू झाला हे माहीत आहे. तेवढं पुरे आहे, असं आपण म्हणू शकतो; कारण प्राचीन वृक्षकंकणांची माहिती असणं हे आज खरोखरच महत्त्वाचं आहे याचं आपल्याला भान नसतं. वृक्षकंकणांचा अभ्यास सुरू झाल्यावर शास्त्रज्ञांच्या लक्षात प्रथम जी गोष्ट आली ती म्हणजे पाऊस प्रती वर्षी हळुहळू वाढत जातो. तो एका विशिष्ट मर्यादेस पोहोचला की कमी कमी होत जातो. या चक्राच्या अखेरीस काही वर्ष पाऊस इतका कमी पडतो की त्याला आपण दुष्काळ म्हणतो. अशा तऱ्हेनं एखाद्या लंबकाच्या आंदोलनाप्रमाणे ओला दुष्काळ ते सुका दुष्काळ अशी नैसर्गिक आंदोलनं आढळतात. आजकाल कुठल्याही ठिकाणचं जलवायुमान हे हवाबंद डबीतल्याप्रमाणे वेगळे करता येत नाही, ही गोष्ट मान्य झाली आहे. पृथ्वीचं जलवायुमान हे परस्पर संबंधित अनेक घटनांनी बांधलेलं आहे. त्यामुळे एखाद्या ठिकाणी दुष्काळ पडतो तेव्हा इतरत्र साधारणत: परिस्थिती कशी असते याची शास्त्रज्ञांना कल्पना येते.

पश्चिम अमेरिकेत दर २२ वर्षांनी दुष्काळ पडतो, असं दिसतं. काही शास्त्रज्ञांच्या मते हे चक्र १९ वर्षांचं आहे. वृक्षकंकणांच्या अभ्यासावरून या दोन चक्रांचा अभ्यास करून हे चक्र नक्की किती वर्षांचं आहे, याचा सौर डागांच्या हालचालीशी कोणता संबंध आहे, हे निश्चित करता येईल. भारतात अनेक ठिकाणी शासकीय पातळीवर अशी शेदीडशे वर्षे, किंवा त्याहून अधिक काळ उभी असलेली मोठमोठी झाडे रस्तारुंदी किंवा शासकीय इमारतींची वाढ या कारणासाठी तोडली जातात. त्या वृक्षकंकणांचा अभ्यास करून आपल्या भागातील जलवायुमानाचा असाच अभ्यास करता येणं शक्य आहे.

वृक्षकंकणांचा अभ्यास करून आम्लपर्जन्याचे परिणामही अजमावता येतील. हे शास्त्र अजून बाल्यावस्थेत आहे. वृक्ष जसजसा वयस्कर होत जातो तसतशी वृक्षकंकणाची जाडी कमी कमी होत जाते. यामुळे आम्लपर्जन्याचा परिणाम ताडतांना खूप काळजी घ्यावी लागते. असं असलं तरी वृक्षकंकणांच्या अभ्यासावरून काही

प्रकारच्या प्रदूषणांचा पत्ता लावणं फार सोपं जातं. ब्रिटिश कोलंबियात शिसे निर्माण करणाऱ्या एका कारखान्यानं शंभर वर्षांपूर्वी केलेल्या प्रदूषणाची दुश्चिन्हं वॉशिंग्टन राज्यातल्या वृक्षकंकणात शास्त्रज्ञांना आढळली. खनिजापासून शिसं निर्माण करणारा हा कारखाना चालू होता त्या काळात वॉशिंग्टन राज्यातल्या झाडांची वाढ खुरटली. काही वर्षांनी हा कारखाना बंद होताच झाडं परत जोमानं वाढू लागली. त्या खुरटलेल्या वृक्षकंकणात शास्त्रज्ञांना शिशाची संयुगे सापडली. वृक्षकंकणांचा उपयोग ज्वालामुखींचे महाप्रचंड उद्रेक शोधण्यासाठीही करता येतो. माऊंट सेंट हेलेन्स, पिनोटुबो यासारखे उद्रेक घडतात तेव्हा वातावरणात फार मोठ्या प्रमाणावर ज्वालामुखीय राख आणि वेगवेगळे वायू मिसळतात. ते स्तरितांबरापर्यंत पोहोचतात. यामुळे वातावरणाचं तापमान एकाएकी कमी होतं याची खूण वृक्षांमध्ये हिमकंकणाच्या (फ्रॉस्ट रिंग-शीतकंकण, हिमकंकण) स्वरूपात दिसून येते.

व्हाल्मोर लामार्श आणि त्यांचे साथीदार शास्त्रज्ञ या प्रकारच्या कंकणांचा अभ्यास करतात. ब्रिसलक्कोन पाईनच्या शीतकंकणांचा– अभ्यास करताना त्यांना बरीच शीतकंकणं आणि गाजलेले ज्वालामुखीचे उद्रेक यांचा परस्पर– संबंध असावा असं दिसून आलं. इ. स. १८१६ मध्ये ईस्टइंडिज (आता इंडोनेशिया) मध्ये तांबोरा येथे जो ज्वालामुखीचा उद्रेक झाला त्यामुळे त्या वर्षी उन्हाळा जाणवलाच नाही किंबहुना त्या वर्षाला 'ग्रीष्मविरहित वर्ष' असं म्हटलं जातं. या उन्हाळा नसलेल्या वर्षाच्या खुणा अरायझोना, चीन आणि दक्षिण आफ्रिकेतील वृक्षांमध्ये शीतकंकणाच्या स्वरूपात आढळतात.

इ. स. पूर्व १६२६ या वर्षीही शीतकंकणांची अशीच जोडी आढळते. त्या वर्षी ऐजियन सागरातलं थेरा नावाचं बेट ज्वालामुखीच्या उद्रेकामध्ये नाहीसं झालं होतं. या घटनेतूनच अटलांटिक भूखंड सागरात बुडाल्याची आख्यायिका निर्माण झाली असं मानण्यात येतं. युरोपीय पुरातत्त्व शास्त्रज्ञ थेराच्या उद्रेकाचं वर्ष इ. स. पू. १६२६ नसावं असं मानतात; पण कार्बन– १४ पद्धतीनं थेराच्या अवशेषांचं आलेलं वय आणि लमार्शच्या शीतकंकणांनी सांगितलेलं वर्ष त्या घटनेचा एकच काळ दाखवतात.

वृक्षकंकणांचा आणखी एक उपयोग शास्त्रज्ञांना महत्त्वाचा वाटतो. तो म्हणजे प्राचीन भूकंपांचा अभ्यास. भूकंपामुळे कुठलाही वृक्ष, कितीही मोठा असला तरी गदगदा हलतो. यामुळे झाडाला विशेषत: मुळांना इजा होते. या इजा जोपर्यंत बऱ्या होत नाहीत तोपर्यंत वृक्षकंकणांमध्ये झाडाच्या अशक्तपणाचं प्रतिबिंब दिसत राहतं. गॉर्डन जॅकॉबी या शास्त्रज्ञांनं भूकंप पट्ट्यातील वृक्षांचा अभ्यास केला. कॅलिफोर्नियातील सॅन अँड्रियस प्रस्तरभ्रंशाच्या आसपास पँडारोझा पाइन वृक्ष वाढतात. जॅकॉबींच्या मते हे वृक्ष १८५७ पर्यंत आनंदी, सुखी व भरदार वाढ असलेले होते. इ. स. १८५७

मध्ये त्यांच्या या सुखी आयुष्याला हादरा बसला. त्यानंतरचा काही काळ या वृक्षांची कंकणं, वृक्षवाढ कमी प्रमाणात झाल्याचे दाखवतात; कारण बसलेल्या हादऱ्यामुळे हे वृक्ष दुर्बल आणि अशक्त बनले होते. याचं कारण १८५७ मध्ये या भागाला जोरदार भूकंपाचा धक्का बसला. हे शास्त्र १९८६ च्या सुमारास अस्तित्वात येऊ लागलं. पण त्याची जसजशी प्रगती होईल तसतसा एखाद्या भूभागाचा इतिहास समजणं सोपं जाईल.

वृक्षकंकणांच्या अभ्यासाला असं महत्त्व आहे. यामुळेच पृथ्वीच्या पाठीवरील सर्व भूभागातील वृक्षांच्या कंकणांचा अभ्यास करण्यासाठी वृक्षांच्या कंकणांचा अभ्यास करण्यासाठी इपिड (आयपीआयडी– इंटरनॅशनल प्रॉजेक्ट इन डेंड्रोक्लायमेटॉलॉजी) म्हणजे आंतरराष्ट्रीय वृक्षकंकण जलवायुमान प्रकल्पाची स्थापना करण्यात आली आहे. या प्रकल्पातर्फे उत्तर गोलार्धातील सर्व भूभागातील वृक्षकंकणांचा अभ्यास सुरू झाला आहे. यातून हरितगृह परिणामाची माहिती हाती यावी, असा अंदाज आहे. वृक्षांमुळे पृथ्वीच्या इतिहासात अलीकडच्या भूतकाळाची कुंडली मांडणं शास्त्रज्ञांना शक्य होणार असून त्यामुळे एकविसाव्या शतकात जलवायुमानाचा अंदाज करणंही शक्य होईल असा या क्षेत्रात काम करणाऱ्या शास्त्रज्ञांना विश्वास वाटतो.

मानवशास्त्राची पोलीसांना मदत

अनेक लोक इतक्या चित्रविचित्र प्रकारच्या उद्योगधंद्यात रमलेले असतात की त्यांना इतरांच्या उद्योगांकडे लक्ष द्यायला फुरसत नसते पण काही लोकांना इतर लोकांनी केलेल्या उद्योगांचा छडा लावणं हाच उद्योग करावा लागतो. डग्लस औस्ली हे अशा प्रकारचे शास्त्रज्ञ आहेत. शास्त्रीय भाषेत त्यांना 'फॉरेन्सिक अँथ्रॉपॉलॉजिस्ट' असं म्हणतात. फॉरेन्सिक म्हणजे गुन्ह्यासंबंधी आणि अँथ्रॉपॉलॉजिस्ट म्हणजे मानवशास्त्रज्ञ. 'फॉरेन्सिक अँथ्रॉपॉलॉजिस्ट' म्हणजे गुन्हे अन्वेषक मानव शास्त्रज्ञ. डग्लस औस्ली हे असे गुन्हे अन्वेषक मानवशास्त्रज्ञ असल्यामुळे बरेचदा ते त्यांच्या ऑफिसच्या फरशीवर पसरलेल्या हाडांच्या पसाऱ्यात रांगतांना दिसतात; कारण त्यांना ती हाडं जुळवून ती कुणाची असावीत आणि ती व्यक्ती कशामुळे मेली असावी हे शोधून काढायचं असतं.

औस्लीकडं अशीच एक पेटीभर हाडं आली आहेत. इथंसुद्धा त्यांना रांगेत थांबावं लागतं कारण औस्लीसारखे फार थोडे तज्ज्ञ अस्तित्त्वात आहेत. फॉरेन्सिकचा शब्दश: अर्थ 'कायद्याला मदत करणारे' असा आहे. मानव शास्त्रज्ञ तर प्राचीन काळातील मानवांचा प्रामुख्याने अभ्यास करतात. अशा परिस्थितीत ते कायद्याला मदत कशी काय करणार? हा प्रश्न आपल्यापुढे उभं रहाणं साहजिकच आहे. डग्लस औस्ली हे अमेरिकेच्या 'नॅशनल म्युझियम ऑफ नॅचरल हिस्टरी' मध्ये शास्त्रज्ञ आहेत. त्यांच्या अभ्यासाचा विषय 'प्रागैतिहासिक अमेरिकन' हा आहे. या शिवाय काही उत्खननात गेल्या चार पाचशे वर्षांतील हाडं मिळतात किंवा त्या आधीच्या गेल्या हजार दोन हजार वर्षांतील हाडं सापडतात तेव्हाही ते त्या हाडांचा अभ्यास करतात.

पण काही वेळा त्यांना पोलीसांचंही बोलावणं येतं. याचं कारण बरेचदा एखाद्या

घरासाठी पाया खणतांना किंवा जुनं घर पाडून नवं घर बांधतांना हाडं मिळतात. काही वेळा शेत नांगरतांना हाडं मिळतात तर काही वेळा एखादं पाळीव कुत्रं कुठून तरी माती उकरून हाडं आणतं मग पोलीस बुचकळ्यात पडतात. या हाडांचा इतिहास त्यांना माहीत करून घ्यावाच लागतो. अशा वेळी मग औस्लींना बोलावणं जातं.

औस्लींना बहुतेक बोलावणी ग्रामीण भागातून येतात. शहरातून जेव्हा अशी प्रेतं मिळतात तेव्हा त्यांच्या अंगावर मांस शिल्लक असतं. काही वेळा तर कपडेही असतात. खेडेगावात तसं होत नाही. एखादा शिकारी चार ससे किंवा बदकं मारायला म्हणून निघतो. वाटेत त्याचं कुत्रं भुंकायला लागतं. बघावं तर समोर हाडाचा सापळा असतो. हा सापळा तपासून निष्कर्ष काढण्याचं काम मग औस्लींवर सोपवलं जातं.

औस्ली नॅशनल म्युझियममध्ये तिसऱ्या मजल्यावरच्या एका खोलीत काम करतात. त्यांचं ऑफिस, प्रयोगशाळा आणि संदर्भग्रंथ सगळे याच खोलीत आढळतात. तिथं अर्थातच या गर्दीतच हाडं भरलेली खोकीही असतात, हे वेगळं सांगायला नकोच. याशिवाय या खोलीबाहेरच्या जाण्यायेण्याच्या प्रशस्त व्हरांड्यातल्या जागेत दोन्ही बाजूला फडताळं आढळतात. यातल्या प्रत्येक कप्प्यात व्यवस्थित क्रमांक घातलेली हाडंच असतात. एकूण तीस हजार व्यक्तींचे अवशेष असे मुद्रांकित स्वरुपात औस्लींच्या प्रयोगशाळेत दाखल झालेले आहेत. गर्भपातात गेलेल्या बालकांपासून ९०-९५ वर्षांच्या व्यक्तींची हाडं आहेत. यातल्या काही व्यक्ती १०ते१२ हजार वर्षांपूर्वीच मेल्या होत्या तर काही ६ महिने ते वर्षभरापूर्वी मेलेल्या आहेत. बरं, जगातील कानाकोपऱ्यातून हे सांगाडे इथं येऊन दाखल झालेले आहेत, हेही एक विशेषच म्हणायला हवं.

औस्लींच्या परीक्षणाची सुरुवात त्या खोक्याच्या दोऱ्या आणि सील तोडून खोली उघडण्यापासूनच होते.

बरेचदा ते खोकं उघडताच ती सुरुवात संपतेही. एखादा पोलीस अधिकारी त्यांच्याकडे एखादं पार्सल घेऊन येतो. तो म्हणतो– ''ही हाडं सापडली आहेत, ती प्लीज बघता कां?''

''अहो, ही डुकराची हाडं आहेत, त्यानं काय गुन्हा केला?''

''ओह! थँक् यू! गुड बाय!''

मात्र दरवेळी हे असंच घडतं असं नाही. काही वेळा औसलींना एखाद्या पार्सलचा अभ्यास करायला काही महिने किंवा वर्षंही घालवावी लागतात. उदा. एका तरूणीचा खून झाला होता. तिचं प्रेत दूर रस्त्याच्या कडेला सापडलं होतं. तिचा मित्र पोलीस अधिकारी होता. त्यानं या खुनाशी माझा काहीही संबंध नाही असं सांगितलं होतं. त्याच्या 'पिक अप' गाडीच्या सामानाच्या हौद्यातली धूळ माती

औस्लींनी व्हॅक्युमक्लीनरच्या साहाय्यानं गोळा केली. त्यात त्यांना हाडाच्या काही कपच्या मिळाल्या. पेन्सिलीला टोक करतांना जसे छिलके उडतात तसेच जरा मोठे हे तुकडे होते. औस्लींनी या तुकड्यांची तपासणी केली. ''मृत्यूसमयी हे कवटीचे तुकडे उडाले आहेत. त्यावर काजळी, शिसं आणि रक्ताचे थेंब यांचे सूक्ष्म आच्छादन आहे. अगदी जवळून झाडलेली गोळी जिथं घुसली तिथले हे छिलके असावेत असं दिसतं.'' त्यानंतर या रक्ताची आणि त्या मुलीच्या रक्ताची तपासणी करण्यात आली. ते दोन्ही नमुने एकाच व्यक्तीचे असल्याचं सिद्ध झालं. त्या पोलीस अधिकाऱ्याला मनुष्य वधाबद्दल जन्मठेप आणि शिवाय २० वर्षे सश्रम कारावासाची शिक्षा झाली.

औस्लींकडं असंच एक पार्सल येतं. तो माणूस एका रूग्णालयातून पळून गेलेला होता. त्याच्या घराजवळ ही हाडं सापडली होती. हा माणूस नैसर्गिकरित्या मेला की त्याचा मृत्यू अनैसर्गिक होता. औस्ली त्या खोक्यातून एक एक हाड काढत त्या माणसाचं वर्णन करू लागतात. जाड भुवया, मोठं कपाळ, मोठी मान, गोरा पुरुष (हे नाकाच्या रचनेवरून त्यांनी ठरवलं). उजव्या बाजूच्या बारा बरगड्या, डाव्या बाजूच्या अकरा बरगड्या, दोन सशाची हाडं, बहुदा कुत्र्यानं पुरली असावीत. (कुत्र्याला सगळी हाडं सारखीच.) असं करत मांडी आणि दंडाची हाडं तपासली जातात. विशेषत: स्नायू जिथं हाडांच्या टोकांना चिकटलेले असतात त्या खुणा तपासल्या जातात. हाडांच्या मोजमापांवरून त्या माणसाची उंची आणि बांधा लक्षात येतो तर स्नायू जिथं हाडांना बांधलेले असतात त्या खुणांवरून माणूस कष्टाचं काम करणारा होता की आरामाचं जीवन जगणारा होता हे सांगता येतं.

डग्लस – लेकर नावाचे एक गुन्हेगारी वैद्यकीय शास्त्र किंवा कायदा वैद्यकाचे तज्ञ आहेत ते म्हणतात ''स्नायू बंधनांच्या खुणांवरून माणसाचा व्यवसाय सांगता यावा, हे आमचं स्वप्न आहे पण ते अजून सत्यसृष्टीत मात्र उतरलेलं नाही.'' औस्ली याला दुजोरा देतात. 'हाडं सांगतात तेवढंच आम्ही ऐकतो,' असंही हे दोघं म्हणतात. आपल्याला वाटतं म्हणून एखाद्या निष्कर्ष काढणं धोकादायक असतं, असं त्यांचं म्हणणं आहे. ''बरेचदा पोलीस अधिकारी एखाद्या संशयिताला धरून आणतात. त्याच्याविरूद्ध आम्ही बोलावं ही त्यांची अपेक्षा असते; पण तसं आम्ही केलं तर आमच्या विज्ञानाशी ती प्रतारणा ठरेल, एवढंच नव्हे तर अशा दडपणामुळं एखाद्या झालेल्या चुकीमुळे आम्हाला आमची विश्वासार्हता गमवावी लागेल.'' यामुळेच त्यांच्या अहवालात 'हे प्रेत ९०% ३७ ते ३९ वर्षाच्या व्यक्तीचं असावं' अशी संदिग्धता येते.

साठ सत्तर वर्षपूर्वी गुन्हे सोडविण्यात मानवशास्त्राचा उपयोग ही कल्पनाच अस्तित्वात नव्हती. याचं कारणं हाडांचे तुकडे काय माहिती देणार? ही पोलीसांची

समजूत आणि मानव शास्त्रज्ञांना पोलिसी काम करणं हा अपमान वाटत असे.

त्यामुळं तेही अशा कामात रस घेत नसत. मूलभूत संशोधन हे निस्वार्थ असायला हवं त्याचा प्रायोजित उपयोग, त्या काळात कुठल्याच शास्त्रज्ञास मान्य नसे. तशात ते काम पोलीसांसाठी करायचं, हे तर दूरच; पण हळूहळू ही परिस्थिती बदलत गेली.

आज निदान पाश्चात्यराष्ट्रांमध्ये तरी कायदे विषयक (किंवा गुन्हा अन्वेषक) मानवशास्त्र ही एक आवश्यक आणि मान्यता प्राप्त बाब ठरली आहे. भारतातही अशा प्रयोगशाळा आहेत. पुण्यात राजभवनसमोर विद्यापीठ परिसरातही अशी प्रयोगशाळा पाहावयास म्हणजे तिची पाटी पाहावयास मिळते. ती आतून पाहायची असेल तर परवानगी घ्यावी लागते. द अमेरिकन बोर्ड ऑफ फॉरेन्सिक अँथ्रॉपॉलॉजी, अमेरिकेतील अशा तज्ज्ञांची परीक्षा घेऊन त्यांना पदवी देते. युद्धात मरण पावलेल्या सैनिकांची ओळख पटविण्यातून या शास्त्राला महत्त्व प्राप्त झालं. या शास्त्राला इतर शास्त्रांचीही मदत होते. पक्षी शास्त्रज्ञ पिसावरून विमानाला कुठल्या पक्ष्याची धडक बसली ते सांगू शकतात. भूशास्त्रज्ञ आणि मृदा शास्त्रज्ञ बुटाला चिकटलेल्या मातीवरून आणि कपड्यातल्या (विशेषत: पूर्वी पँटीला खाली दुमडून ठेवायची पट्टी असायची तेव्हा त्यात साठलेल्या मातीवरून) धुळीवरून ती माती किंवा धुळीचे कण कुठल्या भागातले ते सांगू शकतात. एंटमॉलॉजिस्ट म्हणजे कीटक शास्त्रज्ञ प्रेतातील अळ्यांवरून माणूस मरून किती दिवस झाले ते सांगतात. तर औस्लीसारखे तज्ज्ञ हाडांच्या तुकड्यांचा अभ्यास करून ते तीक्ष्ण शस्त्राने तुटले की जड वस्तूच्या प्रहाराने ते सांगू शकतात. बऱ्याच मूलभूत शास्त्राच्या प्रवर्तकांना मानवशास्त्रज्ञांनी अशा प्रकारचं काम करावं हे अजूनही पटत नाही पण औस्ली किंवा उबेलेकरसारखे शास्त्रज्ञ म्हणतात की या प्रकारच्या कामामुळे शुद्ध आणि मूलभूत संशोधनाससुद्धा मदतच होते. यामुळे अमेरिकन यादवी युद्धातले सैनिक कसे जगले, तीन चारशे वर्षापूर्वी सापडलेली हाडं गोऱ्या माणसाची होती, आफ्रीकन वंशियांची होती, म्हाताऱ्यांची होती की तरुणांची होती हे सांगणं शक्य होतं. त्याचबरोबर ग्रामीण आणि शहरी व्यक्ती, श्रीमंत आणि गरीब यांच्या हाडातला फरक सांगता येतो. अमेरिकन जन सामान्यांचं आरोग्य कसं कसं बदलत गेलं हे गेल्या पाचशे वर्षातल्या हाडांचा अभ्यास करून सांगता येतं. हाडांचा कर्करोग, स्तनांचा कर्करोग अशा रोगांचा इतिहास मानवशास्त्रज्ञ रेखाटू शकतात. रेड इंडियनांची गेल्या सहा हजार वर्षातली हाडं पाहून त्यांच्या जीवनपद्धतीतले बदल आणि लढाया यांच्यात नक्की काय काय घडलं त्या इतिहासाची पुनर्रचना करणं शक्य होतं.

औस्ली आणि उबेलेकर यांचा अगदी थोडा काळ आधुनिक प्रेतांचा छडा लावण्यात आणि पोलीसी कामात जातो. त्या दोघांचे अभ्यासविषय वेगळेच आहेत.

औस्ली अमेरिकेत युरोपियन लोक वसाहती करायला आले त्या काळातल्या आणि त्या पूर्वीच्या रेड इंडियन खेड्यांचा अभ्यास करतात. तर उबेलेकर इक्वेडोर या दक्षिण अमेरिकन देशातील इंडियन खेड्यांचा अभ्यास करतात. तसंच युरोपात गेल्या दोन ते तीन हजार वर्षांत रोगांच्या साथी आल्या त्यांचा तत्कालीन माणसांवर कोणता परिणाम झाला याचाही इतिहास ते तपासून पाहतात. यामुळे त्या काळातील समाज जीवनावर प्रकाश पाडता येईल, असा त्यांना विश्वास वाटतो.

''पुरातत्त्वशास्त्रीय उत्खननांमधून जी माहिती हाती येते ती आम्हाला आधुनिक गुन्हे सोडवायला मदत करते. तर आधुनिक काळातील हाडांच्या अभ्यासामुळं प्राचीन कोडी उकलायला मदत होते,'' असं औस्ली म्हणतात. याचं एक उदाहरणही ते सांगतात. सुमारे दोन हजार वर्षापूर्वी झालेल्या एका युद्धात पराजितांचे तुकडे तुकडे करण्यात आले होते. औस्लींनी त्या युद्धातल्या शेकडो बळींच्या हाडांचा एका उत्खननामध्ये अभ्यास केला होता. योद्धा मेला की त्याचे अगदी बारीक तुकडे करण्यात आले होते. दोन हजार वर्षांत त्या हाडांवरचं मांस अर्थातच झडून नाहीसं झालं होतं. त्या हाडांच्या अभ्यासावरून अशी हाडं जुळवून मूळ सांगाडा उभा करायची औस्लींना चांगलीच माहिती होती. पुढं जेफ्री डाहमार नावाचा एक खुनी अमेरिकेत अवतरला. त्यानं अनेक स्त्रियांचे आणि मुलांचे खून करून, घणाचे घाव घालून त्यांच्या हाडांचा चुरा केला; आणि दोन एकर माळरानावर विखरून टाकला.

ही सर्व हाडं आणि दातांचे तुकडे पोलीसांच्या मार्गदर्शनाखाली औस्लींनी गोळा केलेच पण या हजारो तुकड्यांचा अभ्यास करून त्या हाडाच्या मूळ व्यक्तीचं वय आणि लिंग निश्चित करून एकूण किती व्यक्तींची डाहमारनं हत्या केली, याचा तपशीलही औस्लींनी न्यायालयास सादर केला. यात राल्फ चॅपमन या स्मिथ्सोनियन संस्थेच्या शास्त्रज्ञानं संगणकाच्या साहाय्यानं औस्लींनी जुळवलेल्या कवट्यांना दात बसवून त्यांचे मूळ चेहरे निर्माण करून डाहमारचा आणि त्या व्यक्तींचा संबंध सिद्ध करायला मदत केली.

डग्लस औस्लींचा जन्म वायोमिंग राज्यातला एका खेड्यात झाला. त्याचे वडील वनरक्षक होते. वायोमिंग विद्यापिठात प्राणीशास्त्राची पदवी घेतल्यावर वैद्यकीय महाविद्यालयात प्रवेश घ्यावा असा औस्लींचा मनोदय होता; पण त्या सुट्टीत 'जॉर्ज गिल' या मानवशास्त्रज्ञानं त्यांना संशोधन सहाय्यक म्हणून मेक्सिकोत नेलं. तिथं कांदळ वनातल्या दलदलीत हजार वर्षापूर्वीच्या एका संस्कृतीचे अवशेष बाहेर काढण्याचं काम चालू होतं. दिवसभर उत्खनन करतांना औस्ली त्या शास्त्राच्या प्रेमात पडले आणि त्यांनी मानवशास्त्रातच डॉक्टरेटची पदवी मिळवली. १९८० मध्ये ते लुइझिआना स्टेट विद्यापिठात शिक्षक म्हणून रूजू झाले. १९८७ मध्ये ते स्मिथसोनियन संस्थेत दाखल झाले. १९८० पासूनच पोलिसांना मदत करायचं

त्यांचं काम सुरू होतं. सध्या गिल आणि ते ईस्टर द्वीपसमुहातील गेल्या दोन हजार वर्षाच्या कालखंडातील सांगाड्यांचा अभ्यास करीत आहेत.

डग्लस ऊबेलेकर ह्यांनी तर वैद्यकीय अभ्यासक्रमाचं एक वर्ष पूर्ण केलं होतं. सुट्टीत पैसे मिळवायला म्हणून ते शिकत होते त्या कान्सास विद्यापीठातील पुरातत्त्व शास्त्रीय उत्खननात ते सामील झाले. त्यानंतर त्यांनी प्रा. विल्यम बास यांच्या हाताखाली संशोधन करून मानवशास्त्रात पी. एच. डी मिळवली.

१९६८ मध्ये सक्तीच्या लष्कर भरतीत त्यांना वैद्यकीय पथकात भरती करण्यात आलं. फावल्यावेळात ते स्मिथ्सोनियन संस्थेत संशोधन करीत. लष्करातून बाहेर पडल्यावर याच संस्थेत ते दाखल झाले. मध्यंतरी वॅको, टेक्सास इथे ज्या लोकांनी सामूहिक आत्महत्या केल्या त्यांचा छडा लावण्याचं काम या दोघांनीच केलं होतं 'ऑल दॅट रिमेन्स' पॅट्रिशिया क्रॉमवेलच्या कादंबरीतला हाडांचा अभ्यास करून खुन्याचा तपासात मदत करणारा डॉ. एलेक्स व्हेसी हा ऊबेलकरवर बेतलेला असून या खुनांच्या मालिकेच्या तपासातील सर्व तांत्रिक माहिती ऊबेलेकर यांनी पुरविली आहे.

हे दोघेही प्रेतं किंवा सांगाडे तपासणीसाठी आले की त्यावरचे सूक्ष्मजीव शैवाले, माती, नदीतून वाहात आलेलं प्रेत असेल तर वनस्पती, शंख, शिंपले आदींचे नमुने त्या त्या विभागाकडं अभ्यासासाठी पाठवतात. हाडांवरून रोग ओळखतात. औस्लींच्या पहिल्या प्रेत तपासणीच्या वेळी त्यांना दर दहा मिनिटांनी उलट्या झाल्या होत्या. आता त्यांना या हाडांची नि प्रेतांची तसंच संबंधित वासांची सवय झाली आहे. एकदा एका रुग्णालयातून पळून गेलेल्या माणसाचं प्रेत रानात निर्मनुष्य ठिकाणी सापडलं होतं.

त्या रुग्णालयातून पळून नाहीशा झालेल्या माणसाचं वय ४५ वर्षांचं होतं त्याला संधिवात होता. त्याची बायको त्याला संधिवाताच्या औषधाबरोबर हळूहळू विष खायला घालत होती. तिच्या भीतीनं तो पळून गेला. त्याचा मृत्यू त्या रानात विष बाधनें आलेल्या अशक्तपणातून झाला होता, हे औस्लींनी सिद्ध केलं.

जानेवारी १९७८ मधली गोष्ट. मॉरीस कुटुबियांच्या ट्रेलर घराला आग लागली. मिसेस मॉरीसनी पोलिसांकडं जबानी दिली त्यानुसार एक स्फोट झाला आणि त्यामुळे ते ट्रेलर घर जळू लागलं. तिच्या नवऱ्यानं तिच्या सहा वर्षाच्या मुलाला वाचवलं. एका शेजाऱ्यानं तिच्या नऊ वर्षाच्या मुलाला वाचवलं. मग मॉरिसनं त्याच्या बायकोला खिडकीतून बाहेर फेकलं; त्यानंतर मॉरिस ५ वर्षांच्या त्याच्या मुलाला वाचवायला म्हणून गेला पण ते दोघंही बाहेर पडू शकले नाहीत. त्या गावाच्या अग्निशामक दलानं ही आग अपघाती आहे असं म्हटलं. पोलीसांनी पंचनामा केला तेव्हा डॉक्टरनी शवविच्छेदन न करताच प्रेत पुरायला परवानगी दिली.

यानंतर मॉरीसच्या भावाला ही गोष्ट कळाली. आगीत मॉरीस आणि त्यांचा ५ वर्षांचा मुलगा मेले होते पण मॉरीसची बायको आणि तिची मुलं वाचली होती, ही बाब लक्षात आणून देत मॉरीसच्या भावानं पोलिसात तक्रार नोंदवली. तेव्हा डॅन डानुंझिओ या नवशिक्या पोलीसाला या केसचा तपास करायला सांगण्यात आलं. ही आग मुद्दाम लावण्यात आली असावी असं डानुंझियोला वाटलं म्हणून त्यानं एका घातपातविषयक तज्ज्ञाचं मत विचारलं. त्यालाही तो घातपात वाटला. डानुंझियोने प्रेतं उकरून त्यांची पुन्हा तपासणी करायची परवानगी मागितली. सरकारी डॉक्टरनी ती नाकारली. पुढची पंधरा वर्षे डानुंझियो वेळ मिळेल तेव्हां आणि शिवाय फावल्या वेळातही या गुन्ह्याचा तपास करीत राहीला. त्या आगीत वाचलेला मॉरिसचा सावत्र मुलगा तुरूंगात होता. कळायला लागल्यापासून तो गुन्हेगारीकडं वळला होते. त्याची डानुंझियोनं प्रदीर्घ मुलाखत घेतली. तेव्हा ''त्या रात्री माझ्या आईनं मिस्टर मॉरिसच्या डोक्यात एक जड ॲश ट्रे मारला आणि त्यांच्या पाठीवर चाकूने वार केले. मी त्यावेळी जागाच होतो आणि मी ते बघितलं. तेव्हापासून माझं अभ्यासात लक्षच लागेना.'' असं त्या मुलानं सांगितलं. आता डानुंझियोला मॉरिस आणि त्याचा पाच वर्षाचा मुलगा यांची प्रेत उकरून काढायची परवानगी मिळाली. त्यानं ती हाडं औस्लीकडं पाठवली. औस्लींनी त्या मुलाची हकीकत न ऐकताच या माणसाच्या डोक्यात जड वस्तूचा प्रहार केला गेला असून तेरा वेळा त्याच्या पाठीत चाकू खुपसला गेल्याचे सांगितले. मिसेस मॉरिसला सदोष मनुष्य वधाबद्दल आणि घातपाती कृत्याबद्दल दोषी ठरवून कोर्टानं तुरूंगात पाठवलं. केवळ हाडांवरच्या खुणा तपासून औस्लींनी मॉरिसचा खून झाल्याचं सिद्ध केलं, मदतीला अर्थातच मॉरिसच्या मुलाची साक्ष होतीच.

अशा तऱ्हेनं मानवशास्त्र आता आधुनिक गुन्हेगारांना दोषी ठरवण्यासाठी कायद्यालाही मदत करू लागलंय, हे महत्त्वाचं.

❖ ❖ ❖

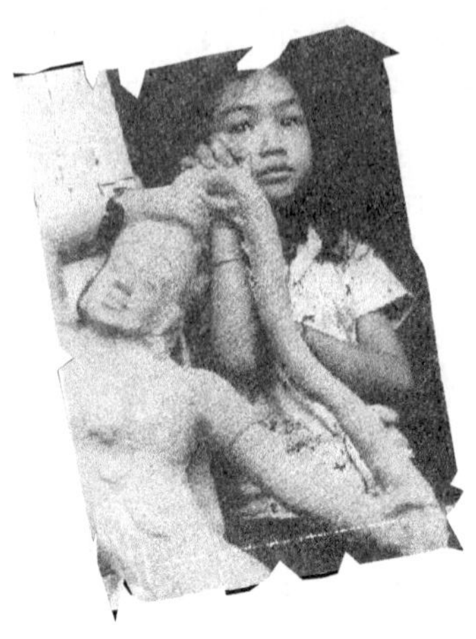

वियेतनाम मधील हिंदू बांधव आणि संस्कृती

जगाला वियेतनाम माहिती झालं ते अमेरिकेमुळे. या पौर्वात्य देशात हजारो अमेरिकन मारले गेले; पण जगाला मानवी हक्क. हुकुमशाहीतले अत्याचार यावर भाषणं देणाऱ्या अमेरिकनांनी इथल्या जनतेवर अनन्वित अत्याचार तर केलेच; पण वेगवेगळी रसायनं वापरून इथल्या पर्यावरणाचीही हानी केली. असा हा वियेतनाम देश भारतीयांना कितीतरी शतके आधीच माहीती होता आणि या देशात भारतीय साम्राज्य होतं याची आपल्याला क्वचितच कल्पना असते.

वियेतनामी संस्कृतीवर भारतीय संस्कृतीचा प्रचंड छाप आहे. तिथे हजार वर्षापूर्वी बांधलेली हिंदू देवालयं आहेत. चाम या ठिकाणची देवळं बोरोबदूर या कंबोडियन देवालयांच्या संकुलाएवढी मोठी किंवा विस्तृत नसली तरी ती भव्य आहेत आणि भारतीय शिल्पकलेचा त्यांच्यावर प्रभाव आहे. त्यावरचं कोरीव कामही अप्रतिम आहे. या देवालयांची आपणा भारतीयांनाच माहिती नाही; पण पाश्चात्य देशात चामची मंदिरं प्रसिद्ध पावत आहेत. हे चाम साम्राज्य दक्षिण व्हिएतनामच्या मैदानी प्रदेशात इ.स. च्या चौथ्या शतकात अस्तित्वात आलं. ९०० वर्षे हे हिंदू साम्राज्य व्हिएतनाममध्ये नांदलं आणि तेराव्या शतकात ते लयास गेलं. या साम्राज्याच्या खुणा मंदिरांच्या स्वरुपात दक्षिणेस दानांगपासून उत्तरेस हो चि मिन्ह सिटी (सायगाव) पर्यंत पसरलेल्या आहेत. या किनारी पट्ट्यात सुमारे १०० देवालयं आणि असंख्य मूर्ती आता भग्नावस्थेत इतस्तत: पसरलेल्या आढळतात. अमेरिकनांना हाकलून दिल्यावर वियेतनामनं बाह्य जगाशी बरीच वर्षे संपर्क तोडला होता. त्यामुळेच वियेतनामच्या या प्राचीन सांस्कृतिक ठेव्याची जगाला माहिती होऊ शकली नव्हती. १९९० काही प्रमाणात वियेतनामनं पाश्चिमात्यांना आपल्या देशात

यायची परवानगी द्यायला सुरुवात केल्यावर चाम संस्कृतीच्या अवशेषांचा अभ्यास सुरू झाला.

१९९० मध्ये रसेल सिओचॉन यांनी चाम संस्कृतीचा अभ्यास सुरू केला. ते आयोवा विद्यापीठात मानवशास्त्राचे प्राध्यापक आहेत. त्यांनी १९७५ पासून अग्नेय आशियात संशोधन केलेलं आहे. त्यावरचं त्यांचं 'द अदर ओरिजिन्स' हे जेमो जेम्स आणि जॉन ओल्सेन यांच्याबरोबर लिहिलेलं पुस्तक आग्नेय आशियाच्या प्रागैतिहासिक काळापासून सांस्कृतिक प्रगतीवर प्रकाशझोत टाकतं. त्यांच्या कंबोडियातील कामाची माहिती असल्यानंच वियेतनामी शासनानं त्यांना चाम संस्कृतीच्या अभ्यासाची परवानगी दिली. त्यांना १९९० मध्ये 'लांग मांग' इथं उत्खननास सुरुवात केली. ही मध्य प्लाइस्टोतीन काळातील (सुमारे ४ लक्ष वर्षांपूर्वीची) आदिमानवी गुहा लाओसच्या सीमेवर होती. हनोई विद्यापीठातील पुरातत्त्व शास्त्राचे संशोधक आणि प्रा. रसेल सिओचॉन यांना या गुहेत आणि गुहेच्या परिसरात भरपूर पुराजीवाश्म आणि पाषाण- युगीन हत्यारं सापडली. हनोई विद्यापीठातील पुरातत्त्व विभागाच्या सौजन्यानं चाम साम्राज्याचे अवशेषही रसेल सिओचोन यांना बघायला मिळाले. त्यांनी आणि जेम्स यांनी चामसाम्राज्य आणि वियेतनाममधील पुरातत्त्वीय संशोधन यावर 'अग्नेय आशियाइ संस्कृती' नावाचा एक ग्रंथही लिहिला.

दानांग येथे म्युझियम ऑफ चाम स्कल्पचर (चाम शिल्पकलेचे संग्राहालय) आहे. हे संग्राहालय फ्रेंचांनी १९१६ मध्ये स्थापन केलं. पूर्व आशियातील सर्वोत्कृष्ट संग्राहालय असा त्याचा लौकिक आहे. या संग्राहालयात मोजक्या तीनशे वस्तू आहेत; पण त्या अतिशय परिणामकारकरित्या प्रदर्शित करण्यात आलेल्या आहेत. इथल्या शिल्पांचं दर्शन सूर्यप्रकाशात व्हावं, अशी या संग्रहालयाची रचना आहे. त्याचबरोबर त्यांच्यावर हवापाण्याचा दुष्परिणाम होऊ नये अशीही काळजी घेतली जाते. वियेतनाम स्वतंत्र झाल्यावर आर्थिक मदत आणि प्रशिक्षित सेवक यांची या संग्रहालयास उणीव जाणवते. १९५० मध्ये वियेतनामच्या स्वातंत्र्य लढ्यास प्रारंभ झाल्यानंतर फ्रेंचांनी काही अतिउत्कृष्ट शिल्परचना त्या शिल्पांना हानी पोहोचू नये म्हणून जवळपासच्या प्रदेशात पुरून ठेवल्या. या संग्रहालयाचे पहिले वियेतनामी संचालक त्रात की फुआँग यांच्यामते त्या शोधून काढणं अवघड नाही. त्यातल्या बहुतेक मूर्ती सध्याच्या राजमार्गाखाली पुरलेल्या आहेत त्या सुरक्षितपणे उकरून काढायला आर्थिक पाठबल नाही, हीच सर्वांत मोठी अडचण आहे.

वियेतनामाच्या दक्षिण भागाच्या मध्यावर सुमारे दोन हजार वर्षापूर्वी चाम संस्कृतीचे लोक वास्तव्यास आले. ते बहुधा भारतातून आले असावेत; किंवा मलेशियातून आले असावेत. चीनी शाही नोंदीमध्ये सन १९२ मध्ये लिनयी साम्राज्याचा उल्लेख आढळतो. याचं संस्कृत नाव 'चंपा' असं होतं. या लोकांचं

वर्णन गव्हाळ, मोठ्या डोळ्यांचे आणि तरतरीत नाकांचे तसेच कुरळ्या केसांचे, असा केलेला आढळतो. एकेकाळी 'इंडोचायना' असं गणल्या जाणाऱ्या भूप्रदेशात असे लोक आजकाल विखुरलेले आढळतात. चिनी वर्णनात हे चंपा लोक मलाय लोकांसारखीच वेषभूषा करायचे, असा उल्लेख आहे. ते कापड किंवा रेशमाचं एकच वस्त्र अंगाभोवती गुंडाळायचे तसंच डोक्यावर केसांची जुडी बांधायचे. (शेंडीचं वर्णन अशा तऱ्हेने होऊ शकतं) त्या लोकांमध्ये कानाच्या पाळ्यांना छिद्रं पाडायची प्रथा होती. त्यात ते सोन्याचे दागिने घालत असत. ते स्वच्छतेबद्दल अतिशय जागरूक असत. दिवसात अनेकवेळा ते आंघोळ करायचे, अंगाला सुगंध फासायचे. चंदन, कापूर आणि कस्तुरी यांचं मिश्रण ते अंगाला लावतात; असं या चिनी वर्णनात लिहिलेलं आढळतं.

हे चाम लोक भूराजकीय लढ्यात बरोबर मध्ये सापडले होते. उत्तरेकडचे वियेत्स आणि पश्चिमेकडचे ख्मेर यांच्यामध्ये भौगोलिक आणि राजकीय वर्चस्वासाठी जो सततचा वाद चालत आला आहे त्याचा फटका 'चाम' या व्यापारी वृत्तीच्या लोकांना बसत होता. चाम लोकांचे जे ग्रंथ उपलब्ध आहे. त्यात ख्मेर विरूद्ध वियेत लढ्याची बरीच वर्णनं आढळतात.

इ.स. ११७७ मध्ये चामांनी ख्मेर राजधानीवर म्हणजे अंगकोरवर हल्ला चढवला. अंगकोर वट इथल्या बायाँ इथं हा प्रसंग भित्ती शिल्पात कोरलेला आढळतो. चामची मंदिरं अंगकोर वट किंवा ब्रह्मदेशातील प्राचीन काळची राजधानी पागानइतकी भव्य नाहीत; पण त्यांच्या परीनं ती वैशिष्ट्यपूर्ण आहेत की यांच्यामते अंगकोर काय अथवा पागान काय तिथली मंदिरं भव्य आहेत कारण ती शेती संस्कृतीच्या प्रतिनिधींनी उभारलेली देवालयं आहेत. याउलट चाम हे व्यापारी होते. त्यामुळे बऱ्यापैकी भटके होते. त्यामुळे त्यांच्यात मातीवरचं प्रेम कमी होतं. मात्र ते जिथं जात तिथं मंदिर उभारत त्यामुळे त्यांची मंदिरं दक्षिण वियेतनामच्या पूर्व किनाऱ्याच्या कडेनं खूप ठिकाणी आढळतात. चंपा साम्राज्यातले जागोजाग असलेले शिलालेख बघितले तर 'चाम' हे आंतरराष्ट्रीय व्यापारी होते आणि व्यापाराच्या निमित्तानं ते दूर दूर जात होते हे स्पष्ट होतं. चाम युद्धकैद्यांना गुलाम म्हणून विकत असत. ते मुख्यतः चंदन, कापूर आणि राळेचा व्यापार करीत असत. या पदार्थांना धार्मिक पूर्व आशियात फारच महत्त्व होतं. ते चंदन, सुगंधी पदार्थ आणि गुलाम घेऊन चीन, जपान आणि कोरियात जात असत. तिथून येतांना ते रेशीम घेऊन येत. हे रेशीम आणि मोती कंबोडिया आणि थायी प्रदेशात विकून तिथून ते अन्नपदार्थ मिळवीत असत.

दानांगच्या दक्षिणेस ४० कि. मी. अंतरावर पहिली राजधानी त्रा किऊ वसली होती. या शहराच्या तटबंदीचा थोडा फार भाग अजूनही पाहावयास मिळतो तिथल्या

काही भिंती अलीकडच्या काळात वियेतनामी घरांचा भाग बनल्या आहेत. त्यात सुवर्णमुद्रा, मूर्ती आणि दागिने सापडल्यामुळे तसंच काही शिलालेख मिळाल्यामुळे की आता इथं पद्धतशीर उत्खनन करणार आहेत. त्रा किऊ ही चंपा साम्राज्याची राजकीय राजधानी होती तर इथून पश्चिमेस २८ कि. मी. वर असलेल्या मायसॉन या ठिकाणी चंपांची धार्मिक राजधानी होती. पाचव्या शतकात मायसॉनची स्थापना करण्यात आली. हे त्या भागातील हिंदूंचं पवित्र क्षेत्र असल्यानं ते नदीच्या काठी होतं. त्या शहराच्या सुरुवातीचे अवशेष कालौघात नष्ट झाले. अगदी सुरुवातीच्या इमारती लाकडी होत्या. सातव्या शतकापासून चाम सम्राटांनी इथं विटांची मंदिरं बांधायला सुरुवात केली. त्याशिवाय वालुकाश्मांचे चिरे वापरूनही या मंदिरांचे पायाचे चौथरे बांधण्यात येत होते. सातव्या शतकापासून बाराव्या शतकापर्यंत मायसॉनच्या परिसरात ७० मंदिरे उभारण्यात आली. यातली वीस आजही शिल्लक आहेत. वियेतनाम युद्धात या भागावर अमेरिकन बी-५२ विमानांनी प्रचंड मोठ्या प्रमाणावर बॉम्ब टाकले आणि त्याच बरोबर इथली वृक्षराजी नष्ट व्हावी म्हणून विषारी रसायनं फवारली त्यामुळं हा संपूर्ण प्रदेश आता उजाड बनला आहे.

मायसॉनची विटांनी बांधलेली ताम्रवर्णी मंदिरं खूप दुरून नजरेत भरतात. ती अगदी खास भारतीय पद्धतीनं बांधलेली आहेत. गाभारा, गाभाऱ्यावर शिखर गाभाऱ्या पुढं घंटा. या मंदिरात शिवलिंग असायची. काही मंदिरांसमोर दीपमाळा होत्या. शिवाय शिवाचं वाहन नंदीही असायचा. आजूबाजूला जपजाप्यासाठी ओवऱ्या आणि त्यामागं धर्मशाळा. या बांधकामाच्या विटा इतक्या पक्क्या बसवल्या आहेत की त्या नुसत्या हातांनी वेगळ्या करता येत नाहीत. यामागचं रहस्यही की यांना माहीत आहे. दोन मातीच्या विटांच्या सांध्यात रक्तचंदन भरायचं. भिंत उभी राहीली की त्या भिंतीच्या बाजूनं गवताचे भारे रचून पेटवून द्यायचे की आपोआप भिंत पक्की व्हायची.

देवळांच्या भिंती मात्र सँडस्टोन वालुकाश्माच्या चिऱ्यांच्या असून त्यावर प्रेक्षणीय कोरीव काम करण्यात आलं आहे. या भिंतींवरच्या बऱ्याच शिल्पकृती दानांगच्या संग्रहालयात किंवा अमेरिकेत लष्करी अधिकाऱ्यांच्या घरात गेल्या आहेत. याशिवाय १९५० ते ५५ दरम्यान फ्रेंचांनीही मायसॉनच्या बऱ्याच मूर्ती फ्रान्समध्ये नेल्या, ही मंदिरे हिंदू राजांनी बांधली त्यावेळी स्थानिक लोक प्राणी दैवतांची पूजा करीत असत. इथं ७० फूट उंचीचं शिखर असलेलं एक मंदिर होतं. अमेरिकेत कमांडोजनी तिथं वियेतनामी रेडिओ केंद्र असावं, या शंकेने हे मंदिर ८ ऑगस्ट १९६९ रोजी उद्ध्वस्त केलं. या मंदिरातलं शिवलिंग शाळुंकेसह अजूनही पाहावयास मिळतं. मात्र इथल्या भव्य नंदीचं मस्तक मात्र स्फोटकं पेरून मंदिर उद्ध्वस्त करण्यात आलं, तेव्हा तुटून पडलं.

या सर्व भागास चाम लोक अमरावती असं म्हणत असत. इथल्या स्थानिक

लोकांना या मंदिरातील विहिरी अजूनही पाणीपुरवठा करतात. उत्तरेच्या वियेत लोकांचा जोर वाढल्यावर तिसऱ्या हरीवर्मननं त्याची राजधानी अमारावती म्हणजे सध्याच्या त्रा कियूहून हलवून सध्याच्या क्विं न्होन इथं नेली. त्या नव्या राजधानीचं नाव 'विजया' असं होतं, इ.स. १००० मध्ये हे स्थलांतर घडलं. अमरावती नदीच्या खोऱ्यात होती तर विजुया एका पठारावर बसविण्यात आली होती. इथली देवळं टेकड्यांवर होती. या देवळातल्या शिल्पकृती आणि शिल्पे कोरलेल्या भिंती स्थानिक लोकांनी पाश्चात्यांना विकल्या.

आधुनिक न्हा चांग आणि फान रांगच्या परिसरात हिंदू देवळांचा तिसरा प्रदेश पसरला आहे. न्हाचांगच्या परिसराला पूर्वी आणि मंदिरं असलेल्या भागाला आजही 'पो नगर' म्हणतात. दक्षिण व्हिएतनामाची काशी असं पूर्वी या भागास म्हणत असत. न्हाचांग नदी मुखाच्या त्रिभुज प्रदेशात 'पळसवतात' ही नगरी अजूनही पूर्वीच्या वैभवाची झलक दाखवते. इथे पूर्व आशियातल्या सर्व धर्मांची मंदिरं एकवटली आहेत. शैव, बौद्ध आणि प्राणी पूजक धर्मांची सर्व चिन्हं इथल्या मंदिरांवर हातात हात घालून नांदतात. वियेतनाम आणि कंबोडियात मुसलमान आक्रमक पोहोचले नाहीत त्यामुळेच ही मंदिरं आजही टिकून आहेत एवढेच नव्हे तर तिथं अजूनही धर्मकार्य चालते हे विशेष. (हे मत रसेल सिओचोन यांचं आहे) फान रांगच्या परिसरात चाम वंशाचे लोक आजही पाहावयास मिळतात. वियेतनाम शासनाच्या अधिकृत आकडेवारीनुसार वियेतनाममध्ये ७७ हजार चामवंशी नागरिक आहेत. जवळ जवळ तेवढेच चाम शेजारच्या कंबोडियात राहतात. खमेर रूजनं सहस्रावधी चामांची निर्घृण हत्या केली. नुकत्याच मेलेल्या पॉल पोटच्या नेतृत्त्वाखाली लढणाऱ्या खमेर रूजला हे अ-खमेर नागरिक कंबोडियात नकोसे झाले होते. हे चाम अजूनही त्यांची संस्कृत शब्दांनी युक्त भाषा बोलतात. या भाषेची लिपी देवळावरच्या शिलालेखातल्या प्रमाणेच आहे. त्यांच्या प्रथा परंपराही अजून कर्मठ हिंदूत्वाशी मिळत्याजुळत्या आहेत.

वियेतनामामधील सर्वात दक्षिणेकडची चाम वस्ती म्हणजे फो हायी. ही फान वियेतनाम मधील दक्षिणेस सुमारे १६० कि.मी. वर आहे. इथल्या मंदिरात अजूनही शिवलिंगाची पूजा केली जाते. द. वियेतनाम आणि उत्तर वियेतनामचं एकीकरण झाल्यावर जी शांतता प्रस्थापित झाली त्यानंतर या चाम अवशेषांचं आणि जगाच्या एका कोपऱ्यात आणि भारताच्या दृष्टीनं विस्मृतीच्या कोपऱ्यात गेलेल्या या हिंदू संस्कृतीचा आणि मंदिरांचा अमेरिकन विद्वानांनी अभ्यास करावा, पण भारतीयांना या बांधवांचं विस्मरण व्हावं, याला दैवदुर्विलास म्हणण्यापलिकडं आपण काय करू शकतो?

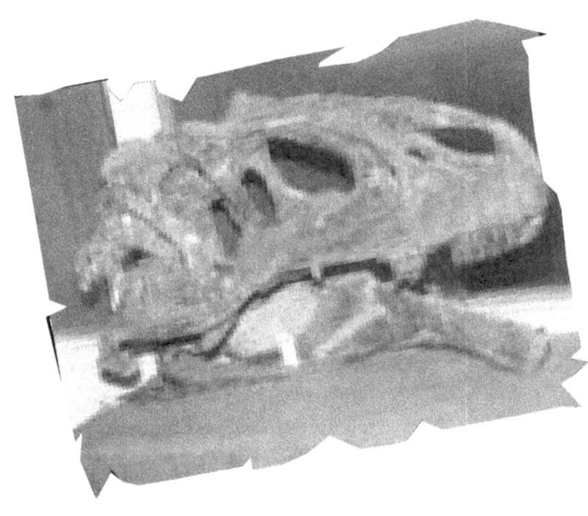

डायनोसॉर
पोलीस चौकीत

टिरॅनोसॉर किंवा टायरॅनोसॉर हा अखेरच्या डायनोसॉरपैकी एक होता. तो १४ कोटी वर्षांपूर्वी अस्तित्त्वात आला आणि साडेसहा कोटी वर्षांपूर्वी इतर डायनासोरांबरोबर नष्ट झाला.

ज्यांनी ज्युरासिक पार्क हा सिनेमा बघितलाय त्यांना टायरॅनोसॉरस रेक्स नावाच्या डायनोसॉरबद्दल अधिक काही सांगायची गरच नाही. हा अवाढव्य आणि क्रूर प्राणी दिसायलाच इतका उग्र आणि क्रूर होता की कुठलाही माणूस स्वत:हून या प्राण्याजवळ जाणं अवघडच. अशा परिस्थितीमध्ये अमेरिकन गुप्तचरांवर एका टायरॅनोसॉरस रेक्सच्या मादीला अटक करायची पाळी आली. टायरन म्हणजे जुलुमी, सॉरस म्हणजे सरडा आणि रेक्स म्हणजे राजा. अशा जुलुमी सरड्यांच्या राजाच्या राणीला अटक करताना एफबीआयचे गुप्तचर अजिबात घाबरले नव्हते कारण ही राणी ७ कोटी वर्षांपूर्वीच मरण पावली होती.

आतापर्यंत टायरॅनोसॉरसचे फक्त नऊ पूर्णावस्थेतले सांगाडे शास्त्रज्ञांना शोधून काढण्यात यश आलं आहे. यातला पहिला सांगाडा इ.स. १९०२ मध्ये सापडला. या प्राण्याबद्दल आणि त्याच्या क्रौर्याबद्दल इतकं लिहिलं गेलं की आतापर्यंत जेव्हाजेव्हा गतकाळाबद्दल चित्रपट निघाले तेव्हा तेव्हा काळाची पर्वा करता नायकाला टायरॅनोसॉरविरूद्ध लढा द्यावा लागला. वन मिलियन इयर बी.सी., द लँड टाईम फरगॉटपासून ज्युरासिक पार्कपर्यंत विविध निर्मात्यांनी येनकेनप्रकारेण टायरॅनोसॉरसला जिवंत केलं. यामुळेच डायनोसॉर म्हटला की टायरॅनोसॉर हे समीकरण सामान्य जनांच्या डोक्यात पक्कं झालं.

या टायरॅनोसॉरांची जी हाडं शास्त्रज्ञांना वेळोवेळी सापडली त्यावरून शास्त्रज्ञांनी

या प्राण्यांबद्दल काही अंदाज बांधले. ७ कोटी वर्षापूर्वीची हाडं उकरायची. ती व्यवस्थित रचायची, तारेनं बांधायची आणि त्यावरून तो प्राणी कसा असेल याची कल्पना करायची. नुसतं एवढंच करून थांबायाचं नाही तर त्याची वागणूक कशी असेल याचाही अंदाज बांधायचा. या प्रकरणात काही वाद हे व्हायचेच. काही शास्त्रज्ञाच्या मते टायरॅनोसॉर शिकारी होते. इतर काही शास्त्रज्ञांच्या मते ते प्रेताहारी होते. डॉ. जॉन हॉर्नर हे प्रख्यात डायनोसॉर शास्त्रज्ञ टायरॅनोसॉरस प्रेताहारी होते असं मानतात. हॉर्नरचा अंदाज खरा मानायला तशी हरकत नाही. ते ख्यातनाम शास्त्रज्ञ आहेत. त्यांनी डायनोसॉरची अंडी, त्या गर्भावस्थेतली पिल्लं, डायनोसॉरची घरटी, त्या भोवतालचे अवशेष असा डायनोसॉरांचा सविस्तर अभ्यास केलेला आहे. डॉ. हॉर्नरनी नुकताच एक डायनोसॉरांचा सांगाडा शोधला. हा टी. रेक्सचाच होता. त्याच्या मांडीच्या हाडाचा अभ्यास करून हा डायनोसॉर वेगात पळू शकत नव्हता, असं त्रैराशिक त्यांनी मांडलं. तो वेगानं पळत नव्हता. तरीही मांसाहारी होता म्हणजे तो प्राण्यांची प्रेत किंवा इतर प्राण्यांनी केलेली शिकार खात असावा असं अनुमान काढलं. म्हणजेच हॉर्नरनी या डायनोसॉरांच्या राजाला तरस, गिधाडांच्या पंक्तीत नेऊन बसवलं.

हॉर्नरच्या मते टी. रेक्सचं डोकं खूप मोठं होतं. जबडाही रूंद होता याचं कारण त्याला अन्न झपाट्यानं आधाशासारखं खाणं भाग पडत होतं. प्रेत खाणाऱ्या प्राण्यांना खाण्यात वाटेकरी फार असतात त्यामुळे त्यांना आधाशासारखे मांसखंड गिळावे लागतात. खरे शिकारी डायनोसॉर म्हणजे ड्रोमिओसॉरस. ते चपळ होते हे त्यांच्या मांडीच्या हाडांवरून स्पष्ट होतंच पण त्यांचं डोकं लहान, जबडा निमुळता होता. यावरून ते शिकार करत असावेत असा अंदाज करता येतो. आपल्याला आणखी खोलात शिरायची गरज नाही. पण शास्त्रज्ञ एवढ्याच पुराव्यावर थांबत नाहीत. तेव्हा डायनोसॉरांच्या जबड्यातून बाहेर पडून आपण या वादातल्या दुसऱ्या पक्षाची बाजू ऐकूया.

या दुसऱ्या पक्षाचे प्रमुख आहेत, डॉ. फिल करी. ते टायरेल म्युझियमचे डायनोसॉर संशोधन विभागप्रमुख आहेत. त्यांच्या मते टायनोसॉर हे उत्कृष्ट शिकारी होते. सर्वच मांसाहारी प्राणी हे प्रेताहारी असतातच. सिंहसुद्धा दुसऱ्यानं केलेली शिकार पळवतोच. टी. रेक्सचा जबडा आणि सुरीसारखे टोकदार आणि धारदार दात हे तो प्राणी शिकारी असल्याचा पुरावा आहे. डॉ. करींच्या मते टी. रेक्सच्या ढांगा इतक्या मोठ्या होत्या आणि शिवाय तो वेगानं पळूही शकत असल्यामुळे त्याच्या समकालीन कुठल्याही प्राण्याला तो सहज पकडू शकला असता. डायनोसॉर किती वेगानं पळायचे हे शोधून काढण्यासाठी हे शास्त्रज्ञ एक वेगळाच उपाय शोधतात. हे डायनोसॉर जेव्हा चिखलातून किंवा ओल्या वाळूतही पळायचे तेव्हा त्यांच्या

पायाचे ठसे त्या ओल्या वाळूत किंवा चिखलात उमटत असत. काही ठिकाणी या चिखलाचं आणि वाळूचं अश्मीभवन झाल्यामुळे ते आज शास्त्रज्ञांना उपलब्ध आहेत. या ठशांचा अभ्यास करून तो प्राणी आकारानं केवढा होता आणि तो किती मोठी ढांग टाकायचा ते शास्त्रज्ञांना कळू शकतं. पावलाचा व्यास, एकाच पावलाच्या दोन ठशांचं अंतर या दोन गोष्टी हाती आल्या की संगणकाच्या साहाय्यानं त्या प्राण्याच्या वेगाचं गणित सहज करता येतं.

असं गणित करून मध्यम आकाराचे डायनोसॉर दर ताशी ४० कि.मी. वेगानं पळू शकत असत असं दिसून येतं. इतर अनेक डायनोसॉरांचे ठसे मिळाले असले तरी टायरॅनोसॉरांचे ठसे मात्र अजून कुठेही आढळले नाहीत. यामुळंच १९९० साली सापडलेल्या टायरॅनोसॉराच्या सांगाड्यास एक वेगळंच महत्त्व प्राप्त होतं. दक्षिण डाकोटा राज्यातील एका शेतात हा सांगाडा सापडला. आतापर्यंत इतका सुस्थितीतला आणि जवळजवळ ९०% पूर्णावस्थेतला टी. रेक्स प्रथमच मिळत होता. या सांगाड्याला 'स्यू' हे नाव देण्यात आलं कारण तो सांगाडा 'स्यू' नावाच्या व्यक्तीनं शोधून काढला होता. तो ब्लॅक हिल इन्स्टिट्यूट फॉर जिऑलॉजिकल रिसर्च या खाजगी संशोधन संस्थेत अभ्यासासाठी नेण्यात आला. या संस्थेचा पुराजीवावशेष विकण्याचा व्यवसाय आहे. त्या कंपनीनं ज्या शेतकऱ्याच्या शेतात हा सांगाडा होता त्या शेतकऱ्याशी रीतसर करार करून, त्याला भरपूर पैसे देऊन हा सांगाडा खणून काढण्याची व संस्थेच्या संग्रहालयात हलवायची तरतूद केली होती. पण ते शेत रेड इंडियन रिझर्वेशनमधलं असल्यामुळं त्या शेताची मालकी अमेरिकन शासनाच्या ट्रस्टची आहे. यामुळे शासनानं ३५ एफबीआय गुप्तचर आणि २० होमगार्ड पाठवून तो सांगाडा स्वत:च्या ताब्यात घेतला आहे.

अमेरिकन शासनाच्या ह्या कृतीमुळे अमेरिकन शास्त्रज्ञांमधे दोन तट पडले आहेत. एका गटाच्या मतानुसार काही लोक पुराजीवावशेषांचा पत्ता शोधत सर्व दूर हिंडतात. त्यांच्याकडं भरपूर पैसेही असतात. त्यामुळं ते बरेच जीवावशेष विकत घेतात. आणि नंतर जास्त किंमतीस विकून टाकतात. यामुळे शास्त्रीय अभ्यासात अडथळा येतो आणि प्रामाणिकपणे संशोधन करणाऱ्या शास्त्रज्ञांना संशोधनाची संधी मिळत नाही. पूर्वी बरेच लोक एखादा जीवावशेष आढळला की शैक्षणिक संस्थांकडं जायचे आता ते खाजगी धनिकांकडे जातात. अशास्त्रीय पद्धतीनं उत्खनन करतात. यात धोका असा की फार मोठ्या प्रमाणावर शास्त्रीय पुरावे त्यात नष्ट होतात.

याचं आपल्याकडचे एक उदाहरण देतो. १९६६ च्या सुमारास ज्यांनी पुणे विद्यापीठात भूशास्त्राची पदवी घेतली, ते माझे मित्र माझ्या म्हणण्याला दुजोरा देतील. त्यावेळी पुण्याच्या परिसरात बऱ्याच दगडांच्या खाणी होत्या. आम्ही भूशास्त्राचे विद्यार्थी तिथं जायचो आणि खाण कामगार ज्याला कच्चा माल म्हणायचे

ते शिरगोळे म्हणजे रांगोळीचे दगड आणि सिलिकाचे नमुने अभ्यासासाठी उचलून आणायचो. पुढं काही खाजगी व्यावसायिक ही खनिजे परदेशी पाठवू लागले. ते खाणीवरच्या कामगारांना भरपूर पैसा देत त्यामुळं विद्यार्थ्यांना हे नमुने अभ्यासासाठी गोळा करणं अशक्य होऊन बसलं. आतातर दगडाच्या खाणीत अनोळखी व्यक्तीस प्रवेशच मिळत नाही. या उलट अशा कंपन्यांशी संधान बांधून काम करणाऱ्या खाजगी व्यापाऱ्यांकडं खाणकामगार हे नमुने घेऊन जातात. पुराजीव शास्त्रासाठी अनेक नमुने ते कसे आणि कुठे सापडले हे पाहणंही महत्त्वाचं ठरत, असं ह्या शास्त्रज्ञांचं म्हणणं असतं. त्यांच्या मते पुराजीव रानावनात, वाळवंटात जमिनीखाली खडकात दडलेले असतात. नैसर्गिक क्षरणाने किंवा त्या ठिकाणी काही कारणानं जमीन खणली गेली तर ते उघड्यावर येतात. पुढं त्या ठिकाणी शास्त्रीय पद्धतीनं उत्खनन करायला खूप पैसा लागतो. बरेचदा पुराजीवांचं महत्त्व न कळल्यानं ते अवशेष फेकून दिले जातात. किंवा त्यांच्याकडं दुर्लक्ष तरी होतं किंवा त्यांचं महत्त्व लक्षात आलं तर त्यांची चोरटी विक्री होते. मग ते अभ्यासास उपलब्ध होऊ शकत नाहीत. नैसर्गिक प्रक्रियांनी उघडकीस आलेले पुराजीवावशेष हे तसेच उघड्यावर पडून खराब होण्याची किंवा वाहून जाण्याची शक्यताच अधिक. त्या ऐवजी शास्त्रीय पद्धतीनं तपासणी करून ज्या ठिकाणी पुराजीवयुक्त खडक असतील अशा ठिकाणी उत्खननास व्यापारी कंपन्या पैसा पुरवतात. त्या हे पुराजीवावशेष संग्रहालयांना उघड उघड विकतात त्यामुळे या पुराजीवावशेषांचा अभ्यास करणं सहज शक्य होतं आणि त्यामुळं शास्त्रीय माहितीत भर पडते.

ह्या वादाबरोबर आणखी एक वाद पुराजीवशास्त्रात सतत चालू असतो. तो म्हणजे सापडलेल्या पुराजीवावशेषाची लिंगनिश्चिती. गेली शंभर वर्षे हा वाद चालू आहेच. पीटर लार्सन, ब्लॅकहिल इन्स्टिट्यूटचे संचालक आहेत. त्यांच्यामते 'स्यू' हे स्त्रीलिंगी नावच या पुराजीवावशेषास योग्य आहे.

टी. रेक्सचे पुराजीवावशेष दोन प्रकारचे असतात. एक मोठा दणदणीत जाडजूड शरीराचा तर दुसरा थोडा छोटा, कमी वजनाचा, किरकोळ शरीराचा असा असतो. काही शास्त्रज्ञांच्या मते हा शारीरिक फरक लिंगानुवर्ती असतो. म्हणजे नर असेल तर तो आकारानं मोठा असतो मादी आकारानं लहान असते. हे कितीही तर्कशुद्ध भासलं तरी तसं ते असेलच असं नाही, असं शास्त्रज्ञांचा दुसरा गट म्हणतो. त्यांच्या मते दोन वेगवेगळ्या जातींचे प्राणी असण्याची शक्यता नाकारता येत नाही. ७ कोटी वर्षापूर्वीच्या जमिनीत विखरून पडलेल्या आणि रासायनिक बदल घडून आलेल्या हाडांवरून मूळ प्राण्याचं लिंग निश्चित करणं शक्य नसते, त्यामुळे हा वाद वाढीस लागला.

आता कदाचित या वादामधे काही प्रकाश पडण्याची शक्यता निर्माण झाली

आहे. सुसरी या डायनोसॉरांच्या जवळच्या नातेवाईक आहेत. या सुसरींचा अभ्यास करणारे शास्त्रज्ञ लिंगाप्रमाणे आकार बदलतो, असं म्हणतात. त्या शिवाय नर सुसर आणि मादी सुसर यांच्या शेपटाजवळच्या मणक्यांच्या आकारात (शेप) फरक असतो, असं सांगतात. जर डायनोसॉर हे सुसरींचे जवळचे नातेवाईक असतील तर त्यांच्या शेपटीजवळच्या मणक्यातही असाच फरक असायला हवा, असा दावाही ते करतात.

लार्सन यांच्या मते टायरॅनोसॉरचा जवळचा नातेवाईक मानला गेलेल्या आल्बर्टोसॉरच्या (आल्बर्टमध्ये पहिल्यांदा सापडलेला डायनोसॉर) शेपटीजवळच्या मणक्यांमधेही असा फरक आढळतो. मुख्य म्हणजे सुसरीच्या मादीप्रमाणे मणके असलेले सांगाडे हे आकारानं मोठ्या आणि दणकट डायनोसॉरांचे आहेत. तर नर सुसरीसारखे मणके असलेले सांगाडे किरकोळ डायनोसॉरांचे आहेत. 'स्यू' हा सांगाडा मोठ्या दणकट डायनोसॉरचा असल्यामुळं आणि त्याचे शेपटीजवळचे मणके सुसरीच्या मादीच्या मणक्याप्रमाणे असल्यामुळं 'स्यू' ही डायनोसॉरस मादी असावी, असे लार्सनना वाटतं.

स्यूचं आयुष्य सुखात गेलेलं नव्हतं असं तिच्या हाडांवर असलेल्या इजेच्या खुणा सांगतात. पुराजीवीविकृती शास्त्र किंवा पुराविकृती शास्त्र पुराजीवावशेषांचा तपास करून त्यांचे आजार आणि जखमा यांचा अभ्यास करतं. याला इंग्रजीत 'पॅलीओ पॅथॉलॉजी' म्हणतात. 'स्यूला' झालेल्या अनेक दुखापतींमध्ये तिच्या डाव्या पायाची मोडतोड ही फार गंभीर स्वरुपाची असल्याचं दिसून येतं. हे हाड नंतर सांधलं गेलं होतं आणि त्यानंतर स्यूची वाढही झाली होती पण आयुष्यभर या जखमेमुळं तिला लंगडत चालावं लागलं असावं.

स्यू दिसायलाही फार चांगली नसावी. तिच्या चेहऱ्यावर उजव्या बाजूस जबरदस्त आघात झालेला असावा. कुणीतरी तिच्या चेहऱ्याच्या चावा घेतलेला असावा आणि तो प्रेमानं न घेता रागानं घेतलेला असावा, असा अंदाज स्यूच्या जबड्याच्या आणि चेहऱ्याच्या हाडांचा अभ्यास करून काढता येतो. स्यूच्या सर्वात वरच्या दोन बरगड्या तुटल्या होत्या. त्या जखमांमध्ये पू झाला होता. इथं दुसऱ्या टायनोसॉरच्या दाताचं टोक अडकून राहिल्यामुळं ही जखम चिघळली होती. दुसऱ्या टी. रेक्ससशी मारामारीत ही जखम झाली की प्रणयाराधनात हे मात्र लार्सन सांगू शकत नाहीत.

ही जखम डायनोसॉरांच्या प्रणयाराधनाचे वेळी झाली असावी असं बऱ्याच पुराजीवशास्त्रज्ञांना वाटतं याला तशीच कारणं आहेत. ज्यांनी सरडे आणि पक्षी यांचा समागम बघितला आहे त्यांना हे कारण लगेच लक्षात येईल. आधुनिक पक्षी हे डायनोसॉरांपासून उत्क्रांत झाले असं मानण्यात येतं. यामुळे डायनोसॉरांची चरित

कहाणी लिहिताना बरेचदा पक्ष्यांच्या जीवनाशी डायनोसॉरांच्या जीवनपद्धतीची तुलना करून निष्कर्ष काढले जातात. नर पक्षी समागम काळात आधारासाठी चोचीनं मादीची मान पकडतात तर सरडे जबड्यानं. बऱ्याच डायनोसॉर मादांच्या मानेच्या हाडांवर ज्या चाव्याच्या खुणा आढळतात त्या अशा प्रकारचे झालेल्या असाव्यात असं, डायनोसॉर अभ्यासकांना वाटतं, ते यामुळेच.

टिरॅनोसॉर किंवा टायरॅनोसॉर हा अखेरच्या राक्षसी डायनोसॉरांपैकी एक होता. तो १४ कोटी वर्षापूर्वी अस्तित्त्वात आला आणि साडेसहा कोटी वर्षापूर्वी इतर डायनोसॉरांबरोबर नष्ट झाला. त्या काळात पृथ्वीवर अजून सस्तन प्राणी अस्तित्वात यायचे होते. काही शास्त्रज्ञांच्या मते पृथ्वीवर एक फार मोठी उल्का आदळून पृथ्वीचं वातावरण बदललं आणि त्यात डायनोसॉर नष्ट झाले.

फिल करी आणि इतर काही शास्त्रज्ञांच्या मते शेवटची एक ते दीड कोटी वर्षे डायनोसॉरसांच्या जाती कमी कमी होऊ लागल्या होत्या. त्यांची जागा सस्तन प्राण्यांचे पूर्वज घेऊ लागले होते. ज्या उल्कापातात डायनोसॉर नष्ट झाले त्यातून हे आदिसस्तन प्राणी, पक्षी, सरडे, सुसरी आणि बेडूक तसेच सपुष्प वनस्पती का वाचल्या? हा प्रश्न करींना महत्त्वाचा वाटतो. त्यांच्या मते अपुष्प पण उघडबीजधारी वनस्पतींच्या ऱ्हासात डायनोसॉरांच्या ऱ्हासाचं कारण दडलेलं आहे. हे असे वाद सुटायचे असतील तर डायनोसॉरांचे सागाडे पोलिसांच्या ताब्यात ठेवणं योग्य ठरणार नाही, असंही म्हटले जातं. स्यूच्या खटल्याचा निकाल कसाही लागो त्यामुळं पुराजीवशास्त्रावर फार मोठा परिणाम होणार आहे, हे निश्चित.

एका नव्या शास्त्राचा उदय

तंत्रज्ञानाची जसजशी प्रगती होत चालली आहे तसतशी विज्ञानातली कोडी सुटण्याचा वेगही वाढला आहे. १९५२ साली मानवी डी. एन. ए रेणूची संरचना कशी असावी हे शोधण्यात क्रिक आणि वॉटसन यांना यश आलं. आज त्या डी. एन. एत बदल करून माणसाला अनुवंशिक रोगातून मुक्त करायचे प्रयत्न चालले आहेत. त्याचबरोबर बरेचदा आपण असं म्हणतो की, पूर्वीच्या काळी लोक रोगमुक्त होते, खूप धडधाकट होते. तेही तपासून बघायची संधी आता उपलब्ध होत आहे ती आधुनिक तंत्रज्ञानामुळेच.

प्राचीन डी. एन. एच्या अभ्यासामुळे एखाद्या समाजाची उत्क्रांती आणि शारीरिक प्रगती कशी झाली हे शोधून काढणं आता शक्य होऊ लागलंय. या शास्त्राचं नाव आहे रेणविक पुरातत्त्वशास्त्र म्हणजे मॉलेक्युलर आर्कीऑलॉजी.

या शास्त्राची सुरुवात कशी झाली ते आपण पाहूया. इ.स. १९८४-८५ मध्ये केनेडी अवकाशतळाजवळ बांधकाम चाललेलं होतं. त्यासाठी फ्लोरिडातील दलदलीच्या प्रदेशातील पाण्याचा निचरा करून चिखल उपसण्याचं काम चालू होतं. तिथं कंत्राटदाराला काही प्रेतं सापडली. पोलिसांनी ती प्रेतं फार पुरातनकाळची असल्यामुळे पुरातत्त्वशास्त्रज्ञांना पाचारण केलं. तेव्हा पद्धतशीर उत्खननात १७० प्रेतं या शास्त्रज्ञांनी बाहेर काढली व ती प्रेतं ७ ते ८ हजार वर्षापूर्वीची होती. त्यांना काठ्या आणि दगडांच्या सहाय्याने पाण्याखाली पुरण्यात आलं होतं. जवळजवळ हजार वर्षे या भागाचा त्या काळात स्मशानाभूमी म्हणून वापर करण्यात आला असावा. मुख्य म्हणजे हे पाणी किंवा नंतर त्यावर साठलेल्या चिखलात आणि वनस्पतीजन्य कच्च्या कोळशात आम्ल पदार्थ फार कमी प्रमाणात होते. त्यामुळे या सांगड्यांवर मूळ त्वचा आणि कवटीत मेंदू शाबूत राहिले होते.

अशा ९१ मेंदूंचे नमूने त्या पुरात्त्वशास्त्रज्ञांनी विल्यम हॉसवर्थ या फ्लोरिडा विद्यापीठातील रेण्विक जीवशास्त्रज्ञाकडे पाठविले. त्या काळात पुरातन डी.एन.ए रेणूंचा अभ्यास करण्याचं शास्त्र बाल्यावस्थेत होतं. त्या काळात या अवशेषातील डी. एन. ए रेणू सूक्ष्म जीवांमध्ये टोचले जात. त्या सूक्ष्म जीवांची वाढ करण्यात येई. त्यांचं पुनरुत्पादन घडवून आणण्यात येई. या सर्व प्रक्रियेतून मूळ डी. एन. एच्या तंतोतंत प्रती मिळवायला बऱ्याच महिन्यांचा कालावधी जावा लागे. शिवाय जर मूळ डी. एन. ए रेणू अखंड नसेल तर त्याची प्रतिकृती निर्माण करणं शक्य होत नसे.

पुढे १९८९-९० च्या सुमारास त्या तंत्रात क्रांतिकारक बदल घडून आले. पॉलीमरेज चेन रिअॅक्शन (पीसीआर) या नव्या तंत्राचा जन्म झाला. डी. एन. एच्या छोट्या तुकड्यापासून नवा पूर्ण डी. एन. ए रेणू बनवणं या नव्या तंत्रानं शक्य झालं. एवढंच नव्हे तर डी. एन. ए या गुणसूत्राच्या लक्षावधी प्रती अल्पावधीत तयार होऊ लागल्या.

कुठल्याही सजीवाची निर्मिती आणि गुणधर्म पुढच्या पिढीत जाणं हे डी. एन. ए रेणूंमुळे शक्य होतं. (मानवी) पेशीतले काहा डी. एन. ए रेणू हे पेशी केंद्राबाहेर आढळतात आणि ते मातेकडून मुलीकडे जातात. या डी. एन. ए रेणूंमुळे पूर्वीच्या अनेक पिढ्यांतील स्त्री-पूर्वज शोधणं शक्य होतं. त्यावरून त्या पूर्वजांपासून आजच्या वंशजांपर्यंत कोणते गुणधर्म कसे बदलले हे सांगणं शक्य होतं.

जर वेगवेगळे गुणधर्म पिढ्यात आढळले तर त्या स्त्रियांचे वेगवेगळ्या जमातीतल्या पुरुषांशी संबंध आले म्हणजेच त्या जमातीचे दुसऱ्या जमातीशी रोटीबेटी व्यवहार होते हे सांगता येते.

सध्याच्या रेड इंडियन जमातीच्या डी. एन. एचा अभ्यास करून अमेरिकेत आशियातून चार वेळा आदिम टोळ्या आल्या आणि आजचे रेड इंडियन हे या चार मूळ स्थलांतरित आदिमांचे वंशज आहेत असं म्हणता येतं. या फ्लोरिडातील सांगाड्यांचा अभ्यास केल्यावर येथील रहिवासी चारही मूळ टोळ्यांशी संबंधित होते पण फ्लोरिडात आल्यावर ५० पिढ्या तरी त्यांचा इतर जमातीशी संबंध आला नव्हता असं दिसून आलं.

या लोकांमध्ये कुठल्या आजाराची प्रतिपिंड आढळतात याचाही हॉस्वर्थ अभ्यास करीत आहेत. त्यामुळे अमेरिकेतले मूळचे रोग कोणते आणि युरोपियनांनी अमेरिकेत आणलेले रोग कोणते हे स्पष्ट व्हायला मदत होईल असं हॉस्वर्थना वाटतं.

आता संगणकाच्या सहाय्यानं डी. एन. ए रेणूत फरक करता येतो. त्यामुळे

आधुनिक डी. एन. ए आणि पुरातन डी. एन. ए यांचा तौलनिक अभ्यास करणंही शक्य होत आहे. यामुळे मानवी उत्क्रांतीतील बरीच कोडी सुटतील असंही हॉस्वर्थना वाटतं. ते म्हणतात, हे शास्त्र अजून बाल्यावस्थेत आहे; पण ते उत्क्रांत झालं की मानवाचे स्वत:बद्दलचे बरेच गैरसमज या शास्त्रामुळे दूर होतील.

माणूस आणि अग्नी

मानवी संस्कृतीतला सर्वांत पहिला महत्त्वाचा शोध म्हणजे अग्निनियंत्रण असे म्हणण्यात येतं. माणसानं अग्नीवर सर्वप्रथम केव्हा नियंत्रण मिळवलं हे सांगणं तसं अवघड आहे; पण आपल्या आधी पृथ्वीवर सर्वदूर पसरलेली मानवी जमात 'होमो इरेक्टस' (दोन पायांवर चालणारा माणूस) आगीचा वापर करीत होती. आपण म्हणजे होमो सेपियन्स (विचार करणारा माणूस) या होमो इरेक्टसचे थेट वंशज आहेत. आता होमो सेपियन्स हे नाव धारण करून आपण कधीच विचार करीत नाही ती गोष्ट वेगळी.

होमो इरेक्टस साडेसात लाख वर्षांपूर्वी आगीचा वापर करीत होता याचा पुरावा एस्काले या फ्रान्समधल्या गावी केलेल्या उत्खननात मिळाला. तिथं दगडांची चूल आणि एकाच ठिकाणी सातत्यानं बराच काळ शेकोटी पेटवली जात होती याचे ठोस पुरावे उपलब्ध झाले. या आगीच्या साहाय्यानं माणसाने अंधार दूर करण्यात यश मिळवले. शेकोटीभोवती बसून संपूर्ण दिवसभरात काय काय घडलं याचा आढावा घेतला जाऊ लागला. त्यातूनच कुणाला तरी काव्य स्फुरलं. एखाद्या थापाड्याच्या बढायातून पहिल्या मौखिक साहित्याची निर्मिती झाली. त्यातूनच संस्कृतीची सुरुवात झाली.

प्राचीन घरांचा अभ्यास करणाऱ्यांनी वेगवेगळ्या देशातून बांधलेल्या किंवा उभारलेल्या आदिमानवी वसतीस्थानांचा अभ्यास केला तेव्हां आपल्या पूर्वजांनी पृथ्वीवर जिथं कुठं निवारा उभारला, तिथं तिथं त्यांनी पहिल्यांदा अग्निची जागा निश्चित केली. या अग्नीच्या साहाय्यानंच मातीची भांडी तयार केली गेली. लाकूड आणि खडकांच्या तुकड्यांची हत्यारे बनवली गेली. अग्नीमुळं मानवाला फावला वेळ उपलब्ध झाला त्यामुळं दिवस उजाडताच तो अन्नाच्या शोधार्थ बाहेर पडू लागला.

आदिमानवाच्या जमान्यात आग हे जीवनाचं केंद्रस्थान होतं, हीच भावना निवारा निर्माण करण्यात दिसून येते. मध्यभागी सर्व बाजूंनी सुरक्षित अशी अग्नी निर्मिती आणि ज्वलन कुंडाची जागा, त्याभोवती मग राहायची जागा. फोकस म्हणजे शेकोटी. लॅटीन भाषेतल्या या शब्दाला पुढं 'केंद्र' असा अर्थ प्राप्त झाला तो यामुळेच. आजच्या आधुनिक घराचं केंद्र जरी दूरचित्रवाणी संच बनला असलातरी आपल्या घरातलं अग्नीचं महत्त्व कमी झालं नाही. आज आपण घरात काटक्या कुटक्या गोळा करून प्राथमिक स्वरुपात जाळ करीत नसलो तरीही अजूनही गॅस पेटवतो आणि 'मंडे टू संडे इलेक्ट्रिसिटी बंद' या ब्रीदाला म.रा.विद्युत मंडळ जागलं की मेणबत्त्या आणि कंदील पेटवून आगीचा वापर करतोच. आपण जी वीज वापरतो त्या विजेचाही बराच मोठा भाग कोळसा जाळून किंवा आण्विक इंधनाच्या साहाय्याने निर्माण केला जातो. याचा अर्थ आपल्या घरातून वावरणारी आग आपण घराबाहेर काढली असली तरी तिच्यावरच आपण मोठ्या प्रमाणात ऊर्जेसाठी अजूनही अवलंबून असतोच. आपल्या वाहनांच्या चालक यंत्रणेपासून ते औष्णिक ऊर्जा निर्मिती केंद्रापर्यंत सर्वत्र आग अस्तित्वात असते.

आगीमुळं मिळणारे फायदे आणि होणारं नुकसान या दोन्ही गोष्टीमुळं आदिमानवापासून आजपर्यंत माणूस आगीला आदरानं वागवत आलाय. आपल्या पूर्वजांनी अग्नीला देव मानलं तर इतर संस्कृतीमंधे तिला देवाची देणगी मानण्यात आलं. आपल्या पंचमहाभूतांपैकी 'अग्नि' हे एक महत्त्वाचं महाभूत आहे. तर पाश्चात्य तत्त्वज्ञ अगदी एकोणिसाव्या शतकापर्यंत वास्तुमात्राच्या चार मूलतत्त्वांपैकी एक, असं अग्नीला म्हणत असत.

अग्नीला तत्त्वज्ञानातून विज्ञानात आणायचा पहिला प्रयत्न सतराव्या शतकामध्ये जर्मन रसायन शास्त्रज्ञ योहान बेख्र यानं केला. त्याच्या म्हणण्यानुसार ज्वलनशील पदार्थामध्ये फ्लॉजिस्टॉन नावाचा एक पदार्थ असतो तो ज्वलनाचे वेळी जळणाच्या पदार्थातून निसटतो. एखाद्या पदार्थात जेवढा फ्लॉजिस्टॉन जास्त तेवढा तो पदार्थ जास्त ज्वलनशील बनतो. बेख्रच्या म्हणण्यानुसार लाकडासारखे पदार्थ जास्त ज्वलनशील बनतो. बेख्रच्या म्हणण्यानुसार लाकडासारखे पदार्थ जवळ जवळ पूर्णपणे फ्लॉजिस्टॉनचे बनलेले असत. तर दगडामध्ये फ्लॉजिस्टॉन अजिबात नसल्यामुळे दगड जळत नसे. या विचारात एकच त्रुटी होती. मॅग्नेशियम सारखे जळणारे धातू जळून गेले की त्यांच्या राखेचं वजन कमी होण्याऐवजी वाढत असे.

फ्लॉजिस्टॉन सिद्धांताच्या समर्थकांनी यावर एक उत्तरही शोधून काढलं होतं. 'केला जरी पोत बळेची खाले, ज्वाळातरी ते वरती उफाळे' हे एक सार्वत्रिक सत्य आहे. या ज्वाळा वर जातात याचं कारण त्यांना 'उणे वजन' असतं. त्या गुरूत्वाकर्षण विरोधक असतात; म्हणजेच फ्लॉजिस्टॉन हे द्रव्य प्रति गुरुत्वाकर्षण शक्ती असलेलं

आहे, असं या फ्लॉजिस्टॉनवादी मंडळीचं म्हणणं होतं. पदार्थ जळण्यासाठी हवेची आवश्यकता असते हे सिद्ध झाल्यावरही त्यांनी आपलं म्हणणं सोडलं नव्हतं.

इ.स. १७७४ मध्ये जोसेफ प्रीस्टलीनं एक वायू हवेतून वेगळा केला. या वायूमुळं मेणबत्ती अधिक जोरात जळते हेही त्यानं दाखवून दिलं हा वायू फ्लॉजिस्टॉनला इतरांपेक्षा लौकर आकर्षित करतो म्हणून या वायूच्या उपस्थितीमध्ये पदार्थ लौकर जळतात, असं प्रीस्टलीला वाटत होतं. या वायूचा फारसा उपयोग नाही, व्यावहारिक उपयोग नसलेला हा वायू करमणुकीसाठी उपयोगी ठरेल, असंही प्रीस्टली म्हणत असत.

अँतुआन लव्हॉयजे या ख्यातनाम फ्रेंच शास्त्रज्ञानं इ.स. १७७२ मध्ये (आता प्रसिद्ध असलेल्या) त्याच्या प्रयोगाद्वारे या वायूचं खरं स्वरूप उघड केलं. लव्हॉयजेनं केलेल्या प्रयोगातून हवेत दोन वायू असतात, त्यातला एक वायू म्हणजे प्रीस्टलेची 'फ्लॉजिस्टॉन विरहित हवा' आणि दुसरी ज्वलनाला मदत करणारी 'फ्लॉजिस्टॉनयुक्त हवा' यातल्या ज्वलनास मदत करणाऱ्या वायूला लव्हॉयजेनं 'ऑक्सिजन' असं नाव दिलं. ऑक्सिजनशी संयोग झाल्यावर जे ज्वलन होतं त्यातून ऑक्साईडांची निर्मिती होते म्हणून ऑक्सिजन हा पृथ्वीवरचा एक महत्त्वाचा वायू आहे, असं म्हणण्यात येऊ लागलं.

ज्वलन हेही ऑक्सीडेशन आणि गंजणं हेही ऑक्सीडेशन पण दोहोतला फरक म्हणजे त्यांच्या ऑक्सीडीकरणाला लागणारा वेळ. ज्वलनामध्ये ऑक्सीडीकरण झटकन होतं तर गंजण्याची क्रिया कमी वेगानं होते. ज्वलनात तापमान वाढ, ज्योत आणि प्रकाश या तीन गोष्टी दृग्गोचर होतात त्यांचा गंजण्यामध्ये अभाव असतो. सर्वसाधारण पण क्लोरीनयुक्त वातावरणामध्ये हायड्रोजनही जळतो, हे इथं लक्षात ठेवायला हवं.

कुठेही ज्वलन सुरू होण्यासाठी इंधनाचे तापमान त्याच्या ज्वलनबिंदूपर्यंत वाढवणं आवश्यक असतं. ज्या तापमानास इंधन वायूरूप बनतं म्हणजे आपल्या भाषेत त्याची वाफ होऊ लागते त्या तापमानाला त्या इंधनाचा ज्वलनबिंदू असं म्हणतात. फॉस्फरससारखा अतिशय ज्वालाग्राही पदार्थ नेहमीच्या सर्वसामान्य तापमानास– ज्याला इंग्रजीत रूम टेंपरेचर असं म्हणतात– त्या तपमानास पेट घेतो. तर अॅल्युमिनियमचा ज्वलनबिंदू २०००° सेल्सियस एवढा आहे. आपण नेहमी शेकोटीत जाळतो ते कागद, लाकूड आणि पेट्रोल, रॉकेल यासारख्या पदार्थांचा ज्वलनाबिंदू २२५° ते ४००° सेल्सियस दरम्यान असतो. कागद : २३२° से. कोळसा (लोणारी) ३४३° से. पेट्रोल ३९०° से देवदाराचं वाळलेलं लाकूड : ४२७° से. दगडी कोळसा : ४६८° से. ओकचं लाकूड : ४८०° से. शुद्ध कार्बनी दगडी कोळसा: ५२४° से. मिथेन: ६३२° से.

हे पदार्थ कसे जळणार हे त्यातील अशुद्धता, ऑक्सिजनची उपलब्धता, त्या पदार्थातून बाहेर पडणारी वाफ, जमणारी राख वाहून नेणारा वारा (यामुळे ऑक्सिजनचा सतत पुरवठा होतो) अशा अनेक बाबींवर अवलंबून असते. या इंधनाच्या ज्वलनामुळे दोन हजार अंश से. पर्यंत तापमान वाढू शकते. आपल्या माहितीत सर्वात जास्त तापमान रोजच्या व्यवहारात ऑक्सी-ऑसिटीलीन ज्योतीमध्ये निर्माण होते ते ३३००° से एवढे पोहोचते.

कुठलंही इंधन जाळलं की जी ऊर्जा निर्माण होते तिचं मापन कॅलरी या परिमाणानं करतात. समुद्रसपाटीस १ ग्रॅम पाण्याचं तापमान एक सेल्सियस अंशानं वाढवण्यास जेवढी उष्णता रूपी ऊर्जा आवश्यक असते ती ऊर्जा म्हणजे एक कॅलरी, लाकडाची दर ग्रॅमला ४००० ते ४५०० उष्मांक ऊर्जा असते. मराठीत कॅलरीला उष्मांक म्हणतात. पेट्रोलियमचा उष्मांक १० ते ११ हजार कॅलरी असतो तर नैसर्गिक इंधन वायूचा उष्मांक चौदा हजार असतो. हायड्रोजनचा उष्मांक ३४ हजार कॅलरी असतो. हायड्रोजनमध्ये इतर इंधनांपेक्षा दर ग्रॅम मध्ये, सर्वात जास्त रासायनिक ऊर्जा सामावलेली असते. यामुळे हायड्रोजन हे ऊर्जा इंधन म्हणून वापरता आलं तर ऊर्जा समस्या कमी होईल.

काही विशिष्ट परिस्थितीत आगीचं परिवर्तन स्फोटात होतं. आग आणि स्फोट यात ज्वलनाचा वेग हा महत्त्वाचा घटक बनतो. सर्वसाधारण आपण वायूंचे मिश्रण जाळतो तेव्हां न जळलेल्या वायूमध्ये ज्योत प्रति सेकंदास एक मीटर या वेगानं पुढं सरकत असते. पण खूप दाब आणि जास्त तापमानास हा वेग प्रतिसेकंदास पाच किलोमीटर एवढा वाढतो;आणि स्फोट होतो. आगीतून जर ऊर्जा वेगानं मुक्त झाली आणि त्यामानानं तिचा पसरण्याचा वेग कमी असेल तर त्यामुळे कमी जागेत ऊर्जा साठवावी गेल्यानं तापमान वाढते; आणि ज्वलन प्रक्रियेचा वेग आणखी वाढतो. यामुळे काही वेळातंच स्फोट होतो. अशा प्रकारच्या स्फोटाचं गणित करता येतं. याचा स्फोटक पदार्थांच्या निर्मितीमध्ये उपयोग करून घेतला जातो.

पेट्रोलवर चालणाऱ्या मोटारीच्या सिलिंडरमध्ये होणाऱ्या इंधन वायूच्या मिश्रणात होणाऱ्या स्फोटावर मात्र नियंत्रण ठेवता येत नाही. इथं बरेचदा अचानक स्फोट होऊन इंधन जळतं. याला इंग्रजीत 'नॉक' असं म्हणतात. जर इंधनात शिश्याची संयुगे अत्यल्प प्रमाणात मिसळली तरी हे नॉकिंग कमी होतं, असं तंत्रज्ञांना आढळून आलं पण या 'नॉकिंग'चं नक्की कारण मात्र शास्त्रज्ञांना कळलेलं नव्हतं. पुढं ते लक्षात आलं. सिलिंडरमध्ये सुरुवातीचं ज्वलन सुरू झालं की काही अयन मुक्त होतात. ते नव्यानं या कक्षात येणाऱ्या इंधनकणांना झपाट्यानं प्रज्वलित करत राहतात. यामुळे एक शृंखला प्रक्रिया सुरू होते. शिशाच्या संयुगांनी मुक्त अयनांना आळा बसून 'नॉकिंग' थांबतं.

आता या शिसेयुक्त संयुगांमुळं प्रदूषणाचा प्रश्न फारच गंभीर झालाय. त्यामुळे शिसेमुक्त पेट्रोलची चळवळ आता सुरू झालीय. आदि मानवापुढं असले प्रश्न नव्हते. त्याला आग सुरू कशी करायची आणि ती टिकवायची कशी, याचीच चिंता असे. ती गुहेत आणली तर ती आपल्याला जाळणार नाही ना, याचीही काळजी त्याला वाटत असे. आदिमानव आगीला दैवी देणगी मानत असे आकाशातून पडलेली वीज, तिच्यामुळे पेटलेलं झाड, त्यापासून मिळालेली आग, तिची उब, त्या आगीवर भाजलेलं मांस हे त्याला नक्कीच दैवी वरदान वाटत असणार. तोही आग जपून ठेवण्यासाठी अनेक युक्त्या प्रयुक्त्यांचा वापर करीत असे. अशा आगीसाठी केलेली चिखलाची भांडी भाजून आणखी पक्की होतात, हेही हळूहळू त्याच्या लक्षात आलं असावं. त्या काळात आग सतत जळत ठेवणाऱ्या माणसाला टोळीत मान असे. माणूस स्वत: विस्तव निर्माण करायला कधी शिकला हे नक्की सांगणं अवघड आहे; पण वादळात वाळलेल्या फांद्या एकमेकींवर घासून आग निर्माण होते, हे त्याच्या लक्षात आलं आणि मग त्यांं घरच्या घरी (गुहेतल्या गुहेत) आग निर्माण करायचे प्रयत्न सुरू केले असावेत. मानवाला अग्निनिर्माण करायचा शोध कसा लागला याबद्दल दुसरा एक अंदाज असा की अश्मयुगीन मानव खडकाचे तुकडे करून त्याला टोकं करून हत्यारं बनवायचा. यासाठी एका गारेच्या तुकड्यानं दुसरा गारेचा तुकडा ठोकतांना उडालेल्या ठिणगीमुळं जवळ पडलेलं वाळलेलं गवत अचानक पेटलं आणि मानवाला आग निर्माण करायचा शोध अचानक लागला, अजूनही भारतात अनेक ठिकाणी चकमक वापरून गुडगुडी किंवा मातीच्या चिलीमी पेटवल्या जातात. बऱ्याच आदिम जमातींमध्ये टोकदार अरणी रवीसारखी दुसऱ्या लाकडात घुसळून अग्नी निर्माण केला जातो.

प्राचीन ग्रीक आणि ज्वालामुखीची काच जिथं सहज उपलब्ध असे तिथले लोक या काचांची भिंग करून किंवा अंतर्वक्र आरसे बनवून गवत पेटवत असत. ऑरिस्टोफेनीसनं खि.पू. ४२३ मध्ये लिहिलेल्या नाटकात 'ढग किंवा स्वर्ग' असं त्या नाटकाचं नाव असावं, अशा भिंगांचा उल्लेख आहे. यानंतर दोनशे वर्षांनी आर्किमिडीजननं सिरॅकसच्या वेढ्यात रोमन जहाजं जाळण्यासाठी अंतर्वक्र आरशांचा उपयोग केल्याचा उल्लेख आढळतो. याशिवाय मेक्सिकोतील ॲझ्टेक आणि चीनमध्येही आग उत्पन्न करण्यांसाठी भिंगे वापरली जात. वैदिक आर्य यासाठी वेगवेगळी लाकडं वापरून त्यात अरणीच्या साहाय्यानं समंत्र अग्नी निर्माण करीत व तो यज्ञासाठी वापरीत असत.

लोखंडाचा वापर करायला लागल्यावर चकमकीच्या साहाय्यानं अग्नी निर्माण करणं अधिक सोप झालं. उत्तर अमेरिकेच्या ध्रुवीय वर्तुळातले एस्किमो आयर्न पायराइट (याला फूल्स गोल्ड असंही म्हणतात) वर गारेचे तुकडे आपटून अग्नि

निर्माण करीत. हे फूल्स गोल्ड म्हणजे लोहाचं सल्फाइड. चिनी लोक कठीण बांबूवर भाजलेल्या चिनी मातीचे पोर्सेलीनचे तुकडे आपटून गवत पेटवायचे. नंतर तो अग्नि प्रज्वलित करून घरात वापरायचे. युरोपात फ्लिंट हा गारेचा प्रकार, पोलादांचा तुकडा आणि वाळलेलं गवत यांच्या साहाय्यानं एकोणिसाव्या शतकापर्यंत आग पेटविण्यासाठी केला जात असे.

फॉस्फरसच्या शोधानं अग्नी प्रज्वलन तंत्रात एकदम क्रांतीच झाली. चांदीचं सोनं करण्याच्या प्रयत्नात इ.स. १६६९ मध्ये एच. ब्रँड या शास्त्रज्ञाला फॉस्फरस हाती लागला. या ज्वलनशील मूलद्रव्यामुळे १७ व्या शतकातील अनेक संशोधकांनी आग पेटवण्याची साधनं निर्माण करायला सुरुवात केली. यात या संशोधकांचे हात पोळलेच (खरोखरच पोळले) पण काहींच्या दाढ्याही जळाल्या, असं म्हणतात. त्यातच फॉस्फरस इतका महाग होता की या फॉस्फरसयुक्त अग्नी निर्माण यंत्रणा राजे महाराजांनाच परवडतील अशा किमतीस उपलब्ध होत असत.

सर्वांना परवडेल अशा काडीचा शोध घ्यायची सुरुवात इ.स. १७८१ मध्ये झाली, असं म्हणण्यात येतं. यावर्षी फ्रेंच रसायनशास्त्रज्ञांच्या एका गटानं 'फॉस्फरसयुक्त बत्ती' निर्माण केली. याला ते कधीही जळणारी काडी-एथेरियल मॅच असं म्हणत. एका काच नळीत फॉस्फरस मध्ये बुडवून काढलेली काडी खुपसून ठेवण्यात येत असे. मग नळीची तोंड बंद केली जात. ही नळी तोडली की बाहेरच्या हवेच्या संपर्कात आल्यामुळे कागदावरचा फॉस्फरस जळू लागत असे. याच काळात अमेरिकेत एक अतिशय धोकादायक काडीपेटी (?) तयार करण्यात आली होती. लाकडाचे फॉस्फरसमध्ये बुचकळून काढलेले तुकडे एका बाटलीत ठेवण्यात येत. दुसऱ्या बाटलीत सल्फ्युरिक आम्ल ठेवण्यात येत असे. त्यावेळी जाळ करायचा तेव्हा एका बाटलीतला लाकडाचा तुकडा दुसऱ्या बाटलीतल्या सल्फ्युरिक आम्लात बुडवण्यात येत असे. हे अतिशय सावधगिरीनं करावं लागत असे नाहीतर बोटांना चांगलाच चटका बसायचा.

आजकालच्या काडीपेटीतल्या काड्यांसारख्या काड्या सन १८२७ मध्ये जॉन वॉकर नावाच्या इंग्रज औषधी बनवणाऱ्या माणसानं बनवल्या. त्यानं भारतातून इंग्लंडमध्ये अग्निबाणाचं तंत्रज्ञान नेणाऱ्या विल्यम काँग्रीव या लष्करी अधिकाऱ्याकडून ही विद्या मिळवली. त्या काळात या काड्यापेट्यांना 'काँग्रीव शिलिंग बॉक्स' असं म्हणण्यात येत असे. लाकडाच्या चपट्या तुकड्यांच्या टोकाला गंधक चोपडून त्यावर पोटॅशियम क्लोरेट लावण्यात येत असे. खरखरीत कागदातून ही चपटी काडी ओढली की ती पेट घेई. हा कागद मांजा तयार करतात तसा कुटलेल्या काचेचा लेप देऊन तयार करण्यात येत असे.

वॉकरने त्याच्या शोधाचे एकाधिकार घेतले नव्हते. त्याच्या काँग्रीव पेटकाड्यांनंतर

तीन वर्षांनी सॅम्युअल जोन्सनं अशाच काड्या 'ल्युसीफर्स' या नावानं बाजारात आणल्या. याच सुमारास चार्ल्स सॉरीया नावाच्या रसायन शास्त्राच्या विद्यार्थ्यानं फ्रान्समध्ये कुठेही आपटून पेटवता येणारी 'पेटकाडी' निर्माण केली. त्यानं वॉकरच्या काडीप्रमाणेच त्या काडीलाही गंधकाचा लेप दिला होता पण त्यावर पोटॅशियम क्लोरेट ऐवजी पांढरा फॉस्फरस चोपडला होता. हा पांढरा फॉस्फरस विषारी असतो. त्याच्या धुरानं जबड्याची हाडं झिजून निकामी होतात. याला 'फॉसीजॉ' असं म्हणतात. यामुळं पुढे १९०६ मध्ये पेटकाड्यांच्या उत्पादनात पांढरा फॉस्फरस वापरण्यास बंदी घालण्यात आली.

खरं तर या आधी ६२ वर्षे म्हणजे १८४४ मध्ये पाश्च नावाच्या स्विडीश रसायन शास्त्रज्ञाने तांबड्या निर्विष फॉस्फरसचा शोध लावला होता. त्या तांबड्या फॉस्फरसचा उपयोग करून जे. ई. लुंडस्ट्रॉम नावाच्या स्विडीश माणसाने सुरक्षित पेटकाड्यांची (सेफ्टीमॅचेस) निर्मिती सुरू केलेली होती. यात तांबडा फॉस्फरस काडीपेटीच्या बाजूवर चोपडलेला असे; आणि काडीच्या टोकाला पोटॅशियम क्लोरेट लावलेलं असे.

युरोपच्या मानानं अमेरिकेत काडीपेटी उशिरा पोहोचली. शिवाय तिथं काड्यापेट्यांची निर्मितीही इ. स. १९०० पर्यंत होत नव्हती, हे विशेष. डायमंड मॅच कंपनीनं इ. स. १९०० मध्ये सुरक्षित पेटकाड्यांचं पेटंट एका फ्रेंच कंपनीकडून विकत घेतलं. अमेरिकेच्या वातावरणातल्या विविधतेपुढे या फ्रेंच काड्यांचा टिकाव लागेना. त्यानंतर अकरा वर्षे संशोधन करून अरायझोना आणि न्यू मेक्सिकोच्या वाळवंटापासून अलास्काच्या बर्फापर्यंत सर्वत्र टिकून राहणाऱ्या आणि पेट घेणाऱ्या काड्यांची निर्मिती करण्यात डायमंड मॅच कंपनीस यश आलं. काड्यापेट्यांवर चित्र छापणे, जाहिराती छापणे, पेटकाडी पुस्तकं तयार करणे अशा गोष्टी मात्र अमेरिकेतच प्रथम जन्मल्या. आज अमेरिकेतल्या पेटकाडी पुस्तकांच्या निर्मितीपैकी ९०% पुस्तकं ही जाहिरात म्हणून फुकट वाटली जातात. आता अमेरिकेत जलाभेद्य पेटकाड्याही तयार झाल्या आहेत. पाण्यात ८ तास राहूनही या काड्या पेट घेतात, या शिवाय विझवल्यावर काड्यांचा धूर पसरतो, तसा धूर न पसरवणाऱ्या काड्याही आता बाजारात आल्या आहेत.

वेगवेगळ्या धर्मांमधून अग्नीस फार वेगवेगळ्या प्रकारे महत्त्व देण्यात येते. एकेकाळी कोमांशे अमेरिकन तंबाखू पेटवण्याचा धार्मिक विधी करीत असत. हा धूर मानिटू नावाच्या पवित्र आत्म्यापर्यंत पोहोचला की मग ते वर्षभर तंबाखू चघळायला आणि ओढायला मोकळे होतं. मिसुरी नदीकाठचे ओसागेस इंडियन युद्धावर जायच्या आधी तंबाखू जाळून देवाला आवाहन करीत आणि मग विजयी व्हायला निघत असत. अग्निहोत्र विझलं तर घरावर संकट कोसळणार ही समजूत सर्वच भारतीयांमध्ये

प्रचलित होती. भारतात बहुतेक घरातून अग्निहोत्र असे. पुढे पुढे ही पद्धत ब्राह्मणांपुरती मर्यादित झाली. किंबहुना अग्नी पूजा हा आशियातल्या बऱ्याच जमातींचा प्रमुख धार्मिक विधी असल्याचं आढळून येतं. ग्रीसमध्ये किती तरी वर्षे प्रत्येक गावात 'हेस्टिया' देवीस वाहिलेलं अग्नीमंदिर असे. ह्या कुमारिका देवीच्या मंदिरास प्रायटेनिऑन आणि पुजाऱ्यांना 'प्रायटॉनीज्' म्हणत असत. प्रायटॉन वरूनच 'फायर' हा शब्द अस्तित्वात आला. रोमनांमध्ये हेस्टियासारखीच 'व्हेस्टा' नावाची कुमारी देवी होती. प्रत्येक रोमन घरात स्वतंत्र 'होमकुंड' असे शिवाय व्हेस्टाच्या मंदिरात एक कायमस्वरूपी ज्योत सतत पेटत ठेवण्यात येत असे. सुरुवातीला सहा कुमारिका या ज्योतीचे रक्षण करीत. चुकून-माकून ही 'व्हेस्टल फायर' विझली तर ती पुन्हा पेटवली जाईपर्यंत शहरातले सर्व कारभार बंद केले जात. पुढे हे काम पुरुषांवर आलं आणि तेच नंतर पुजारीही बनले.

युरोपात अगदी गेल्या शतकापर्यंत एका खिसमसला पेटवलेला ओंडका पुढच्या खिसमसपर्यंत धुमसत ठेवला जात असे. बहुतेक सर्व धर्मात या ना त्या प्रकारे पवित्र स्थळी ज्योत पेटत असते. मेणबत्त्या, समया, ऊद किंवा धूप जाळणे, अग्निहोत्र ठेवणे हे धार्मिक प्रकार आपण पाहतोच. अग्नीवरून 'इग्निस' हा लॅटीन शब्द तयार झाला असून त्यावरून इंग्रजीत इग्नाईट, इग्निशन असे 'पेट' या अर्थीचे शब्द निर्माण झाले आहेत. बऱ्याच धार्मिक समजुतीत नरकात 'अग्नी' हा शिक्षेचा भाग मानला जातो. 'ब्रिमस्टोन्स अँड हेलफायर'चा पाऊस पडला तरी आम्ही हटणार नाही, ह्या प्रकारच्या वाक्प्रचारांचं मूळ मात्र नरकात नसून प्राचीन युद्ध पद्धतीमध्ये आहे. पूर्वी ग्रीक आणि रोमन लोक कॅटापुल्ट म्हणजे उल्हाट यंत्रांच्या साहाय्याने कोळसा, डांबर आणि राळ यांचे पेटते मिश्रण शत्रूवर फेकत असत. ते जिथे पडेल त्या वस्तूला किंवा व्यक्तीला चिकटून धुमसत राही. याला ग्रीक फायर म्हणत, पुढं पहिल्या युद्धाच्या अखेरीस निर्माण केलेल्या पण प्रामुख्याने दुसऱ्या महायुद्धामध्ये वापरलेल्या 'फ्लेम थ्रोअर'नी 'हेल फायर'ची जागा घेतली.

निखाऱ्यावरून चालणे, हा एक धार्मिक प्रकार युरोप आणि आशिया खंडात सर्वत्र आढळतो. मात्र यात चमत्कार नाही तर झटझट चालत गेल्यास निखाऱ्याची उष्णता पावलाला लागेपर्यंत पाऊल उचललेले असते. शिवाय लीडेनडॉफ परिणामामुळेही पायाला चटका बसत नाही. पवित्र अग्नी वरून चालायचे असल्यामुळे भाविक पाय धुतात त्यामुळे तळपायाला चिकटलेल्या पाण्याची लगेच वाफ होते. हा वायूरूप पाण्याचा थर पायाचं संरक्षण करीत असतो.

हीच आग नियंत्रणाबाहेर गेली की, माणसाची परीक्षा बघते. १६६६ ची लंडनची आग प्रसिद्धच आहे. एका ब्रेड भाजायच्या भट्टीत सुरू झालेली आग पसरली आणि लंडन तीन दिवस जळत होतं. यात तेरा हजार दोनशे घरं जळाली.

नंतर सात महिने ही विझवलेली घरं धुमसत होती. १९२३ मध्ये टोकियोमध्ये लागलेल्या आगीत ९९ हजार माणसं मृत्युमुखी पडली.

जगातल्या पहिल्या अग्निशामक दलाची स्थापना ख्रिस्तपूर्व एकमध्ये मार्कस क्राकसनं रोममध्ये केली. ख्रि. पू. ३१ ते इ. स. ४१० पर्यंत दर अकरा वर्षांनी रोमचा फार मोठा भाग जळत होता. इ. स. ६ मध्ये पहिल्या सार्वजनिक अग्निशामक दलाची स्थापना झाली. याचं कारण क्राकस वाचवलेल्या घराचा मालक बनत असे. पहिल्या सार्वजनिक अग्निशामक दलास 'व्हिजिलेस' असं नाव देण्यात आलं. मूळ 'व्हिजिलांते' संख्येनं पस्तीसशे होते. तरीही इ. स. ६४ मध्ये रोम जवळजवळ पूर्णपणे जळून गेलं.

सतराव्या शतकात जान व्हान डेर हेडेननं गुंडाळी करणारा नळ (कॅन्व्हास पाईप) शोधून काढला. यामुळे तो कुठंही नेता येऊ लागला आणि दुरून आगीवर पाणी फवारणं शक्य होऊ लागलं. त्या काळात घोडागाड्यांवर पाण्याची पिंपं लादलेली असत. ५० ते ६० मीटर दूर या पाण्याचा मारा करणारे पंपही त्या वेळी उपलब्ध झाले होते. आता आगीचे प्रकार बदलले, ज्वालाग्राही पदार्थांची निर्मिती वाढली तेव्हा पाणी, कार्बन-डाय-ऑक्साईड आणि अग्निरोधक फेस अग्निशामक दले वापरू लागली. आगीची धोक्याच्या सूचना देणाऱ्या यंत्रणा अमलात आल्या. वणव्यांवर हवेतून सोडियम कॅल्शियम बोरेटसारखी रसायनं टाकण्यात येतात. तरीही बरेच वणवे मानवी प्रयत्नांना दाद न देता जळत राहतात. १९९७ मध्ये लागलेली इंडोनेशियातील आग १९९८ मध्ये जळत होती यावरून निसर्गापुढं मानवी प्रयत्न अयशस्वी ठरतात हे पुन्हा एकदा सिद्ध झालंय.

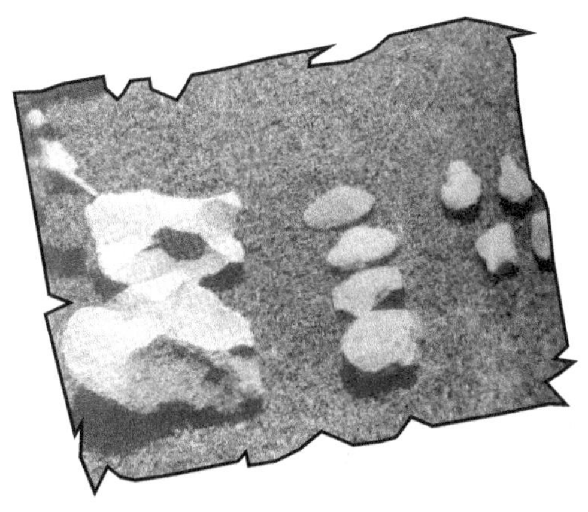

भूतकाळावर मालकी कुणाची?

मानवी इतिहासाचे लिखित पुरावे उपलब्ध नव्हते किंवा लिहिण्याची कला मानवाला अवगत झाली नव्हती तेव्हा तो फक्त खाणाखुणांनी बोलत होता. त्या काळातले मानवी संस्कृतीचे स्वरूप निश्चित करण्यासाठी पुरातत्त्वशास्त्रज्ञ उत्खनन करतात. ज्या आदिम जमातींमध्ये अजूनही लेखनकला वापरली जात नाही, त्याचा पूर्वेतिहास जाणून घेण्यासाठी मानवशास्त्रज्ञ उत्खनन करतात. गेल्या शतकात इंग्लंड-अमेरिकेच्या तथाकथित संशोधकांनी, तसेच विसाव्या शतकाच्या मध्यापर्यंत ब्रिटिश, अमेरिकन व युरोपीय संशोधकांनी पौर्वात्य आणि दक्षिण-अमेरिकेतील पुरातत्त्वीय पुराव्यांची लूटमार केली. दुसऱ्या महायुद्धानंतर मात्र ही परिस्थिती बरीच बदलली. केवळ शिल्पे, मूर्ती आणि इजिप्तमधील 'ममी' या पलीकडेही पुरातत्त्वशास्त्र आहे याची सर्वांनाच जाणीव झाली. पण पौर्वात्य देशांत फार प्राचीन काळापासून संस्कृती जन्मली; इतर लोक जेव्हा सुसंस्कृत होते तेव्हा युरोपात रानटी टोळ्या हिंडत होत्या याची पाश्चात्त्यांना जाणीव झाली.

त्यानंतर पुरातत्त्वशास्त्र, मानवशास्त्र यांचा अभ्यास गंभीरपणे सुरू झाला. या आधी फार थोडे शास्त्रज्ञ या अभ्यासाकडे गंभीरपणे बघत. त्यांच्यामुळेच भारतासह इतर अनेक पौर्वात्य देशात पुरातत्त्व विभागांची स्थापना झाली, हे विसरूनही चालणार नाही, तरीही त्या काळात पुरातत्त्व शास्त्रीय वस्तू आणि अवशेष पाश्चात्य देशात नेऊन विकायचे, हा धंदा चालू झाला होताच. यामुळे अनेक ऐतिहासिक महत्त्वाच्या गोष्टी इजिप्त, इराक, भारत आदि देशांमधून पाश्चात्य देशात गेल्या.

दुसऱ्या महायुद्धानंतर अनेक देश स्वतंत्र झाले. राष्ट्रीय व सांस्कृतिक अस्मिता

जागृत झाल्या. उत्खननात इतर तांत्रिक प्रगतीची मदत होऊ लागली. याचे एक उदाहरण म्हणजे प्राणी आणि मानव यांच्या सांगाड्यातून 'डीएनए' रेणू मिळवून त्या त्या उत्खननातील सांगाड्यांचा आणि त्या भागातील आधुनिक मानवांचा परस्पर संबंध प्रस्थापित करणे शक्य होऊ लागले. १९९४ मध्ये रॉब बॉनिकसन या शास्त्रज्ञाने प्राचीन वसाहतीतल्या मातीतून मानवी केस शोधून काढण्याचे एक तंत्र विकसित केले. एकवेळ मानवी हाडांची माती होईल, पण केस लक्षावधी वर्षे टिकून राहतात. माणूस रोजची कामे करीत असताना त्याचे केस गळत राहतात. ते मातीत हजारो वर्षे टिकून राहतात. असे केस शोधण्याचे तंत्र विकसित झाले तेव्हा पुरातत्त्वीय जगतात त्याचे फार जोरदार स्वागत झाले, कारण केसांतून डीएनए रेणू वेगळे करणे शक्य असते. एखाद्या भूभागातील दोन ठिकाणी असे केस मिळाले, आणि त्यांच्या डीएनए रेणूंच्या अभ्यासावरून ते एकाच टोळीतल्या सदस्यांचे आहेत असे सिद्ध झाले, तर त्याचवरून ती टोळी त्या काळात कुठून कुठे स्थलांतर करीत होती हे लक्षात येणे शक्य होते. दुसरे म्हणजे ज्यांना 'कबर लुटेरे' असे म्हणतात, ते पुरातत्त्वीय जागांतील अवशेष चोरून नेणारे लोक हाडे, भांडी असे अवशेष चोरून नेऊ शकतात, पण केस चोरणे, त्यांना शक्य होणार नसते. त्यामुळे कुठल्याही उत्खननाच्या ठिकाणी केस सापडणारच याची खात्री देता येते. यामुळेच केस शोधून काढण्याच्या या तंत्राला क्रांतिकारक तंत्र म्हणण्यात येऊ लागले.

बॉनिकसननं नैऋत्य मोन्टाना प्रांतातील एका उत्खननामध्ये असे बरेच केस गोळा केले हे जाहीर झाल्यावर कुटेनाई-सालीश तसेच शोशोने आणि 'बोनॉक इंडियन' जमातीच्या प्रतिनिधींनी 'हे केस आम्हाला परत मिळायला हवेत' असा अर्ज केला. १९९० साली झालेल्या एका करारानुसार मूळ अमेरिकन (रेड इंडियन) लोकांच्या कबरींना संरक्षण देणारा, तसेच मूळ अमेरिकन लोकांच्या पुरावशेषांवर त्यांची मालकी मान्य करणारा कायदा अंमलात आला आहे. त्यानुसार जमिनीतून खणून काढलेले अवशेष, अवजारे आणि हत्यारे यांच्यावर मूळ अमेरिकन लोकांचा हक्कही मान्य करण्यात आला आहे.

बॉनिकसन यांच्या मते, या कायद्यानुसार पुरलेले मृत देह हे पवित्र अवशेष ठरतात आणि त्यांच्या पावित्र्यरक्षणासाठी हा कायदा तयार करण्यात आला आहे. एखाद्या उत्खननाचे ठिकाणी सर्वत्र पसरलेल्या केसांना हा कायदा लागू होत नाही. विधिवत् अंत्यसंस्कार केलेल्या मानवी अवशेषांपुरताच तो कायदा मर्यादित आहे.

मूळ अमेरिकनांच्या मते, त्यांच्या संस्कृतीत केस आणि नखे यांना अतिशय महत्त्व असते. त्यामुळे ते केस मुद्दाम पुरलेले असोत किंवा आपोआप झडून इतस्तत: विखुरलेले असोत, त्यांना सांस्कृतिक महत्त्व आहेच. अमेरिकन विद्यापीठांमधून काम करणाऱ्या संशोधकांना हे मान्य नाही. काही अमेरिकन विद्यापीठांमधून बारा

हजार वर्षे जुने अवशेष जतन करून ठेवलेले आहेत. संशोधकांच्या दृष्टीने त्यांना अनन्यसाधारण महत्त्व आहे. अमेरिकेत मानव आला कसा आणि कोठून; त्याचा विकास कसा होत गेला, यासंबंधी अधिक प्रकाश पाडायचा, तर उत्खनन करून अशा अवशेषांचा अभ्यास करणे आवश्यक ठरते.

वेगवेगळ्या अमेरिकन जमाती केव्हा अस्तित्वात आल्या? त्या अमेरिकेत केव्हा आल्या वगैरे प्रश्नही अजून सुटायचे आहेत. तिकडे अमेरिकेतच हा वाद आहे असेही नाही. ऑस्ट्रेलियामध्येही परिस्थिती वेगळी नाही. गेल्या दहा-बारा वर्षांत, म्हणजे साधारणपणे १९८५-८६ नंतर ऑस्ट्रेलियात केंद्रीय शासनाने व घटक राज्यांनी जे वेगवेगळे कायदे केले आहेत, त्यानुसार एखादे उत्खनन करण्यापूर्वी ज्या आदिम जमातीची भूमी उकरायची, तिची मालकी असलेल्या जमातीशी उत्खननापूर्वी लेखी करार करून परवानगी घेणे आवश्यक ठरविण्यात आलेले आहे. पूर्वी कुणीही उठावे, ऑस्ट्रेलियाच्या 'आऊट बॅक' मध्ये म्हणजे वाळवंटात जावे आणि उत्खनन करावे, अशी परिस्थिती होती. ऑस्ट्रेलियातील अवशेषांबरोबर सोने, नाणे सापडत नसल्यामुळे त्या उत्खननात खरोखरच रस असल्याशिवाय कुणीही जात नव्हते; पण आता अशा खऱ्याखुऱ्या अभ्यासकांनाही मूळ आदिमांची परवानगी घेणे आवश्यक ठरविण्यात आले आहे.

ऑस्ट्रेलिया आणि अमेरिकेतील आदिवासींच्या प्रागैतिहासिक आणि ऐतिहासिक ठेव्यांबद्दलचा वाद हा आदिवासी आणि पुरातत्त्व आणि मानवशास्त्रज्ञांपुरताच मर्यादित आहे. इस्त्रायलमधली परिस्थिती फार वेगळी आहे. ज्यू, ख्रिश्चन आणि मुसलमानांची अनेक पवित्र ठिकाणे इस्त्रायलभर विखुरलेली आहेत. तिन्ही धर्मांतले कट्टर धार्मिक लोक इस्त्रायलमध्ये हजर आहेत. 'बायबल', 'टोराह' आणि 'कुराण' यांच्यात उल्लेख असलेल्या अनेक प्रेषितांची ही कर्मभूमी. यामुळे इस्त्रायलमधील वाद केव्हाही स्फोटक बनू शकतो.

इस्त्रायलमध्ये जी अनेक उत्खनने झाली, त्यात सापडलेले सांगाडे इस्त्रायली पुरातत्त्व खात्याने (अँटीक्विटीज् ऑथॉरिटी) जपून ठेवले होते. इस्त्रायलच्या धार्मिक बाबींच्या मंत्रालयाने हे सांगाडे जप्त केले आणि ते आता अज्ञात स्थळी पुरून टाकण्यात येणार आहेत. यामुळे इस्त्रायलमधला मानवशास्त्रीय अभ्यास संपल्यात जमा आहे, असे तिथल्या अँटिक्विटीज ऑथॉरिटीचे संचालक अमीर ड्रोरी म्हणतात.

१९७८ साली इस्त्रायलमध्ये असा अवशेषांबद्दल एक कायदा करण्यात आला. इस्त्रायलचे अॅटर्नी जनरल मायकेल बेन-यैर यांनी १९९४ मध्ये या कायद्याचा नव्याने वेगळाच अर्थ लावला. पूर्वी इस्त्रायलमध्ये उत्खनन झाले की तिथले सांगाडे कसे सापडले हे नोंदवून ठेवण्यात येत असे. अभ्यास संपला की हे सांगाडे होते त्या जागी होते तसे परत नेऊन ठेवण्याचे बंधन अभ्यासकांवर असे. याचे कारण

मध्य-पूर्वेतल्या तिन्ही धर्मांमध्ये 'कयामत'च्या दिनी (डे ऑफ जजमेंट) या सांगाड्यांच्या हयात आयुष्यातील पापपुण्याचा हिशोब होतो, अशी श्रद्धा असल्याने त्या दिवशी त्यांच्या चिरविश्रांतीच्या ठिकाणी त्यांच्या अस्तित्वाची आवश्यकता आहे, असे मानले जाते. यामुळे ज्यूंचे सांगाडे ज्यूंच्या, ख्रिश्चनांचे ख्रिश्चनांच्या आणि मुसलमानांचे मुसलमानांच्या कबरीमध्ये परत ठेवावे लागत असत. पुढे कट्टर धार्मिक ज्यूंनी यालाही आक्षेप घेतला. त्यांच्या मते, अशा तऱ्हेचा अभ्यास हा ज्यू धर्म मताच्या विरूद्ध आहे. पुढे ते असेही म्हणतात की, केवळ ज्यूंच नव्हे, तर कुठलीही कबर उकरायला ज्यू धर्माची मान्यता नाही. पुढे अशा कट्टर धार्मिक मंडळींनी निदर्शने, उत्खननांची नासधूस, पुरातत्त्वशास्त्रीय अभ्यासकांना मारहाण असे उद्योग सुरू केले. यामुळे या प्रकरणात पोलीसांना आणि कायदा मंत्रालयाला लक्ष घालणे भाग पडले तेव्हा ऑटर्नी जनरलनी या कायद्याचा अर्थ लावला; त्यानुसार प्राचीन हत्यारे, अवजारे आणि मानवनिर्मिती वस्तूंचा अभ्यास करायला जरी बंदी नसली, तरी या वस्तूंच्या निर्मात्यांचा अभ्यास करणे हे बेकादेशीर आहे.

राबी मेयर रोगोस्निझ्स्की यांच्या मते, 'लाइफ इज नॉट सिंप्ली अ डेड एंड', माणूस मेला की सगळे संपले, हे ज्यू धर्मास मान्य नाही. त्याचे म्हणणे, शरीर आणि आत्मा हे मृत्यूनंतर परस्पर संपर्कात असतात. शास्त्रीय संशोधनामुळे या संपर्कावरच आघात होतो. या मताला राजकीय पक्षांनी मते मिळविण्यासाठी पाठिंबा दिल्याने इस्रायलमधला मानवशास्त्रीय अभ्यास धोक्यात आला आहे.

दरम्यान, शास्त्रज्ञांनी यातून एक मार्ग काढला. मुसलमान धर्म केव्हा सुरू झाला हे तर सर्वांनाच ठाऊक आहे. त्यामुळे त्या पूर्वीच्या काळात मुस्लिम अवशेष असू शकत नाहीत. 'बायबल' खरे मानले, तर परमेश्वराने ४ नोव्हेंबर ख्रि.पू. ४००४ या दिवशी विश्वनिर्मिती थांबवली. म्हणजे त्यापूर्वीचे अवशेष हे ज्यू किंवा ख्रिश्चन असणार नाहीत. त्यामुळे या पूर्वीच्या अवशेषांना ज्यूंचा कायदा लागू पडत नाही. यामुळे काही अवशेष वाचले हे खरे असले, तरी गेल्या पाच हजार वर्षांत मानवी संस्कृती खऱ्या अर्थाने प्रगत बनली; आणि मध्य पूर्वेत या काळात मानवी इतिहासावर प्रभाव टाकणाऱ्या बऱ्याच घटना घडल्या. यामुळे त्या ५ हजार वर्षांचा अभ्यास होणेही महत्त्वाचे आहे.

मानवशास्त्र आणि पुरातत्त्वशास्त्र हे या अडचणीतून कसा मार्ग काढणार ते बघणे फार महत्त्वाचे ठरणार आहे. याचे कारण नवनव्या साधनांनी मानवी इतिहासावर प्रकाश टाकणे पुढच्या शतकात शक्य होणार आहे.

आदिमातेचा शोध

शास्त्रज्ञांनी तिला 'ईव्ह' हे नाव दिलं ते थोडे बिचकतच. कारण ईव्ह या नावाशी संबंधित बायबलमधली आद्य स्त्री किंवा आदिमाता ही सोनेरी केसांची सुंदरी होती. परमेश्वराचीच निर्मिती ती. मग ती कुरुप कशी असणार? निरनिराळ्या शास्त्रज्ञांनी तिची नानाविध रूपं रंगवली ती माता या 'ईव्ह'च्या रूपाशी किंवा चित्रकार, मूर्तिकारांनी कल्पिलेल्या ईव्हच्या रूपाशी मुळीच मिळतीजुळती नाहीत. उलट, त्यांनी जी आदिमाता शास्त्रीय पुराव्यांनी, अवशेषांच्या रूपाने साकार करायची आहे ती काळ्या केसांची, काळ्या कातडीची आणि सावानासारख्या गवताळ प्रदेशात अन्नासाठी वणवण करणारी, हाताने कच्चे मासे खाणारी अशी होती. ती दगडी हत्यारं वापरत असे. तिच्यासारख्या इतरही अनेक स्त्रिया त्या काळात हिंडत होत्या. ती फार सुंदरही नसावी नि मातृत्वाच्या भावनेची जपणूक करणारीही असेलसं तिच्यावरून वाटत नाही; पण तिला भरपूर मुलं झाली असावीत; याचं कारण तिचे जीन आज सर्व मानवजातीत पसरलेले आढळताहेत; म्हणजेच पृथ्वीवरचे ५ अब्ज मानव एकमेकांचे नातेवाईक आहेत. ती अंदाजे आपली दहा हजारावी खापरपणजी होती.

इ. स. १९८७ मध्ये शास्त्रज्ञांनी 'ईव्ह'चा शोध लागल्याचं जाहीर केलं, तेव्हा एक वाद पुन्हा उफाळून वर आला. तो म्हणजे मानव पृथ्वीवर कसा अवतरला? आणि या शास्त्रीय संशोधनात जे उत्तर मिळालं ते बायबल किंवा त्याहूनही आधी ५००० वर्षे पृथ्वीवर सांगोवांगी पसरलेली दंतकथा; यांच्याशी मिळतं जुळतं होतं. युरोप, आफ्रिका, आशिया आणि अमेरिका खंडातल्या सर्व आदिम जाती-जमाती हीच गोष्ट गेली ७-८ हजार वर्षे सांगत आल्या. त्याचा पुरावा आता शास्त्रज्ञांना सापडला असं फार तर म्हणू या; पण सर्व मानवजातीचा पूर्वज एकच आहे, ही दंतकथा नसून सत्यकथा आहे, असं वाटावं इतका सबळ पुरावा आहे तो. अर्थात

दंतकथात पहिल्या-वहिल्या मानवी मातेला असंख्य नावं आहेत. तशी आणि ती 'एकमेवाद्वितीय' स्त्री आपण शोधून काढली असे शास्त्रज्ञ मुळीच म्हणत नाहीत. तर आपल्या सर्व मानवजातीची पूर्वज म्हणायला हरकत नाही अशा मानवी जमातीचे अवशेष आम्हाला सापडले असं ते बिचकत बिचकत म्हणतात. ही जमात किंवा ज्या जमातीत ही स्त्री होती ती स्त्री किती वर्षांपूर्वी अस्तित्वात असावी, याबद्दलच्या आजपर्यंतच्या सर्वच समजुतींना या संशोधनानं धक्का दिलाय. कारण हे जे अवशेष सापडले ते फक्त २ लक्ष वर्षांपूर्वीचे आहेत. यामुळे बायबलवाली मंडळी गरम होणार हे उघड आहे. कारण त्यांच्या मते ५९९२ वर्षांपूर्वी इडनच्या बागेत ॲडाम व ईव्ह अवतरली. तर बऱ्याच शास्त्रज्ञांनाही राग येणं साहजिकच आहे. कारण त्यांच्या मते मानवी वंश याही आधीचा आहे.

या ईव्ह प्रकरणी जो वाद सुरू झाला आहे, तो मानववंश शास्त्रातला एक अति खळबळजनक वाद ठरणार आहे, हे नि:संशय. कारण यावेळेस या वादात नुसती दगडी हत्यारं किंवा नव्यानं केलेल्या उत्खननात सापडलेले हाडाचे तुकडे, यांचे पुरावे नाहीत तर वातानुकुलित प्रयोगशाळेत बसून शास्त्रज्ञांनी, रेणविक जीवशास्त्रज्ञांनी गोळा केलेले पुरावे आहेत. रेणविक शास्त्रज्ञांनी जगभरच्या व्यक्तींच्या 'जीन' चा अभ्यास करत करत डी. एन. एचा शोध घेत घेत या आदिमातेची निश्चिती केली आहे. आत्तापर्यंतच्या पुराव्यावरून ही आदिमाता आफ्रिकेत सहाराच्या कडेस दक्षिण सहाराच्या नजिकच्या आफ्रिकेत अस्तित्वात असावी; अर्थात सर्वांना हे मान्य नाही. काही शास्त्रज्ञांनी असा दावा केलाय की ती दक्षिण चीनमध्ये अस्तित्वात होती. याचबरोबर या 'जीन शोध' तंत्राचा शोध घेत घेत काही शास्त्रज्ञ ॲडाम उर्फ आदिबापाचाही शोध घ्यायचा प्रयत्न करीत आहेत; पण कुठल्याही अपत्याची आई नक्की सांगता आली तरी बाप नक्की सांगता येत नाही, या उक्तीचा प्रत्यय शास्त्रज्ञांना या आदिबापाचा शोध घेताना येतो आहे. असं असलं तरी या संशोधनास एक आगळंच महत्त्व प्राप्त झालेलं आहे. याचं कारण म्हणजे आजपर्यंत जगाच्या कानाकोपऱ्यात एकाच वेळी; पण वेगवेगळ्या ठिकाणी समांतर उत्क्रांती होऊन मानवजात ठिकठिकाणी अस्तित्वात आली. ती साधारणपणे एकाच वेळी. पुढे यात काही ठिकाणी जीनचे आदान-प्रदान झाले म्हणजे संकर झाला, तर काही ठिकाणी भौगोलिक परिस्थितीमुळे एखादी मानवटोळी एकटी पडली आणि त्यातून नवा मानववंश तयार झाला असं आत्तापर्यंत मानण्यात येत होतं.

या उलट या संशोधनाचा मथितार्थ असा की 'होमो सेपियन्स' (म्हणजे आपण) ही आज सर्व पृथ्वी व्यापून उरलेली मानवजात त्या आदिमातेची संतती असून तिची उत्पत्ती कुठल्यातरी एका केंद्रस्थानी झाली. तिथं ही आदिमाता व तिची टोळी राहत असावी. साधारणपणे ९० हजार ते १,८०,००० वर्षांपूर्वी या टोळीच्या पसाऱ्यातून

एक छोटा गट फुटून बाहेर पडला. त्या काळात अस्तित्वात असलेल्या इतर सर्व मानवी-अर्धमानवी जमातीपेक्षा या गटाजवळ एखादा, अस्तित्व टिकविण्याच्या दृष्टीने आवश्यक असा महत्त्वाचा गुण अधिक प्रमाणात होता किंवा इतर जमातींजवळ नसलेला एखादा गुण या मानव जमातीजवळ होता. त्यामुळे त्यांनी हळुहळू पृथ्वीवरील इतर मानवी, अर्धमानवी किंवा मानव सदृश इतर जमातींची जागा घेतली आणि पृथ्वीवरील प्रमुख जमात म्हणून आपले वर्चस्व सिद्ध केले. कालांतरानं इतर मानवी जमाती कालौघात नष्ट झाल्या. त्यांचे अवशेष आजही पृथ्वीवर जागोजाग चाललेल्या उत्खननात आढळून येतात.

काही 'हाडकं नि खडक' वेचणारे (यांना इंग्रजीत स्टोन्स अँड बोन्स अँथ्रॉ-पॉलॉजिस्ट असे म्हणतात), मानववंश शास्त्रज्ञ हा सिद्धांत मान्य करतात पण इतर प्रत्यक्ष उत्खनन करणाऱ्या मानववंश शास्त्रज्ञांना हा सिद्धांत मान्य होत नाही, या शास्त्रज्ञांच्या मते आपल्याला असा एक पूर्वज होता, हे निश्चित नाही, किंबहुना तसा तो नव्हताच, हे आपण आधी बघितलं, दुसरी महत्त्वाची गोष्ट म्हणजे आपले हे पूर्वज सुमारे दहा लक्ष वर्षापूर्वी पृथ्वीवर वावरत होते. त्या काळात त्यांनी मानव जातीचं बाळंतघर किंवा सूतिकागृह (क्रेडल् ऑफ मॅन) सोडलं, म्हणजे आफ्रिका खंडातून बाहेर पडून ते पृथ्वीवर भटकू लागले आणि या भटकण्यातून वेगवेगळ्या मानवी जमातींची निर्मिती झाली. १९७७ मध्ये रिचर्ड लीकी या मानववंश शास्त्रज्ञाने याबद्दल एक विधान केले होतं, 'देअर इज नो सिंगल सेंटर व्हेअर मॉडर्न मॅन वॉज बॉर्न!''

पण या क्षेत्रात अनुवंश शास्त्रज्ञ शिरले आणि आता त्यांनी नेमका या उलट सिद्धांत मांडलाय. मात्र हे केंद्र किंवा 'मानवजात इथं जन्मली', अशी पाटी कुठं लावावी ती जागा निश्चित करणं त्यांनाही अजून जमलेलं नाही. स्टीफन जे गुल्ड या नामवंत पुराजीव शास्त्रज्ञांच्या मते ''ही कल्पना जर खरी ठरली आणि बहुधा ती ठरेलही तर ती एक अतिशय क्रांतिकारक घटना ठरेल. या सिद्धांताचं क्रांतिकारक महत्त्व म्हणजे 'मानवामानवात बाह्यस्वरूपात कितीही फरक असले तरी ही सर्व मानवजात एकाच मातेची लेकरं आहेत, या सर्व मानवांचं मूळ एकाच जागी आहे; आणि पृथ्वीच्या इतिहासात मानव अगदी अलीकडे जन्माला आला आहे. आपण जीवशास्त्रीयदृष्ट्या एकमेकांची भावंडं आहोत,' हे हा सिद्धांत आपल्याला सांगतो.''

१९८७ च्या दिवाळीच्या सुमारास शिकागोमध्ये एक आंतरराष्ट्रीय परिषद झाली. तिथे ज्या त्वेषाने या सिद्धांताचे समर्थक आणि विरोधक एकमेकांवर तुटून पडत होते ते पाहता ही सर्व एकाच मातेची लेकरं असावीत का? हा प्रश्न नक्कीच निर्माण होत होता असं एका वार्ताहराने नमूद केलंय. या परिषदेत आधुनिक प्रयोगशाळेतून काम करणारे अनुवंश शास्त्रज्ञ डी. एन. एच्या आकृत्या दाखवत होते

तर पुरा-मानवशास्त्रज्ञ (पॉलीओअँथ्रोपॉलीजिस्टस्) आपल्या उत्खननातून निघालेल्या कवट्या, हाडं, दगडी हत्यारं यांच्या पारदर्शिका दाखवत होते.

टेनेसी विद्यापीठाचे फ्रेड स्मिथ म्हणाले, "हे सर्व पाहून आम्ही उत्खननवाले अगदी गाढव आहोत असं वाटत होतं, कारण डी. एन. ए आधारित पुराव्यात अगदी गणिती अचूकता दिसत होती. पण जेव्हा या अनुवंश शास्त्रज्ञांमध्ये आपापसात गट पडून मारामाऱ्या सुरू झाल्या तेव्हा त्या वादांवरून आमच्या असं लक्षात आलं की, त्यांच्या गणिताची उत्तरं वेगवेगळी येताहेत आणि आम्ही वाटतो तेवढे गाढव नाही आणि ते वाटतात तेवढे हुशार नाहीत.''

शिकागोत भरपूर वाद झाले तरी सर्व शास्त्रज्ञांची एक खात्री पटली ती म्हणजे मानव जातीच्या जन्माचं आजवर न सुटलेलं कोडं सुटण्याच्या मार्गावर आहे आणि दोन्ही बाजूंचं संशोधन योग्य मार्गावर आणि एकमेकांना पूरक असं आहे. या सर्व वादाचं मूळ समजावून घ्यायचं तर सर्वमान्य अशा आपल्या एका पूर्वजांकडं आपल्याला वळायला हवं. हा पूर्वज म्हणजे चिंपाझी.

रेण्विक जीवशास्त्रज्ञांनी या क्षेत्रात पदार्पण करीपर्यंत मानवी उत्क्रांतीत चिंपाझीचं स्थान काय हा प्रश्न नेहमीच्या पद्धतीनं म्हणजे हाडं नि कवटीची मापं घेऊन सोडवण्यात येत असे. अगदी १८५६-५७ मध्ये डार्विननी आपली उत्क्रांतीवादाची कल्पना मांडली तेव्हापासून हे शास्त्रज्ञ या पुराव्यावर विसंबून असत. डार्विन-वॉलेस सिद्धांत मांडला गेला आणि त्यानंतर काही दिवसांतच जर्मनीच्या निअँडर खोऱ्यात एक सांगाडा सापडला. हा सांगाडा ज्या माणसाचा होता तो माणूस खूप वाकून चालणारा, पुढं झुकून वावरणारा, आजानुबाहू, कपाळ खूप पुढं असलेला, असा असावा असं दिसत होतं. हा आदिमानव असावा का? या प्रश्नाला त्या काळातल्या शास्त्रज्ञांनी नकारार्थी उत्तर दिलं. नेपोलियनच्या स्वाऱ्यांमध्ये भाग घेणाऱ्या एखाद्या मंगोल सैनिकाचा तो सांगाडा असावा असे शास्त्रज्ञांना वाटप होतं. एका मानवी शरीर शास्त्र शिकविणाऱ्या वैद्यकीय प्राध्यापकानं तो सांगाडा जन्मजात वेड्याचा असावा, असं मत व्यक्त केलं.

यानंतर युरोप आणि आशियात असे सांगाडे वरचेवर सापडू लागले. मग मानववंशशास्त्रज्ञांची बत्ती पेटली. सुमारे ३४००० वर्षांपूर्वी एकाएकी नाहीसे झालेल्या मानवीवंशाचे हे अवशेष असावेत हे त्यांना जाणवलं. निअँडर खोऱ्यात सापडलेल्या या आदिमानवाचं नाव 'निअँडरथल' असं करण्यात आलं. (हे मानवाचे पूर्वज पोक काढून चालणारे नव्हते. पहिला सांगाडा ज्या व्यक्तीचा होता. त्या व्यक्तीला संधिवाताचा त्रास होता.) हे पूर्वज गुहेत राहणारे नव्हते. त्यांच्या कवट्यांची हाडं आपल्या कवटीच्या हाडांपेक्षा चांगलीच जाड होती; पण त्यांचा मेंदू हा आपल्या मेंदूच्या आकाराचाच होता. ते वृद्धांची काळजी घ्यायचे आणि मृतांना

पुरायचे, असे पुरावेही पुढे आले.

याच सुमारास आशिया खंडातही बरीच मानवी अश्मीभूत हाडं सापडली. ती जिथं सापडली त्या स्थानांवरून त्यांना 'जावा मानव' व 'पेकिंग मानव' अशी नावं देण्यात आली. यांचे मेंदू आपल्या मेंदूपेक्षा लहान होते, तर शरीर आपल्यापेक्षा पिळदार आणि स्नायू आपल्यापेक्षा बळकट होते. हे अवशेष ८ लक्ष वर्षपूर्वीचे होते. एकतर हे आपले पूर्वज असावेत किंवा पुढं शुष्क झालेली उत्क्रांती वृक्षाची एक शाखा असावी, असा शास्त्रज्ञांचा तर्क होता. हे जर आपले पूर्वज मानले तर यांच्यापासून आशियायी जाती-जमाती जन्माला आल्या आणि निअँडर्थल मानवापासून युरोपीय जाती निर्माण झाल्या, असा पर्याय शास्त्रज्ञांनी मांडला; म्हणजे हे वांशिक भेद निर्माण होण्याची प्रक्रिया जवळजवळ ८ ते १० लाख वर्षे चालू होती. असं असलं तरी या सर्व आदि मानवांचा मागोवा घेत, त्यावरच्या भाष्यकारांना, हे कुठून आले असे विचारलं, तर ते आफ्रिकेतून आले, अशी वाट दाखवण्यात येत होती. याचं कारण म्हणजे फक्त आफ्रिका खंडातच दहा लक्ष वर्षापूर्वीचे मानवी अवशेष सापडलेले होते. आफ्रिकेत वीस लक्ष वर्षापूर्वी आपले पूर्वज दगडी हत्यारं वापरत असत असे पुरावे मिळाले आहेत. या मानवाला 'होमो हॅबिलीस' हातांचा उपयोग करणारा मानव असं म्हटलं जातं.

या होमो हॅबिलीसच्या आधी ल्यूसी व तिचे नातेवाईक राहत होते. ल्यूसीचे ३० लक्ष वर्षापूर्वीचे अवशेष इथिओपियाच्या वाळवंटात १९७४ साली सापडले. (ल्यूसी हे नाव 'ल्यूसी इन द स्काय वुइथ डायमंड' या बीटल्सच्या गाण्यावरून देण्यात आलंय). ल्यूसी साडेतीन फूट उंच होती. ती ताठ उभं राहून चालायची. ती कपि (एप) नव्हती पण मानवही नव्हती. चिंपांझी वंशापासून वेगळ्या झालेला मानवी वाटेवरची ही एक वेगळीच शाखा होती; पण ही शाखा केव्हा वेगळी झाली? बहुतेक सर्व मानववंश शास्त्रज्ञांच्या मते चिंपांझी आणि मानव या दोन शाखा दीड कोटी वर्षापूर्वी वेगळ्या झाल्या. हे कसं ठरवलं? तर या काळात काही अवशेष सापडले आहेत; ते चिंपांझीचे नाहीत तर मानवी पूर्वजांचे आहेत. मानववंश शास्त्रज्ञांनी आपल्या पुराव्यावरून हे सर्व तर्क केले होते. हे सर्व तर्क चालू होते. त्यावर चर्चा घडत होत्या, अशी या क्षेत्रात सर्वत्र आबादीआबाद होती. या परिस्थितीस १९६७ साली तडा गेला. कॅलिफोर्निया विद्यापीठातल्या व्हिन्सेंट सारिच आणि अॅलन विल्सन या दोघा शास्त्रज्ञांनी अनुवंश शास्त्राचा लाभ मानववंश शास्त्रात करून घ्यावा असं ठरवलं. त्यांनी बबून, चिंपांझी आणि मानवी रक्ताचे नमुने घेतले. या रक्तातल्या एका विशिष्ट प्रथिन रेणूची रेणविक संरचना त्यांनी तपासून बघितली. याच रेणूची संरचना का बघायची? तर उत्क्रांतीबरोबर या रेणूत हळुहळु संरचनात्मक बदल घडत गेला असं या क्षेत्रातील शास्त्रज्ञांचं मत होतं. चिंपांझी आणि बबून यांच्या

रक्तातील या प्रथिन रेणूमध्ये संरचनात्मकदृष्ट्या बरीच तफावत होती. हे अर्थातच अपेक्षित होतं. कारण बबून व चिंपाझी वंशांची फारकत सुमारे तीन कोटी वर्षांपूर्वी झाली. यामुळे दोन्ही प्रथिनामध्ये फरक पडण्यास भरपूर अवधी मिळाला होता याची या शास्त्रज्ञांना कल्पना होती; पण मानव आणि चिंपाझी यांच्या रक्तातील प्रथिनांमध्ये असलेला फरक फारच कमी होता. यामुळे हे दोन वंश फार फार तर ५० लक्ष वर्षांपूर्वी एकमेकांपासून वेगळे झाले असावेत असे अनुमान निघत होते. इतर काही अनुवंश शास्त्रज्ञांनी वेगळ्या प्रकारे, वेगळी तंत्रे वापरून हा फरक पाह्वाचा प्रयत्न केला. त्यांनी या दोन वंशाची ७० लक्ष वर्षांपूर्वी फारकत व्हायला सुरुवात झाली असावी असे अनुमान काढले.

पारंपरिक मानववंश शास्त्रज्ञांना अर्थातच हे मत मान्य नव्हते. याचं साधं नि सोपं कारण म्हणजे हे मत मान्य केलं तर त्यांनी तोपर्यंत केलेले मानवजातीबद्दलचे अंदाज पाऊण ते एक कोटी वर्षांनी चुकणार होते. यामुळे सारिच आणि विल्सन यांच्या अनुमानाकडं दहा वर्षे चक्क दुर्लक्ष करण्यात आलं, एवढंच नव्हे तर त्यांच्या वाट्यास चक्क अवहेलना आली. सारिचना जाहीररीत्या वेड्यात काढण्यात आलं. जवळजवळ दहा वर्षे हा प्रकार सतत चालू होता. यामुळे सारिच आणि विल्सन याबाबत बरेच हळवे बनले; पण उत्खननवादी मंडळींनी शोधून काढलेल्या हाडांमध्ये त्यांच्या विरुद्धचा आणि सारिच, विल्सन व इतर अनुवंश शास्त्रज्ञांचा बाजूचा पुरावा दडलेला होता. जसजशी अधिकाधिक हाडं सापडत गेली तसतसे मानववंश शास्त्रज्ञांचे डोळे उघडू लागले. दीड कोटी वर्षांपूर्वीची ही हाडं नक्कीच मानवी पूर्वजांची नव्हती हे त्यांच्या गळी उतरलं आणि नंतर चिंपाझी व मानव या शाखा तशा अगदी अलीकडे वेगळ्या झाल्या असाव्यात हे मान्य करायला त्यांनी सुरुवात केली.

पुढे विल्सन यांना १९८६ मध्ये मॅकार्थर 'जिनियस ग्रँट' मिळाली. त्यामुळे व संशोधनास मिळालेल्या मान्यतेमुळे विल्सन आणि त्यांचे सहकारी, तसंच एमरी विद्यापीठातले काही संशोधक यांनी 'आदिमाता सिद्धांत' (ईव्ह हायपॉथेसिस) १९८७ मध्ये जगापुढे मांडला. या सिद्धांताला अजूनही पारंपरिक शास्त्रज्ञांनी पूर्णपणे व खुल्या दिलाने मान्यता दिलेली नाही. निअँडर्थल आणि पेकींग मानवांना या संकल्पनेमुळे मानवी पूर्वजांच्या शृंखलेतून गाळून टाकावं लागत होतं. त्यापुढे निष्पर्ण आणि शुष्क होत वठलेल्या शाखा ठरत होत्या. आज ना उद्या आपल्या आदिमाता सिद्धांतास मान्यता मिळेल याबद्दल विल्सनना विश्वास वाटतो. त्यांची पहिली कल्पना पचवायला या क्षेत्रातील मंडळींना दहा वर्षे लागली तर त्याहून अधिक धक्कादायक अशी ही कल्पना पचवायला आणखी दहा वर्षे तरी सहजच जावी लागतील, असं विल्सन स्वत:च म्हणतात.

हवाई विद्यापीठातल्या 'रेबेका कॅन' या विल्सनच्या एके काळच्या सहकारी. त्यांनी 'ईव्ह' शोधायचे प्रयत्न केले. यासाठी त्यांनी १४७ वारी जमा केल्या. वार म्हणजे गर्भाची नैसर्गिक गादी. गर्भाशयात गर्भाला अन्न, ऑक्सिजन आणि ऊब पुरवण्याचं काम 'वार' करते. अपत्य जन्मानंतर ही वार पडते आणि ती पुरून किंवा जाळून टाकतात. अजूनही वारेविषयी शास्त्रीय जगास फारशी माहिती नाही. मात्र सामान्य जनात या विषयी बरीच अंध:श्रद्धा व गैरसमजुती आहेत. यामुळे रेबेका कॅन यांना या १४७ वारी जमा करताना खूप कष्ट व त्रास सहन करावा लागला; पण त्यामुळेच त्यांना संशोधनास आवश्यक तेवढ्या मानवी उती (टिश्यू) सहजपणे उपलब्ध झाल्या. बर्कले विद्यापीठातील जीवशास्त्रज्ञ मार्ग स्टोन किंग, विल्सन आणि कॅन यांनी अमेरिकेतल्या १४७ स्त्रियांना 'वारदान' करण्यास सांगितले तेव्हा त्या १४७ स्त्रियांमध्ये अमेरिकन (इंडियन) कॉकेशियन (युरोपीय) आशियाई (चिनी, जपानी-मंगोलियन व इतर आशियाई) तसेच आफ्रिकन आणि मध्यपूर्वेतील स्त्रिया असाव्यात असं ठरलं होतं आणि त्यानुसारच त्या स्त्रियांना विनंती करण्यात आली होती. त्यात ही वार कशासाठी हवी हेही सांगण्यात आलं होतं. या शिवाय ऑस्ट्रेलिया, न्यू गिनी व न्यूझिलंडमधील आदिवासींच्या वारेचे नमुनेही गोळा करण्यात आले. या वारेच्या नमुन्यांवर नानाविध प्रक्रिया करून त्यातून डी. एन. एचे अगदी शुद्ध डी. एन. एचे नमुने या शास्त्रज्ञांना मिळाले. (डी. एन. ए म्हणजे काय हे आता बहुतेकांना ठाऊक असेलच. डायऑक्सी रायबोज् न्यूक्लिइक ऑसिड या मोठ्या नावाचे हे लघुरूप. डी. एन. एचे रेणू मानवी अनुवांशिकतेस जबाबदार असतात; हे थोडक्यात).

अशा प्रकारे गोळा केलेले डी. एन. ए आणि पेशीकेंद्रात नवजात अर्भकाच्या पेशी केंद्रात असलेल्या डी. एन. एत खूप फरक असतो. पेशी केंद्रातील डी. एन. ए त्या अर्भकाचे सर्व गुणधर्म ठरवत असतात. वारेमधील डी. एन. ए पेशीकेंद्राबाहेरचा असतो. केंद्राबाहेर मायटोकाँड्रियम नावाचा एक कप्पा असतो. यातून पेशी जिवंत राहण्यासाठी लागणाऱ्या ऊर्जेची निर्मिती होत असते. या मायटोकाँड्रियनाला (अनेक वचन-मायट्रोकाँड्रिया.) मराठीत कणसूत्रिका असं म्हणतात. या कणसूत्रिकांत जीन असतील असं शास्त्रज्ञांना कधीही वाटलं नव्हतं. पण १९६० नंतरच्या संशोधनात कणसूत्रिकांमधील जीनचं अस्तित्व उघडकीस आलं. जीन हे डी. एन. एचे बनलेले गुणवाहक असतात. या कणसुत्रिकातील डी. एन. एचं महत्त्व म्हणजे हे फक्त आईकडूनच येतात. यामुळे यांच्या साहाय्यानं वंशावळ निश्चित करता येते. हे वंशावळ निश्चित करण्याचं तंत्र १९७० नंतर अस्तित्वात आलं. केंद्रातील डी. एन. ए किंवा गुणसूत्रामधील जीन हे आई आणि बाप यांच्या डी. एन. एचं मिश्रण असतं. यामुळे प्रत्येक पिढीत या डी. एन. एत नवनवे गुणधर्म मिसळत जातात. याउलट

कणसूत्रिकातील डी. एन. ए फक्त मातेकडचेच असल्यानं ते भेसळविरहित राहतात. या डी. एन. एमध्ये फक्त उत्परिवर्तनानेच बदल घडतो; म्हणजे या डी. एन. एत आईच्या डी. एन. एची सत्यप्रत असत नाही, तर नैसर्गिकरित्या थोडासा बदल घडतो. हे क्वचित प्रसंगीच घडतं. अशा प्रकारे उत्परिवर्तित डी. एन. ए इतका वैशिष्ट्यपूर्ण असतो की बोटांच्या ठशाप्रमाणे तो अचूक ओळखू येतो.

या उत्परिवर्तित डी. एन. एचा अभ्यास करायचं बर्कले विद्यापीठाच्या संशोधकांनी ठरवलं. यासाठी त्यांनी गोळा केलेल्या डी. एन. एचे आणखी छोट्या छोट्या एककात तुकडे केले; आणि १४७ डी. एन. एचा तुलनात्मक अभ्यास केला. (हे लिहिणं फार सोपं असलं तरी प्रत्यक्षात हे सर्व प्रकार प्रखर शक्तिमान सूक्ष्मदर्शकाखाली करावे लागतात, आणि मग तौलनिक अभ्यास संगणकाच्या साहाय्याने व इलेक्ट्रॉन सूक्ष्मदर्शींच्या खाली करण्यात येतो.) या अभ्यासात त्यांना असं दिसून आलं की या १४७ डी. एन. एत फारसा फरक नाहीच, पण या डी. एन. एचा अभ्यास करून वेगवेगळ्या मानवी वंशाच्या व्यक्ती वेगळ्या सांगणंही अशक्यच आहे.

यावर स्टोन किंग यांचं भाष्य अतिशय मननीय असं आहे;

''उत्क्रांतीच्या दृष्टीनं मानवजात वयानं अजून लहान आहे; यामुळं आपल्यात अनुवंशिक फरक जवळजवळ नाहीतच, असं म्हणावं लागेल. आपल्या कणसूत्रिकातील डी. एन. एचा अभ्यास करता आपण एकच जातीचे आहोत; एकमेकांशी आपलं खूप जवळचं नातं आहे. न्यू गिनीतल्या आदिमाचं त्याच्या शेजाऱ्यापेक्षा बरेचदा आशियाई किंवा युरोपियन माणसाशी जवळचं अनुवंशिक नातं असतं; असंही या संशोधनात दिसून आलं. याचं आश्चर्य वाटायचं काहीच कारण नाही कारण निरनिराळ्या मानवी वंशात जे फरक आहेत ते अगदीच किरकोळ आहेत. उदाहरण घ्यायचं तर कातडीच्या रंगाचं घेऊ या, विषुववृत्ताजवळ सूर्यप्रकाशापासून रक्षण व्हावं म्हणून हा काळा असतो तर शीत प्रदेशात अतीनील किरण शोषले जाऊन 'डी' जीवनसत्वाची निर्मिती व्हावी म्हणून तो गोरा असतो. कातडीचा रंग हा एक किरकोळ घटक असून तो घडून येण्यास काही हजार वर्षे पुरी पडतात. या उलट मेंदूचा आकार हा महत्त्वाचा बदल मानला जातो. हा बदल घडून येण्यास लक्षावधी वर्षे लागू शकतात.''

ज्या १४७ वारेतील डी. एन. एची तपासणी करण्यात आली. त्यात दोन शाखा आढळल्या. यातल्या एका शाखेचं अस्तित्व फक्त आफ्रिकेत अगदी अलीकडे जन्मलेल्या काही मुलांमध्ये होतं, तर दुसऱ्या शाखेचा डी. एन. ए रेणू सार्वत्रिक होता. नि तो बऱ्याच आफ्रिकनातही होताच. फक्त आफ्रिकन मुलातच सापडणाऱ्या डी. एन. एतही बऱ्याच उपशाखा होत्या; म्हणजेच या डी. एन. एत बरीच उत्परिवर्तने (म्युटेशन– एकाएकी घडून येणारे बदल.) घडली होती; म्हणजेच ही

शाखा सर्वांत मोठी होती. यावरून शास्त्रज्ञांनी असा तर्क केला की मानव आफ्रिकेत जन्मला, मग जगभर फिरू लागला; या प्रवासात त्या डी. एन. एची दुसरी शाखा अस्तित्वात आली; आणि ती सर्वसंचारी बनली.

संगणकाच्या साहाय्यानं आणि संख्याशास्त्रीय हिशोबानं या डीएनएचं मूळ शोधून काढणं फारसं अवघड नव्हतं. त्यामुळं मूळ ज्या स्त्रीत हा मानवी डी. एन. ए निर्माण झाला असेल ती मानवी जातीची आदिमाता हा सोपा हिशोब होता; पण या स्त्रीला ईव्ह म्हणायला विल्सन तयार नाहीत याचं कारण मग त्याकाळी फक्त एकच पुरुष आणि एकच स्त्री अस्तित्वात होती, असा अर्थ लावला जाईल अशी विल्सनना भीती वाटते. याउलट या संशोधकांच्या मते त्या विशिष्ट पिढीत अशा प्रकारचे डी. एन. ए असलेले बरेच स्त्री-पुरुष असावेत. हे सर्वही आपले पूर्वजच. कारण त्यांच्या पेशी केंद्रातले डी. एन. ए आपल्यात असणारच फक्त बऱ्याच स्त्री-पुरुषांच्या पुढच्या पिढ्यात अशी एक वेळ आली की मुली जन्मालाच आल्या नाहीत आणि त्यामुळे कणसूत्रिकातील डी. एन. ए पुढच्या पिढीत जाऊ शकला नाही. यामुळे त्या एकाच मातेच्या कणसूत्रिका डी. एन. एचे अस्तित्व आज शिल्लक राहिले आहे. हे कसं घडलं असेल? समजा एक क्ष आडनावाची व्यक्ति आहे. आता हे ‘क्ष’ आडनाव फक्त मुलाकडे जाणार. पुढच्या पिढीत त्याच्या पुढच्या पिढीत कमी मुलं व जास्त मुली जन्माला आल्या तर पुढं अशी एक वेळ येते की त्या घराण्याचं नाव संपतं. कारण मुली लग्न होऊन आडनाव बदलतात आणि मुलगा जन्माला आलेला नसतो. संख्याशास्त्रीय अभ्यासातून याबद्दल असं सांगता येतं की वीस पिढ्यानंतर १०० आडनावातील ९० आडनावं नाहीशी होऊ शकतात. १७९० मध्ये १३ ताहीतीयन तरुणी आणि ६ ब्रिटिश खलाशांनी पिटकेर्न बेटावर वसाहत सुरू केली. ७ पिढ्यांनंतर या बेटावर फक्त तीन आडनावं उरली. बाहेरून इतर लोक नंतर आले नसते तर कालांतराने इथं फक्त एक आडनाव उरलं असतं आणि त्या घराण्याच्या मूळ पुरुषाला या बेटाचा ‘ऑडाम’ म्हणण्यात आलं असतं.

अशीच एक कणसूत्रिका ‘ईव्ह’ मधे असायला हवी आणि हे मानववंशशास्त्रज्ञही नाकारू शकत नाहीत; आणि त्यांनी ते नाकारलंही नाही. त्यांच्या दृष्टीने धक्कादायक गोष्ट म्हणजे या रेण्विक जीवशास्त्रज्ञांनी तिच्या काळाची केलेली निश्चिती. डी. एन. एमध्ये झालेल्या उत्परिवर्तनांवरून त्यांनी ही आदिमाता १ लक्ष ४० हजार ते २ लक्ष ९० हजार या काळात अस्तित्वात असावी, असा प्राथमिक तर्क काढला. दहा लाख वर्षांत डी. एन. एत २ ते ४ टक्के उत्परिवर्तन व्हायला हवीत, हे त्यांनी गणितानं निश्चित केलं. ही उत्परिवर्तनं ठराविक काळानं होतातच हेही त्यांनी गृहीत धरलं. (हे गृहीत चुकीचं असण्याची शक्यता नाकारता येत नाही.) आणि नंतर त्रैराशिक मांडून आदिमातेच्या वयाचा अंदाज बांधला व त्या दोन टोकांचा मध्य

म्हणजे २ लक्ष वर्षांपूर्वी मानव या आदिमातेच्या पोटी जन्माला आला असावा, असं आपलं अनुमान मांडलं. हे झालं रेण्विक जीवशास्त्रज्ञांच्या बर्कले शाखेचं म्हणणं, आता आपण एमरी इथल्या शास्त्रज्ञांचा सिद्धांत बघू या.

एमरीचे शास्त्रज्ञही रेण्विक जीवशास्त्रज्ञच. त्यांनी चार खंडातल्या ७०० व्यक्तींचं रक्त तपासलं. त्यातून आपल्या वेगळ्या पद्धतीनं त्यांनी मानवाचं वय काढलं तेही १,५०,००० ते २ लक्ष या दरम्यानचं आलं. यासाठी डी. एन. एचाच अभ्यास करावा लागला. त्यांच्या मते प्रत्येक मानवी वंशाचे डी. एन. ए हे वैशिष्ट्यपूर्ण आहेत. यातल्या आशियायी वंशाच्या व्यक्तीचे डी. एन. ए चिंपाझींच्या डी. एन. एशी खूप मिळते जुळते आहेत. यामुळे या शास्त्रशाखेच्या मते मानवाचा जन्म आशियात झाला असावा. वॉलेस स्वत:च म्हणतात त्याप्रमाणे या पुराव्यातून निघालेला हा एक अर्थ आहे; या पुराव्याचा उपयोग करून आदिमातेचे जन्मस्थान इतरत्रही दाखवणं शक्य आहे. म्हणजेच मानवाचं जन्मस्थान निश्चित करणं अवघड आहे. दोन्ही गटात भरपूर वाद आहेत आणि आपल्या पद्धतीत त्रुटी आहेत हे दोन्ही गट मान्य करतात. यामुळे या पद्धती सुधारून नव्यानं अभ्यास करून नवे निष्कर्ष पुढे येतील यात शंका नाही. पण या दोहोंच्याही मते ही आदिमाता दोन लक्ष वर्षांपूर्वी पृथ्वीवर वावरली असावी; निदान याबाबत तरी त्यांच्यात एकमत आहे.

जर ही आदिमाता २ लक्ष वर्षांपूर्वी अस्तित्वात आली तर मग इतर आदिमानव जातींचं काय झालं? निअँडर्थल किंवा जावा मानव नाहीसे कसे झाले? हे प्रश्न साहजिकच उद्भवतात. यावरही खूप वाद चालू आहेत. काहीजणांच्या मते आदिमातेच्या वंशजामुळे या मानवांचा वंशविच्छेद झाला. काहीजणांच्या मते या दोन्ही जातींचा संकर झाला; काहीजणांच्या मते या जमाती नष्ट व्हायला आणखीही काही कारणं घडली. यांचे उलगडे हळूहळू होतीलच. पण सध्या निदान संपूर्ण मानवजातीची एकच आदिमाता असावी आणि आधुनिक मानव (म्हणजे होमो सेपियन्स) अर्थात आपली जमात २ लक्ष वर्षांपूर्वी किंवा त्या आसपास पृथ्वीवर अस्तित्वात आली असावी याबद्दल या शास्त्रज्ञात एकमत आहे.

याविषयी अधिक माहिती न्यूजवीक– ११ जानेवारी, १९८८ मध्ये पाहा.

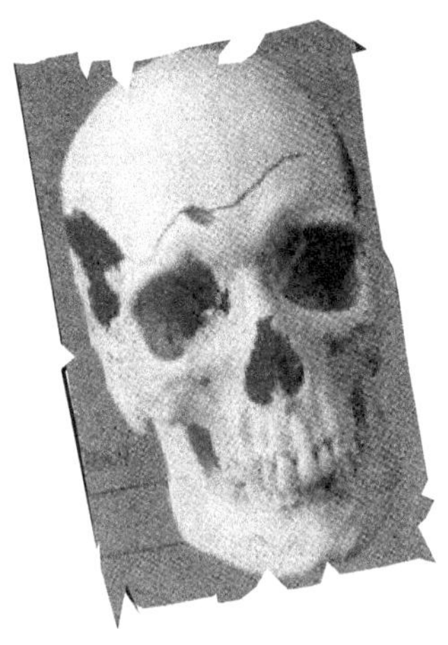

सारे एका मनूचे पुत्र

मानववंश शास्त्रज्ञ, पुराजीवशास्त्रज्ञ, यांच्या मते आपण म्हणजे आधुनिक मानव ज्याला शास्त्रीय भाषेत 'होमो सेपियन्स' म्हणतात हा अस्तित्वात येण्यापूर्वीच मानवी वंश वृक्षाला वेगवेगळ्या शाखा फुटल्या होत्या. मानवाचा लगेचचा पूर्वज (ईमिजिएट अॅन्सेस्टर) हा अजून मानवी अवस्थेत पोहोचलेला नव्हता; पण हे रेण्विक जीवनशास्त्रज्ञांना मान्य नाही. त्यांच्या मते मानवाचा नक्की पूर्वज आणि तो मानव होता की, नाही हे सांगणे शक्य आहे. आज हयात असलेल्या मानवाचे जीव अभ्यासून या संशोधकांनी आपल्या सर्व मानवजातीची एक आद्य आई शोधून काढली आहे. ही संपूर्ण मानवजातीची आई किंवा पाश्चात्य समजुतीनुसार ईव्ह, १ लक्ष ते ३ लक्ष वर्षांपूर्वी कधीतरी आफ्रिकेत राहत होती.

मानवी भूतकाळात ढवळाढवळ करणारे हे रेण्विक जीवशास्त्रज्ञ कोण? असा प्रश्न मानववंश शास्त्रज्ञ करीत आहेत. तर मानवाच्या भूतकाळाचा मक्ता मानववंश शास्त्रज्ञांना कुणी दिला? असं रेण्विक शास्त्रज्ञ प्रती प्रश्न करताहेत.

गेली जवळ जवळ पंचवीस वर्षे हे रेण्विक जीवशास्त्रज्ञ हळूहळू पुराजीवशास्त्र आणि मानववंश शास्त्राच्या क्षेत्रात हळूहळू घुसत आहेत. शरीरातल्या जीन आणि इतर प्रथीन कणांचा अभ्यास करून सजीवांच्या उत्क्रांतीचं कोडं सोडविण्याच्या प्रयत्नात ते सहभागी होत आहेत. सुरुवातीस पुराजीवशास्त्रज्ञांनी जरी या रेण्विक जीवशास्त्रज्ञांना अव्हेरलं तरी उत्क्रांतीच्या इतिहासात बरेच दुवे अस्पष्ट आहेत किंवा ते अजिबात उपलब्धच नाहीत, की त्यामुळे आता उत्क्रांती शास्त्रानं रेण्विक जीवशास्त्राची मदत घ्यायला हळूहळू सुरुवात केली आहे. यामुळे दोन्ही शास्त्रांचे एकमेकांस पूरक असे पुरावे मिळवून उत्क्रांतीची शिडी पूर्ण करणे शक्य होईल असे वाटते.

या रेण्विक जीवशास्त्रानुसार, तसेच अनुवंश शास्त्रज्ञांच्या अभ्यासातून 'नोआज् आर्क किंवा मनूची होडी' या नावात ओळखल्या जाणाऱ्या सिद्धांतास पुष्टी मिळते. या सिद्धांतानुसार मानवजात आफ्रिकेत निर्माण झाली आणि मग ती हळूहळू पृथ्वीवर सर्वत्र पसरली. हे काही लक्ष वर्षापूर्वी (पृथ्वीच्या इतिहासात अगदी अलीकडे) घडलं. या आधी मानवसदृश इतर आदिजाती निर्माण झाल्या. पण त्या कालौघात नष्ट झाल्या. काही पुराजीव शास्त्रज्ञांच्या त्यांना सापडलेले जीवावशेषही या सिद्धांतास पूरक ठरतात. याउलट इतर काही पुराजीवशास्त्रज्ञांच्या म्हणण्यानुसार उत्क्रांतीत आदी मानवी शाखा आधीच सर्व दूर पसरल्या आणि त्यातून समांतर उत्क्रांतीनं निरनिराळ्या ठिकाणी आधुनिक मानवाची निर्मिती झाली. या सिद्धांतानुसार आपली जात म्हणजे होमो सेपियन्स ही एका छोट्या मेंदूच्या, बळकट शरीराच्या आदी मानवापासून उत्क्रांत झाली. या आपल्या पूर्वजांचं नाव होमो इरेक्टस म्हणजे ताठ चालणारा माणूस. हा होमो इरेक्टस १५ लक्ष वर्षापूर्वी आफ्रिकेत निर्माण झाला आणि तिथून युरोप आणि आशिया खंडात स्थिरावला. पुढची जवळ जवळ दहा लक्ष वर्षे या जातीत उत्क्रांतीच्या दिशेनं हळूहळू बदल घडत होते. त्याचबरोबर या जातीचा तोंडवळा व रूप निश्चित होत होते.

जर होमो इरेक्टस पृथ्वीवर निरनिराळ्या ठिकाणी पोहोचला, तिथे त्याचा बाकीच्या जगाशी संपर्क सुटला तर या निरनिराळ्या टोळ्यांमधून वेगवेगळ्या प्रकारे उत्क्रांतीचे मार्ग का चोखाळले गेले नाहीत? असा एक प्रश्न या सिद्धांताच्या पुरस्कर्त्यांकडे उत्तर आहे. ते म्हणतात, 'मानव सर्वत्र सारखाच झाला.' त्यांनं आपलं स्वत्व टिकवलं याचं कारण म्हणजे जीन प्रवाह (जीन फ्लो). सोप्या भाषेत याची उकल करायची तर असं म्हणता येईल की, निरनिराळ्या मानवी टोळ्यांचे संघर्ष होत होते, परस्पर संबंध निर्माण होत होते. यातून संकर होता होता आणि त्यातून चांगले, उपयोगी जीन एकत्र येऊन नवा माणूस घडत होता. मानवी मेंदूचा आकार वाढला तो याच जीनच्या आदानप्रदानातून,

ही कल्पना अस्तित्वात आली ती जागोजाग सापडलेल्या मानवी अवशेषांमुळे. या अवशेषांवरून आफ्रिकेत नाना जातीचे आदिमानव अस्तित्वात होते हे सिद्ध होतंय. ५० लक्ष वर्षापूर्वी या अनेक आदिमानवांचे आफ्रिकेत वास्तव्य होते हे आता निश्चित झालंय, एवढंच नव्हे तर यातल्याच एका आदिमानवाचं उत्क्रांत स्वरूप म्हणजे होमो इरेक्टस. ही उत्क्रांती आफ्रिकेतच घडून आली. दहा लक्ष वर्षापूर्वी हा होमो इरेक्टस चीन आणि इंडोनेशियातही वावरत होता, हेही या अवशेषांवरून आपल्याला कळतं, म्हणजे दहा लक्ष वर्षापूर्वी कधीतरी तो आफ्रिकेतून बाहेर पडला आणि युरोप व आशियात वाढला असं म्हणावं लागतं.

पहिला आधुनिक मानव म्हणजे आपला पूर्वज साधारणपणे ५ लक्ष वर्षापूर्वी

अस्तित्वात आला. आजच्या माणसांपेक्षा या आपल्या आद्य पूर्वजांचे रूप अगदीच वेगळे होते. यांना पुरातन मानव किंवा आर्केईक होमो सेपियन्स असं म्हणण्यात येतं. यात युरोपातला व मध्य आशियातला निअँडर्थल मानव, इंडोनेशियातला जावा मानव आणि चीनमधला पेकिंग मानव यांचा समावेश होतो.

बहुवंशीय सिद्धांतानुसार पृथ्वीवर जागोजाग पसरलेल्या होमो इरेक्टसपासून हे पुरातन मानव निर्माण झाले, आणि यातून निरनिराळे आधुनिक मानव तयार झाले. उदाहरण घ्यायचे तर ऑस्ट्रेलियातल्या आदिम जमाती जावा मानवापासून तयार झाल्या असाव्यात आणि आधुनिक युरोपियन हे बहुधा निअँडर्थल मानवापासून निर्माण झाले असावेत. पुराजीवाशेषांचे पुरावे या सिद्धांतास पुष्टीच देतात; हे मानवी अवशेष कालानुक्रमाने रचले तर आपल्याला काही ठाशीव रुपविशेष सार्वकालीन असल्याचं दिसून येतं. निअँडर्थल आणि युरोपिय व्यक्तींची लांब नाक, ऑस्ट्रेलियन आदिम आणि जावा मानवाचे रुंद नि मोठे दात, पेकिंग मानव व चिनी व्यक्तींचे थोडेसे उचलले गेलेले सुळे, हे रुपविशेष त्यांचा परस्पर संबंध तर सिद्ध करतातच पण जीवावशेष रांगेने रचले तर कुठं कोणते, केव्हा नि कसे बदल घडत गेले याची एक शृंखला आपल्याला पाहावयास मिळते.

ही विचारसरणी आपल्यासारख्यांना अतिशय तर्कशुद्ध वाटली तरी ती या शाखेतल्या इतर काही तज्ज्ञांना मान्य नाही. यालाही कारण आहे. मानवी अवशेष सापडणं, त्यांची जुळवाजुळव करणे व त्यातून तत्कालीन मानवाचं मूर्त स्वरूप निर्माण करणं हे फार कौशल्याचं आणि बऱ्याचदा सुतावरून स्वर्ग गाठण्याचं काम असतं. आजही बरेचदा आपल्याला दोन असंबधित व्यक्तीत साम्य दिसून येतं तसाच हा प्रकार असावा, असं काही जण म्हणतात. याला आणखीही एक कारण आहे. ते म्हणजे हे जे जीवावशेष सापडतात ते खूप विखुरलेले तर असतातच पण पूर्ण मानवी सांगाडा मिळालाय असं फार क्वचित घडतं. एखादं हाड, कवटीचा एखादा तुकडा, एखाद-दुसरा दात अशा स्वरूपात सापडलेल्या या अवशेषांचा परस्पर संबंध शास्त्रज्ञांना जुळवायचा असतो. यामुळे याबाबत अमूक एक सिद्धांतच शंभर टक्के बरोबर आहे, असं कुणीच म्हणू शकत नाही.

लंडनच्या नॅशनल हिस्टरी म्युझियमचे पुराजीवावशेष तज्ज्ञ डॉ. क्रिस्तोफर स्ट्रिंगर यांचं मत या बाबतीत विचारात घेण्यासारखं आहे. पुरातन जावा मानव आणि ऑस्ट्रेलियन आदिवासी या दोघांचेही दात रुंद व मोठे आहेत याचा अर्थ ऑस्ट्रेलियन आदिवासी जावा मानवाचे वंशजच आहेत असा होत नाही. तर कदाचित या दोन्ही गटांचा पूर्वज एक असेल. डॉ. स्ट्रिंगर मनूच्या होडीचे पुरस्कर्ते आहेत. होमो इरेक्टसपासून होमो सेपियन्स आफ्रिकेत निर्माण झाला व तिथं त्याला आधुनिक रूप आल्यावर तो पृथ्वीभर विखुरला असं त्यांना वाटतं. हा आफ्रिकन पुरातन मानव

आधुनिक मानवासारखा दिसला तरी तो आजच्या आफ्रिकनांसारखा नक्कीच दिसत नव्हता. आजचे आफ्रिकनवंश हे त्या पुरातन मानवाचं, युरोपिय, मंगोल अशा वंशाप्रमाणेच उत्क्रांत रुप आहे. मनूच्या होडीच्या (नोआज् आर्क) सिद्धांतानुसार पहिले मानव आफ्रिकेतून बाहेर पडले आणि त्यांनी इतरत्र असलेल्या मानवांना नाहीसं केलं. जातिविनाश हाच त्या काळात नियम ठरला; अर्थात यासाठी युद्धं खेळावी लागली असा याचा अर्थ नाही तर उत्क्रांतीत जगण्यासाठी बदलत्या परिस्थितीशी सामावून घेण्यात जो यशस्वी झाला तो टिकला बाकीचे नष्ट झाले.

डॉ. स्ट्रिंगर यांच्या मते सापडलेले पुराजीवावशेष मनूच्या होडीच्या सिद्धांतास तारुन धरणारे आहेत. एक लक्ष वर्षांपूर्वींच्या पुरातन मानवाचे अवशेष जागोजाग वेगवेगळ्या प्रकारचे मिळतात. मात्र तीस हजार वर्षांपूर्वींपासून सगळीकडे सापडणाऱ्या अवशेषात सारखेपणा आढळून येतो. आफ्रिकेतून बाहेर पडलेल्या मानवाचा सर्वत्र प्रसार झाल्याचे आणि इतर मानवांचा नाश झाल्याचं हे चिन्ह आहे. निअँडर्थल मानवापासून आधुनिक मानव निर्माण झाला नाही, याचे निश्चित पुरावे आहेत. या संबंधीचा पुरावा इस्त्रायलमध्ये मिळाला आहे.

सुमारे ९२ हजार वर्षांपूर्वी इस्त्रायलमध्ये होमो सेपियन्स व निअँडर्थल हे एकमेकांशेजारी राहत होते; असे पुरावे मिळाले आहेत. यातही गंमत अशी की, क्वाफझे इथं होमो सेपियन्स नंतर ३० हजार वर्षांनी निअँडर्थल मानव येऊन पोहोचला. पुढे ६० हजार वर्षे ते एकमेकाशेजारी गुण्यागोविंदानं नांदले आणि नंतर निऊँडर्थल नाहीसे झाले. आजच्या मानवेतिहासकारांच्या मते निअँडर्थल मठ्ठ होता; पण पुरावे पाहता तो आधुनिक मानवाशी सामना करीत अगदी काल परवापर्यंत टिकून होता. स्टीफन जे गुल्ड या पुराजीवशास्त्रज्ञाच्या मते निसर्गानं जर थोडी साथ दिली असती तर आज पृथ्वीवर होमो सेपियन्स नष्ट का झाले यावर निअँडर्थलचे वंशज संशोधन करीत असते.

जवळ-जवळ ६० हजार वर्षे एकमेकांजवळ राहून या दोन्ही गटात संकर मात्र झाला नव्हता. या दोघांमध्ये संकर होऊन त्यातून खेचरासारखी अपत्य-निर्मितीस अयोग्य प्रजा निर्माण झाली की या दोन जमातीतल्या स्त्री-पुरुषांना एकमेकांविषयी आकर्षण वाटलं नाही हे कळावयास मार्ग नाही. पण निअँडर्थलांपासून युरोपीय प्रजा निर्माण झाली असती. तर त्याचे जीन आपल्यापेक्षा नक्कीच वेगळे असते.

अनुवंशशास्त्रज्ञ डी. एन. एच्या रेणूंचा अभ्यास करून निरनिराळ्या व्यक्तींमधला आणि प्राणी जातींमधला फरक स्पष्ट करू शकतात. जीन ज्यांच्यापासून तयार होतात ते डी. एन. एचे धागे यासाठी तपासले जातात. या धाग्यांवर 'ए', 'सी', 'जी', 'टी', या रासायनिक परवलीच्या शब्दांचे एकेक असतात. (ए. सी. जी. टी. ही रसायनांची अद्याक्षरं असून या रसायनांमार्फत गुणावगुणांचे संदेशवहन होत असते.)

साधारणपणे या आनुवंशिक मालिकेच्या सूत्रात एका विशिष्ट लयीत उत्परिवर्तन होत असते. यामुळे दोन प्राण्यांचा प्राणीजातीचा पूर्वज एकत्रित केव्हा होतो हे सांगणं आधुनिक तंत्रानं शक्य होतं. सूक्ष्म जीवांपासून माणसांपर्यंत सर्व सजीव जातीत दर दहा लाख वर्षांनी २ ते ४ टक्के बदल या रासायनिक सूत्रात उत्परिवर्तनाद्वारे होत असतो.

डॉ. ऑलन विल्सन आणि त्यांच्या सहकाऱ्यांनी पेशीतील केंद्राबाहेरच्या मायटोकोंड्रिया भागातला डी. एन. ए तपासला. याचं कारण पेशी केंद्रातल्या डी. एन. एपैकी अर्धे डी. एन. ए हे वडिलांकडून तर उरलेले अर्धे मातेकडून आलेले असतात. पण मायटोकॉंड्रियल डी. एन. ए मात्र सर्वस्वी मातेकडूनच येतात. जगभर पसरलेल्या वेगवेगळ्या १४७ स्त्रियांच्या डी. एन. एचा अभ्यास करून विल्सन व त्यांच्या सहकाऱ्यांनी या लोकांचे पूर्वज आफ्रिकेत राहत होते असं शोधून काढलं व त्यांचा संबंध एका स्त्रीच्या पुराजीवावशेषाशी लावला. ही ईव्ह किंवा मानवाची आई; १ लक्ष ते ३ लक्ष वर्षापूर्वी अस्तित्वात होती असं ते म्हणतात.

यावर अर्थात खूप टीका होत आहे. हा सिद्धांत इतक्यात सर्वमान्य होण्यासारखाही नाही, तसेच रेण्विक जीवशास्त्राने सादर केलेले पुरावे अभेद्य आहेत असेही नाही. या संशोधनातून एक गोष्ट सिद्ध झाली आहे ती म्हणजे सर्व मानव हे खरोखरच एकाच मनूची लेकरं आहेत. यामुळे वंशभेद निरर्थक आहे.

माणूस आशियातून अमेरिकेत गेला कसा?

अमेरिकेत पहिल्यांदा माणूस आला कोटून, हा वाद नवा नाही. माणूस पहिल्यांदा अफ्रिकेत अवतरला आणि मग तो पृथ्वीभर पसरला हे एकदा मान्य केल्यावर तो अमेरिकेत पोहोचला कसा हा प्रश्न निर्माण होणे साहजिक आहे, असा प्रश्न इतर कुठल्याही खंडाबाबत निर्माण होत नाही, अगदी ऑस्ट्रेलियाबाबतही निर्माण होत नाही, याला कारण तिथपर्यंत माणूस कसा पोहोचला असावा, हे निर्विवाद सांगता येतं. आशिया आणि ऑस्ट्रेलिया दरम्यान अनेक बेटे आहेत. या बेटावरून त्या बेटावर वस्ती करत करत माणूस एक दिवस ऑस्ट्रेलियात पोहोचला; न्यूझीलंडला पोहोचला; पॅसिफिकमधल्या बेटांवर गेला, हे मान्य केलं जातं. इथून वादाला सुरुवात होते. काही शास्त्रज्ञांच्या मते असाच तो दक्षिण अमेरिकेत गेला आणि तिथून उत्तरेला पोहोचला. या उलट बेअरिंगची समुद्रधुनी ओलांडून कामश्शाटका द्वीपकल्पातून माणूस अलास्कात पोहोचला असं दुसरा शास्त्रज्ञांचा मोठा गट म्हणतो. साधारणपणे सध्याचा विचार असा की ९९% हून अधिक मूळ अमेरिकन— ज्यांना रेड इंडियन म्हटलं जातं त्या जमाती उत्तरी मार्गानं अमेरिकेत आल्या. त्याचबरोबर दक्षिण अमेरिकेत पॅसिफिक बेटांमार्गे एखादी जमात पडाव भरकटून आली असण्याची शक्यता नाकारता येत नाही. बेरिंगची सामुद्रधुनी पार करून अमेरिकेत पोहोचले त्या जमाती सागरमार्गे गेल्या की जमीनीमार्गे गेल्या हा दुसरा प्रश्न; म्हणजे पुन्हा वाद आलाच. अमेरिकेतल्या मूळ आदिवासींचे पूर्वज सैबेरियातून सुमारे बारा हजार वर्षांपूर्वी अमेरिकेत आले ह्याचे सबळ पुरावे भरपूर प्रमाणात आता आले आहेत. त्यामुळे या नव्या प्रश्नास आता चालना मिळाली आहे.

काही हजार वर्षांपूर्वी हे दोन भूभाग एकमेकांना जोडलेले होते. दोन भूखंडातला

हा जो सांधा होता त्याला बेअरिंग भूजोड म्हणत असत. इंग्रजीत याला बेअरिंग लँड ब्रिज असं म्हणायचे. त्यावरून चालत आशियातून अमेरिकेत येणं अगदी सहज शक्य होतं. आत्तापर्यंतच्या अभ्यासावरून हा भूजोड साडेचौदा हजार वर्षांपूर्वी नाहीसा झाला असं समजलं जात होतं; म्हणजे माणूस आशियातून अमेरिकेत येण्यापूर्वी अडीच हजार वर्षे आधीच हा भूजोड नाहीसा झालेला होता. यामुळे अभ्यासकांसमोर बऱ्याच अडचणी उभ्या राहात होत्या. कारण मग मानवी वसाहतींचे पहिले पुरावे आणि मानवाचे आगमन यामधल्या अडीच हजार वर्षांची पोकळी भरून कशी काढायची हा प्रश्न कसा सोडवावयाचा, हे शास्त्रज्ञांना कळत नव्हतं. या प्रश्नाचं उत्तर सागरलाटांखाली ५०-६० मीटर खोलीवर दडलेलं होतं. स्कॉट एलियस आणि त्याच्या सहकारी शास्त्रज्ञांनी हे उत्तर सागर घुसळून बाहेर काढलं, हे विशेष. हे शास्त्रज्ञ कोलोराडो विद्यापीठाच्या आर्क्टिक आणि अल्पाआईन संशोधन संस्थेत काम करीत होते. त्यांनी बेअरिंग आणि चुकची सागरतळातल्या अवसादांचे क्रोड तपासले. यासाठी खास जहाजं वापरण्यात आली. त्यांनी सागरतळी असलेल्या अवसादांचे विंधन करून जागोजागचे क्रोड बाहेर काढले. या क्रोडांमधून म्हणजे विंधन छिद्रांमधून बाहेर आलेल्या वरवंट्यातून (ड्रिलिंग कोअर मधून) वनस्पतींचे जीवाश्म, परागकण आणि कीटक यांचा अभ्यास करून हा भूजोड कसा होता, त्याची व्याप्ती किती होती, त्यावेळची परिस्थिती कशी होती. तो किती काळ टिकला, कसा अस्तित्वात आला आणि कसा नाहीसा झाला याबद्दलची बरीच माहिती शास्त्रज्ञांच्या हाती आली.

मुख्य म्हणजे हा जोड बारा हजार वर्षांपूर्वी अस्तित्वात होता याबद्दलचे पुरावे या घुसळण्यातून शास्त्रज्ञांच्या हाती आले– आधीचे हा भूजोड बुडण्याचे आकडे या पुराव्यांनी चुकीचे ठरवले. त्यातून वादनिर्माण झालाच. या भूभागातली परिस्थिती तिथं वास्तव्यासाठी फारशी सुखावह नव्हती यामुळे या भूजोडावर माणूस काय पण गवे रेडे, त्यांचे शिकारी किंवा इतर प्राणीही फार काळ टिकले नाहीत. त्यांनी तो पूल बऱ्यापैकी घाईतच ओलांडला.

आजच्या सागरी पातळीवर तुम्ही परशुरामाप्रमाणे आघात करून हे सागर ४०० फूट हटवा. सुमारे सव्वाशे मीटर खोलीपर्यंतचं पाणी उपसून साठवायची क्षमता तुमच्याकडं असेल किंवा परशुरामासारखी दैवी शक्ती असेल असं मी म्हणत नाही. अगस्तीप्रमाणे सागराचं पाणी प्यायलाही लावत नाही तर ओलियसनी केलं त्याप्रमाणेच संगणकी सादृशीकरणानं हे साध्य करायला मी तुम्हाला सांगतोय. तर त्यावेळी हा भूभाग कसा होता हे आपल्याला कळू शकतं.

सुमारे अठरा हजार वर्षांपूर्वी सागराची पातळी अशी सरासरी सव्वाशे मीटरनी कमी झाली होती. त्या काळात चालू असलेल्या हिमयुगात पृथ्वीवरील एकूण

पाण्याच्या साठ्यांपैकी ५% पाणी हे हिमतक्त्यांच्या स्वरुपात भूखंडांवर पसरलेलं होतं. यामुळंच सागराची पातळी इतकी कमी झाली होती. अशा तऱ्हेनं पाणी कमी झाल्यामुळं भूखंडांच्या किनाऱ्यांचे आकार, स्वरूप आणि व्याप्ती यातही मोठा फरक झाला होता. त्या काळात इंग्लंडमधून फ्रान्समध्ये चालत जाणं शक्य झालं असतंच; पण तिथून निघालेला माणूस इंडोनेशियापर्यंत चालत चालत पोहोचू शकला असता. तसंच त्याकाळात पापुआ न्यूगिनी आणि ऑस्ट्रेलिया यांच्यामध्येही सागर नव्हता. आजच्या कामश्वाटका व्दीपकल्पात आणि अलास्कातही अशीच परिस्थिती होती. या जमिनील लँड ब्रिज किंवा भूजोड म्हटल्यामुळे या बाबत आपल्या नजरेसमोर एक वेगळीच प्रतिमा उभी राहते, कारण पूल म्हटलं की तो अरूंद चिंचोळा असणार हे आपण गृहीत धरतो. प्रत्यक्षात आशिया आणि अमेरिकेमधला हा जो भूजोड होता त्याची लांबीरुंदी खूप मोठी होती. या भूजोडाचे क्षेत्रफळ १५००००० चौरस किलोमीटर होते. म्हणजे हा भूजोड जवळजवळ भारतीय उप खंडाच्या एक दशांश होता. गेल्या हिमयुगाच्या मध्यावर म्हणजे सुमारे १८ हजार वर्षांपूर्वी भूजोडाच्या आता शास्त्रज्ञांनी बेरिंजिया हे नाव दिलं आहे.

बेरिंजिया ही त्या काळातली एक वैशिष्ट्यपूर्ण जागा होती. त्या काळात संपूर्ण आर्क्टिक वर्तुळ किलोमीटर दोन किलोमीटर उंचीच्या हिमराशींखाली गाडलं गेलं होतं जवळ जवळ वीस लक्ष वर्षांपूर्वीपासून हे बर्फाचे ढीग इथं साठत होते; पण बेरिंजियात मात्र बर्फ साठलेलं नव्हतं. बेरिंजियाच्या उत्तर किनाऱ्यावर अर्थातच सागरही बरेचदा गोठत होता. अंटार्क्टिकातल्या धृवीय वाळवंटांप्रमाणे तिथं परिस्थिती होती. हवा अतिशय शुष्क आणि कोरडी पण तपमान मात्र शून्य अंश सेल्सियसच्या आसपास किंवा त्याहूनही कमी, अशी इथं परिस्थिती होती. राजस्थानच्या वाळवंटा इतकी कोरडी ठणठणीत पण एवरेस्ट इतकी गार अशी ही भूमी होती. यामुळं इथं सजीव जवळजवळ नव्हतेच असं म्हटलं तर चालू शकेल. दक्षिणेत मात्र परिस्थिती वेगळी होती. तिथलं वातावरण बरंच उबदार होतं.

इथलं वातावरण उत्तरेपेक्षा उबदार होतं, असं शास्त्रज्ञ म्हणतात याला कारणही तसंच आहे. या भागात जे पुराजीवावशेष मिळाले त्यात लोकरवाले आदिहत्ती (वुली मॉमथ) आर्क्टिक गवे आणि घोडे असे सैबेरियात सापडणारे प्राणी आढळले. हे प्राणी सैबेरिया प्रमाणेच, अलास्का आणि युकॉन इथंही सापडत असत. यामुळेच बेरिंजियाचा दक्षिण भाग हा स्टेपेप्रमाणेच गवताळ प्रदेश असावा, असं या शास्त्रज्ञांना वाटतं. या भागात सुपीक माती असावी त्यामुळं इथल्या गवतताळ प्रदेशात विविध प्रकारच्या वनस्पती, खुरटी झाडं झुडपं, अनेक प्रकारची गवतं, सरपटणाऱ्या वेली असं बरंच खाद्य उपलब्ध असल्यानं इथं नाना प्रकारचे प्राणीही वावरत होते. आफ्रिकेतील सेरेंगेटीचाप्रदेश जर आर्क्टिकप्रदेशात नेला तर कसा दिसेल तसं हे

चित्र होतं. इथं गवतावर जगणारे प्राणी आणि त्यांच्यावर उपजीविका करणारे शिकारी प्राणी असे दोन्ही प्रकारचे प्राणी विपुल प्रमाणात आढळत होते.

इथल्या वनस्पतींबद्दलची अधिक माहिती प्राचीन परागकणांचा अभ्यास करून शास्त्रज्ञांना मिळाली. याचं कारण परागकण हे आत्म्याप्रमाणेच अविनाशी असतात. त्यांच्यावर नंतर बदलेल्या हवामानाचा किंवा अवसादांच्या पाषाणीकरणाचा काहीच परिणाम होत नाही. ते वाऱ्याबरोबर, पाण्यातून, सजीवांच्या केसांना चिकटून दूरवर पसरतात. यामुळे वनस्पतींमध्ये कसकसे बदल घडत गेले याचा हजारो वर्षांचा इतिहास आपल्यापुढं हे परागकण सादर करतात फक्त तो वाचण्याचं कौशल्य अंगी असायला हवं. या भूजोडाच्या मध्यभागीचा काही भूप्रदेश आजही सागराच्या वरती आहे. सेंटलॉरेन्स आणि सेंट पॉल बेटं, बेरिंग सामुद्रधुनीत सागरावरती डोकावतात. बोटांवर शास्त्रज्ञांना बरेच परागकण आढळले. या परागकणांच्या अभ्यासावरून या भागात स्टेपेप्रमाणे थंड, शुष्क पर्यावरण सुमारे अकरा हजार वर्षापूर्वीपर्यंत अस्तित्वात होतं असं त्यांना आढळून आलं. तिथं वनस्पती होत्या, त्या किती प्रमाणात होत्या हेही अदमासाने जाणून घेता येतं.

कॅलिफोर्नियातल्या मेन्लो पार्क इथं अमेरिकन शासनाच्या भूसर्वेक्षण विभागाची कचेरी आहे. १९७० आणि १९८० च्या दशकामध्ये भूसर्वेक्षण विभागाच्या हॅन्स नेल्सन आणि लॉरी फिलिप्स या शास्त्रज्ञांनी बेरिंग आणि चुकची सागराच्या भागात केलेल्या विंधन विहिरींच्या क्रोडांचा अभ्यास केला होता. नेल्सन आणि फिलिप्स यांना काही लक्ष वर्षापूर्वीची माहिती हवी असल्यामुळं त्यांनी या अलिकडच्या काळाकडं दुर्लक्ष केलं होतं. स्कॉट एलियसचा यामुळं फायदाच झाला. त्यांनी गेल्या तीस हजार वर्षातल्या अवस्तरांचे नमुने तपासायचे असं ठरवलं.

ह्या क्रोडांमध्ये बरेच कार्बनी घटक, पीट (म्हणजे अगदी कच्चा कोळसा किंवा गाडलेल्या वनस्पतींचे अवशेष ओल्या मातीत कुजल्यामुळे तयार झालेले अवसाद) यांचे नमुने होते. त्यामुळे इथं फार मोठ्या प्रमाणावर वनस्पतींचे तुकडे, परागकण आणि कीटक उपलब्ध झाले. सुसान शॉर्ट या प्राचीन परागकणांच्या अभ्यासिकेनं हे परागकण सेजब्रश आणि खुरटे बर्च, तसंच गवत आणि मॉसवर्गी वनस्पतींचे आहेत असं शोधून काढलं. श्रब बर्च ही वनस्पती काही सेंटीमीटर उंच असते आणि ती टुंड्रा प्रदेशात आढळते. यामुळे हा भाग स्टेपे नसून टुंड्राप्रमाणे असावा, या निष्कर्षाप्रत हे शास्त्रज्ञ आले.

आजच्या कुठल्याही भौगोलिक परिस्थितीशी या भूजोडाचं साम्य नव्हतं. अलास्काच्या काही भागात अशी परिस्थिती थोड्याफार प्रमाणात आढळते. खुरट्या झुडुपांच्या या गचपणातून वाट काढणं फार अवघड असतं. एकतर पायाखाली दलदल आणि जिथं घट्ट उंचवटे असतात तिथं या खुरट्या वनस्पतींची दाटी. यातल्या बऱ्याच

जाती ह्या प्राण्यांच्या दृष्टीनं अनारोग्यकारकही ठरतात. त्यामुळे अशा प्रकारच्या परिस्थितीत आकारानं मोठे सस्तन प्राणी उदरनिर्वाह करू शकत नाहीत. यामुळे या भूजोडावर कुठलाही प्राणी कायम स्वरूपी वास्तव्य करणं शक्य नव्हतं. बरेच शाकाहारी प्राणी हे कळपानं राहतात. तेव्हा त्या कळपांनी या भूजोडाचा वापर एका भूखंडातून दुसऱ्या भूखंडात जाण्यासाठी पूल म्हणूनच केला असावा, असा निष्कर्ष या संशोधनातून निघाला.

कदाचित त्या काळात गवे, मॅमथ आणि घोडे यांच्या स्थलांतरणासाठी ही भूजोड वापरला गेला असेल असंही या शास्त्रज्ञांना वाटतं. बारा हजार वर्षापूर्वी अमेरिकेतून घोडे नाहीसे झाले नंतर युरोपियनांनी ते परत अमेरिकेत आणले; पण हा भूजोड होता तेव्हां त्या भागात घोडे वावरल्याचे निश्चित पुरावे उपलब्ध झालेले आहेत.

या नवीन पुराव्यावरून स्कॉट एलियस यांना असं वाटत की सुमारे अकरा हजार वर्षापूर्वी हिमयुग संपुष्टात येऊन सागरांची पातळी वाढली तेव्हां हा भूजोड नष्ट झाला.

स्कॉट एलियस यांना रेडियो कार्बन वयमापन पद्धतीच्या आधुनिक तंत्राचा फायदा झाला. त्यामुळे ११ हजार सातशे वर्षापूर्वी अलास्कात माणूस वावरत होता आणि तो आशियातून अमेरिकेत या भूजोडावर आला हे सिद्ध झालं. अलास्कामधून या मानवी टोळ्या दक्षिणेकडं सरकल्या आणि वृक्ष खूप मोठे वाढतात आणि ते चांगले जळतात हे ज्ञान त्यांना झालं. मग हळूहळू ते दक्षिणेकडं सरकले आणि असेच सरकत सरकत दक्षिण अमेरिकेच्या सर्वात दक्षिण टोकाला तिएरा देल फ्युएगोपर्यंत पोहोचले. त्यांच्या वेगवेगळ्या टोळ्या झाल्या. त्यांची साम्राज्यं वाढली आणि लयाला गेली.

अशा तऱ्हेने अमेरिकेत माणूस कसा आणि कोठून आला हे कोडं जवळजवळ सुटल्यातच जमा आहे असं स्कॉट एलियसना वाटतंच इतर शास्त्रज्ञांनी ते मान्य केलं की हा प्रश्न आपोआपच मिटेल.